全国中等卫生职业教育规划教材

供中等卫生职业教育各专业使用

生物化学基础

主　编　杨淑兰　张玉环

副主编　张文革　谭红军　郭桂平

编　者　（按姓氏汉语拼音排序）

范银飞　（桐乡市卫生学校）
方　敏　（长沙市卫生学校）
郭桂平　（廊坊市卫生学校）
黄厚泽　（玉林市卫生学校）
刘　军　（宜春职业技术学院）
孟宪辉　（朝阳市卫生学校）
秦丽华　（桂林市卫生学校）
谭红军　（三峡大学护理学院）
王小霞　（新疆巴州卫生学校）
杨淑兰　（朝阳市卫生学校）
易学龙　（南宁市卫生学校）
张建辉　（武威市卫生学校）
张文革　（鞍山师范学院附属卫生学校）
张玉环　（兴安职业技术学院）

科学出版社

北　京

内容简介

生物化学基础是中等卫生职业院校各专业的一门专业基础课程,全书共分13章,由理论部分、实验部分两部分构成。理论部分是本课程的基础性内容和应该达到的基本要求,主要包括生物化学的基础知识和基本理论,教学时数为44学时。实验部分为生物化学实验基本知识、基本技能及方法,为后续的专业课程做好实践方面的准备,教学时数为10学时。

全书通过章前确立学习目标,相关正文中插入案例及链接,章后有小结和目标检测,其中选择题附有参考答案,融知识性、趣味性、实用性于一体,密切联系临床实践,真正体现"以学生为中心,以就业为导向"的理念。希望本教材能够成为同学们学习生物化学课程的好帮手,为后续的专业课打下坚实的基础。

本书可供中等卫生职业教育各专业学生使用。

图书在版编目(CIP)数据

生物化学基础/杨淑兰,张玉环主编.—北京:科学出版社,2010.6
全国中等卫生职业教育规划教材
ISBN 978-7-03-027745-9

Ⅰ.生… Ⅱ.①杨… ②张… Ⅲ.生物化学-专业学校-教材 Ⅳ.Q5

中国版本图书馆CIP数据核字(2010)第095313号

策划编辑:肖　锋　吴茵杰/责任编辑:张　茵/责任校对:张怡君
责任印制:徐晓晨/封面设计:黄　超

科学出版社 出版
北京东黄城根北街16号
邮政编码:100717
http://www.sciencep.com

北京虎彩文化传播有限公司 印刷
科学出版社发行　各地新华书店经销
*
2010年6月第　一　版　　开本:787×1092　1/16
2020年7月第十四次印刷　　印张:10 3/4
字数:264 000

定价:32.80元

(如有印装质量问题,我社负责调换)

前　言

本教材是全国中等卫生职业教育规划教材，供中等卫生职业教育各专业（除检验）使用，也可供国家执业资格考试、自学考试等学习使用。

生物化学基础是中等卫生职业院校各专业的一门专业基础课程，本书共分 13 章，由理论部分、实验部分两部分构成。理论部分是本课程的基础性内容和应该达到的基本要求，主要包括生物化学的基础知识和基本理论，教学时数为 44 学时。实验部分为生物化学实验基本知识、实验基本技能和方法，为后续的专业课程做好实践方面的准备，教学时数为 10 学时。

教材编写过程中力求体现科学性、实用性、创新性原则，贴近实际教学需求，注意深度和广度符合中专层次的要求，并结合“案例版”教材的编写理念，编写设计“案例”和“链接”，增添了知识性和趣味性，并突出了本教材的实用性。真切希望本教材能够成为同学们学习生物化学的好帮手，为后续的其他专业课程打下坚实的基础。

本教材在全体编者的共同努力下，以认真严谨的态度、科学扎实的作风编写而成，期间得到了参编者所在单位领导和老师的大力支持，特此一并表示感谢。

由于学识水平有限，书中难免有疏忽错漏之处，真诚欢迎广大读者批评指正。

编　者

2010 年 4 月

前言

目录

第1章 绪 论

学习目标

1. 理解生物化学的概念和任务
2. 了解生物化学与医药的关系

生物化学的由来

生物化学的起源是同18世纪晚期化学的发展及19世纪生物学的发展密切相关的，在化学及生物学发展的影响之下，生物化学在18世纪开始萌芽，19世纪初步发展，在20世纪初期生物化学才成为一门独立的学科，最初称生理化学，1903年德国人Carl Neuberg(1877—1956)初次使用"生物化学"这一名称。

链接

一、生物化学的概念

生物化学即生命的化学，是一门研究生物体的化学组成和生命过程中的化学变化规律的科学。生物化学的研究除采用化学的原理和方法外，还运用物理学的技术方法以揭示组成生物体的物质，特别是生物大分子的结构规律，并且与细胞生物学、分子遗传学等密切联系，研究和阐明生长、分化、遗传、变异、衰老和死亡等基本生命活动的规律。

生物化学的研究对象是生物体，其研究范围很广。根据研究对象分为动物生物化学、植物生物化学、微生物生物化学等，医药专业开设生物化学课程的内容主要是人体生物化学的知识，其中包括医学生物化学。

二、生物化学的主要内容

生物化学研究的内容大致有以下几个方面。

(一) 生物体的化学组成、结构与功能

现知生物体是由多种化学元素组成的，其中C、H、O和N四种元素的含量最高。各种元素进一步构成数十种的小分子化合物(基本单位)，这些小分子化合物可以构成生物大分子。生物大分子的种类繁多，结构复杂，功能各异。其中，蛋白质、核酸、多糖、脂类等是体内重要的生物大分子。例如，*L*-α-氨基酸是构成蛋白质的基本单位，虽然只有20余种，但可构成种类繁多的蛋白质，由于不同的蛋白质的一级结构和空间结构不同，因而具有不同的生理功能，从而能展现瑰丽多彩的生命现象。目前生物大分子的结构与功能的研究依然是重点。

(二) 物质代谢及其调控

生命的特征之一是新陈代谢，指组成生物体的各种物质不断地进行着多种有规律的化学变化。这种变化体现在每个生物体不断地与外界环境进行物质交换，摄取养料，排出废物，以维持其内环境的相对稳定。要维持体内错综复杂的代谢途径有序地进行，需要有严格的调节机制，否则代谢的紊乱可影响正常的生命活动，从而发生疾病。例如，脂类代谢紊乱可引起高脂血症等。因此，研究生物体内各种物质的变化规律、能量的转化及代谢调节规律仍是生物化学课程的主要内容。

(三) 遗传信息的储存、传递和表达

现已确定，DNA是遗传的物质基础，基因是DNA的功能片段，遗传信息主要通过DNA复制、转录、翻译成能执行各种各样生理功能的蛋白质。上述过程涉及生物的生长、分化、遗传、变

异等诸多的生命过程,也与遗传病、恶性肿瘤等多种疾病的发病机制有关,因此,遗传信息的储存、传递和表达是医学研究的重要内容。

三、生物化学与医药学的关系

生物化学是一门基础医药学的必修课,与医药卫生的关系非常密切,其理论和技术已经渗透到基础医学和临床医学以及药学的各个领域,使之产生许多新的学科,如分子遗传学、分子免疫学、分子微生物学、分子药理学等。在研究疾病的发生、发展、诊断、治疗及预防等方面起着重要的作用。例如,糖代谢障碍可导致糖尿病,充分了解糖代谢及其调节的规律能为治疗糖尿病制定有效的方案,也为疾病的诊断和预防提供依据。另外,如生物化学的酶学检测、电泳、DNA和RNA测定、PCR等一些先进技术的应用不仅提高了疾病诊断速度,而且提高了诊断的敏感性和特异性。因此,作为医学生掌握生物化学的理论和方法是必不可少的。

附:生物化学重要发现大事年表

1773:发现尿素

1779:从橄榄油中提出甘油

1780:指出呼吸即氧化作用

1810:指出发酵的重反应

1828:由氰酸铵合成尿素。这是第一个人工合成的、机体自身的有机化合物

1836:明确催化剂的概念

1847:完成淀粉酶的分解作用,将淀粉变成麦芽糖

1857:提出发酵的“活力论”

1862:指出淀粉为光合作用的产物

1869:发现核酸

1886:发现“组织血红素”,后来称之为细胞色素

1890:结晶出第一个蛋白质——卵白蛋白

1897:完成无细胞发酵作用

1902:表明蛋白质为多肽链

1903:分离出第一个激素——肾上腺素

1905:明确“激素”一词

1911:明确“维生素”一词

1912:指出生物氧化为脱氢作用

1913:提出酶动力学理论

1914:指出生物氧化由铁激活氧而来

1926:分离出第一个维生素——抗神经炎素(维生素 B_1)

1926:结晶出第一个酶:尿素酶

1929:发现“活性磷酸”——腺苷三磷酸

1929:鉴定出“呼吸酶类”为血红素化合物

1929~1934:分离出四种类固醇激素

1932:发现鸟氨酸循环

1935:分离出第一个结晶病毒:烟草花叶病毒

1936:指出维生素为辅酶的组成成分

1937:将三羧酸循环模式化

1938:发现转氨基作用

1939:发现氧化磷酸化作用

1941:认为 ATP 的主要作用在于它是“高能化合物”
1944:酶的遗传
1944:DNA 是细菌的转化因子
1951:阐明活性乙酸
1952:提出蛋白质的螺旋模型
1953:阐明胰岛素的结构
1953:提出核酸的螺旋模型
1958:阐明纯病毒核酸的感染性
1958:指出活性异戊二烯为异戊烯焦磷酸
1959:在激素作用中,发现 cAMP 是“第二信使”
1960:描述呼吸链磷酸化作用的化学渗透学说
1960:阐明蛋白质的第一个三维结构
1961:提出调节基因激活的模式
1961:将核酸的碱基密码解译出来
1963:指出酶的变构抑制作用
1965:第一次阐明核酸顺序
1965:阐明酶(溶菌酶)的空间模型
1968~1970:发现限制性内切酶
1972:提出膜的流体镶嵌模型
1978:发现 DNA 中的内含子

——摘自:生命的化学.1989,9(1):35

小结

生物化学即生命的化学,是研究生物体的化学组成和生命过程中化学变化规律的科学。生物化学的研究对象是生物体,研究内容主要包括:生物体的化学组成、结构与功能;物质代谢及其调控;遗传信息的储存、传递和表达。生物化学是一门基础医药学的必修课。

目标检测

简答题

1. 生物化学的概念。
2. 生物化学主要包括几方面的内容。

(杨淑兰 孟宪辉)

第2章 蛋白质化学

学习目标

1. 掌握蛋白质的元素组成、组成蛋白质的基本单位、蛋白质的一级结构
2. 理解蛋白质的空间结构、蛋白质的理化性质及应用
3. 了解蛋白质结构与功能的关系及蛋白质的分类

普遍存在于生物界的蛋白质(protein)是生物体的基本组成成分之一,也是生物体内含量最丰富的生物大分子,占人体固体成分的45%,达到细胞干重的70%以上,几乎所有器官都有蛋白质。自然界中蛋白质的种类约有100亿种,一个真核细胞含有的蛋白质种类有成千上万种,各种蛋白质都有自己独特的结构和功能。生物体结构越复杂,其含有的蛋白质的种类就越多,功能就越复杂,这些蛋白质承担着完成生物体各种生理功能的任务,如酶、抗体、大部分凝血因子、多肽激素、转运蛋白、收缩蛋白、基因调控蛋白等,都是蛋白质,它们在物质代谢、机体防御、血液凝固、肌肉收缩、信号传导等方面发挥着不可替代的作用。蛋白质是生命活动的物质基础,是生命现象的体现者,没有蛋白质就没有生命。

没有蛋白质就没有生命

人体的每个组织:毛发、皮肤、指甲、肌肉、骨骼、内脏、大脑、血液、神经等都主要由蛋白质组成。人体健美的肌肉、身材的增高、不可思议的神奇的生育现象、精确无误的代谢调控以及直到今天还没有被人类研究透彻的对事物的学习记忆功能,都是由蛋白质完成的。蛋白质缺乏可导致成年人消瘦、机体免疫力下降、贫血,严重者将产生水肿;未成年人生长发育停滞、贫血、智力发育迟缓,视觉功能降低。所有事实都证明,没有蛋白质就没有生命。

链接

第1节 蛋白质的分子组成

一、蛋白质的元素组成

根据蛋白质的元素分析结果,证明组成蛋白质的基本元素有碳、氢、氧、氮,其中各元素比例为:碳(50%~55%)、氢(6%~7%)、氧(19%~24%)、氮(13%~19%)。除此之外,大部分蛋白质还含有硫(0%~4%),有的还有少量的磷、铁、锰、锌、铜、钴、碘、硒等。生物体中蛋白质的种类虽然繁多,但是各种蛋白质的含氮量却十分接近,平均含量为16%,即每克氮相当于6.25g蛋白质。由于体内含氮物质主要是蛋白质,因此,可以用定氮法测得样品含氮量,再乘以6.25即可以计算出样品中的蛋白质含量。

样品中蛋白质的含量(g)=样品中的含氮量(g)×6.25

二、组成蛋白质的基本单位——氨基酸

不同种类的蛋白质经酸、碱或蛋白水解酶的作用后,最终产物都是氨基酸。因此,氨基酸是构成蛋白质的基本结构单位。

(一)氨基酸的结构特点

自然界中发现共有300余种氨基酸,而组成人体的却只有20种,这20种氨基酸虽然结构各

有不同，但都有共同的结构特征，即都具有 α-氨基（或亚氨基），都属于 *L*-氨基酸（甘氨酸除外）。天然蛋白质中的氨基酸都为 *L*-型，所以称 *L*-α-氨基酸。其结构通式如下：

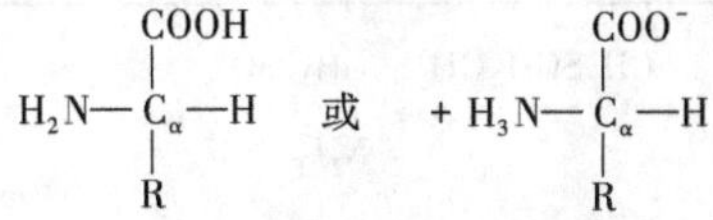

L-α-氨基酸（式中 R 为侧链）

（二）氨基酸的分类

根据组成人体的 20 种氨基酸侧链的结构和性质的不同，可以将 20 种氨基酸分为四类（表 2-1）。

表 2-1　氨基酸的分类

中文名	英文名	结构式	三字符号	一字符号	等电点
非极性氨基					
甘氨酸	glycine	$H-CH(^{+}NH_3)COO^-$	Gly	G	5.97
丙氨酸	alanine	$CH_3-CH(^{+}NH_3)COO^-$	Ala	A	6.00
缬氨酸	valine	$CH_3-CH(CH_3)-CH(^{+}NH_3)COO^-$	Val	V	5.96
亮氨酸	leucine	$CH_3-CH(CH_3)-CH_2-CH(^{+}NH_3)COO^-$	Leu	L	5.98
异亮氨酸	isoleucine	$CH_3-CH_2-CH(CH_3)-CH(^{+}NH_3)COO^-$	Ile	I	6.02
苯丙氨酸	phenylalanine	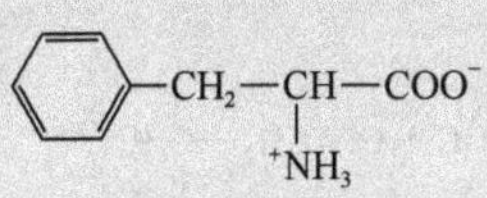	Phe	F	5.48
脯氨酸	proline	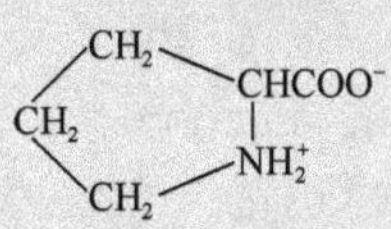	Pro	P	6.30
极性中性氨基酸					
色氨酸	tryptophan	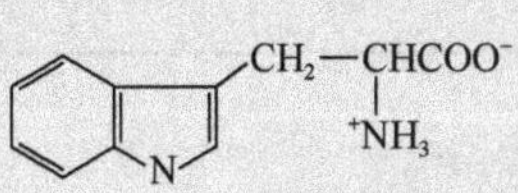	Trp	W	5.89
丝氨酸	serine	$HO-CH_2-CH(^{+}NH_3)COO^-$	Ser	S	5.68
酪氨酸	tyrosine	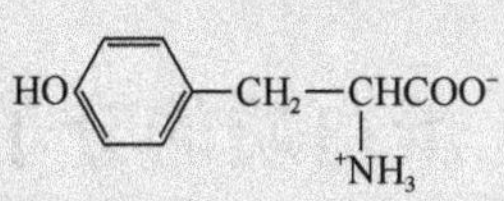	Tyr	Y	5.66
半胱氨酸	cysteine	$HS-CH_2-CH(^{+}NH_3)COO^-$	Cys	C	5.07

续表

中文名	英文名	结构式	三字符号	一字符号	等电点
蛋氨酸	methionine	$CH_3SCH_2CH_2-CH(^+NH_3)COO^-$	Met	M	5.74
天冬酰胺	asparagine	$H_2N-C(=O)-CH_2-CH(^+NH_3)COO^-$	Asn	N	5.41
谷氨酰胺	glutamine	$H_2N-C(=O)-CH_2CH_2-CH(^+NH_3)COO^-$	Gln	Q	5.65
苏氨酸	threonine	$HO-CH(CH_3)-CH(^+NH_3)COO^-$	Thr	T	5.60
酸性氨基酸					
天冬氨酸	aspartic acid	$HOOCCH_2-CH(^+NH_3)COO^-$	Asp	D	2.97
谷氨酸	glutamic acid	$HOOCCH_2CH_2-CH(^+NH_3)COO^-$	Glu	E	3.22
碱性氨基酸					
赖氨酸	lysine	$NH_2CH_2CH_2CH_2CH_2-CH(^+NH_3)COO^-$	Lys	K	9.74
精氨酸	arginine	$NH_2C(=NH)NHCH_2CH_2CH_2-CH(^+NH_3)COO$	Arg	R	10.76
组氨酸	histidine	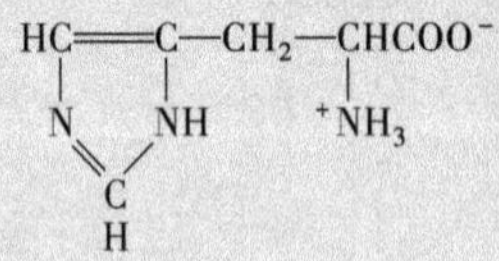	His	H	7.59

1. 非极性氨基酸　含有非极性 R 侧链。
2. 极性中性氨基酸　含有极性 R 侧链，但是在水中不电离。
3. 酸性氨基酸　侧链含有羧基，易解离出 H^+。
4. 碱性氨基酸　侧链含有易接受 H^+ 的基团。

第 2 节　蛋白质的分子结构

构成人体的 20 种氨基酸，通过肽键可以连接成氨基酸数量不同、排列顺序不同的一条或多条肽链，而且在此基础上，在氢键、离子键、范德华力、疏水键等作用力的参与下可以形成非常复杂的三维结构，由此发挥其生物学作用。蛋白质的分子结构可以分为基本结构和空间结构。其中，一级结构为基本结构，二、三、四级结构为空间结构。

一、蛋白质的基本结构

（一）肽键

肽键（peptide bond）是由一个氨基酸的 α-羧基（—COOH）和另一个氨基酸的 α-氨基（$—NH_2$）缩合脱水形成的酰胺键（—CO—NH—）。

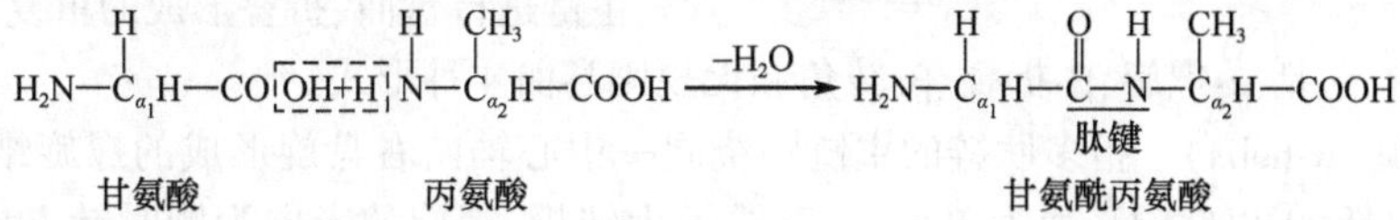

肽键是共价键，由于 C—N 键长介于单键与双键之间，具有部分双键的性质，因此，不能自由旋转，这样，参与构成肽键的 6 个原子（C_{α_1}、C、O、N、H、C_{α_2}）基本处于一个平面，这个平面叫肽键平面或酰胺平面（图 2-1）。我们把氨基酸之间通过肽键连接成的化合物叫做肽。由两个氨基酸借助一个肽键形成的肽叫二肽，由三个氨基酸通过两个肽键形成的肽叫做三肽，以此类推，由多个氨基酸借多个肽键相连形成的化合物叫多肽。一般十肽以下叫寡肽，十肽以上叫多肽，但两者没有严格界限。蛋白质就是由一条或多条多肽链构成。多肽链中每一个氨基酸都不是完整的氨基酸分子，因此叫它们为氨基酸残基。

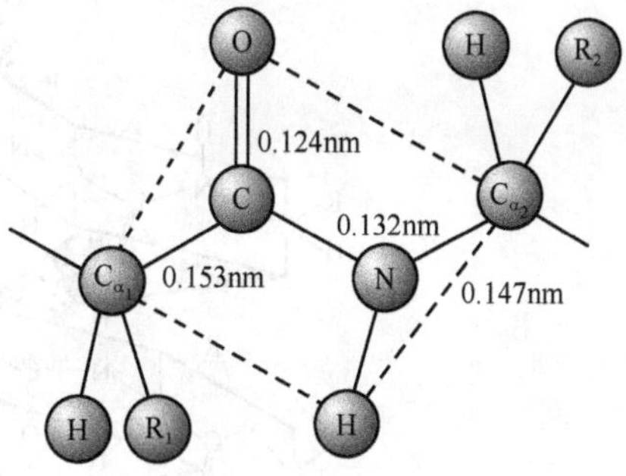

图 2-1　肽平面

无论肽链有多长，总会有一个游离的 α-氨基端和一个游离的 α-羧基端，我们分别叫它们氨基末端（N 端）和羧基末端（C 端）。一般在表示肽链中氨基酸残基的顺序时，习惯上将 N 端写在左侧，C 端写在右侧。

（二）蛋白质的一级结构

蛋白质的一级结构指氨基酸在蛋白质多肽链中的排列顺序。这个顺序是由基因上的遗传信息决定的。不同的物种中起相同作用的蛋白质的一级结构也不同。维系蛋白质一级结构的作用力是肽键（主键），但它不是唯一的作用力，除肽键外还有二硫键，二硫键（—S—S—）是两个半胱氨酸上的巯基（—SH）脱氢生成的。胰岛素的一级结构由两条链构成（A 链和 B 链），具有 7-7、20-19 的链间二硫键和 A 链内的 6-11 二硫键，但是，不同的种类的胰岛素 A 链中有三个氨基酸不相同（图 2-2）。

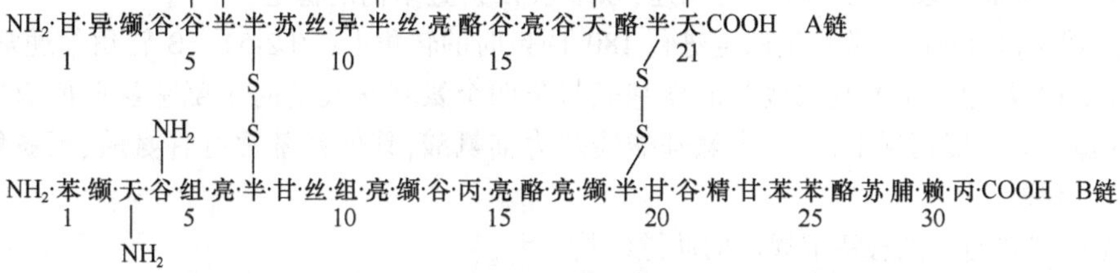

图 2-2　胰岛素的一级结构

二、蛋白质的空间结构

> **中国人的骄傲**
>
> 1965年,中国的科学家率先人工合成了具有生物学活性的牛结晶胰岛素,开创了人工合成蛋白质的先河,在世界上引起强烈的反响,这是人类在解开生命奥秘之谜的里程中的一次巨大飞跃!
>
> 链 接

蛋白质的空间结构指蛋白质在一级结构的基础上,进一步盘曲折叠形成的空间结构,包括二级、三级、四级结构。

(一)蛋白质的二级结构

蛋白质的二级结构指蛋白质多肽链中主链进行盘曲、折叠形成的重复出现的有规律的空间结构,包括α-螺旋、β-折叠、β-转角和无规则卷曲4种形式。

1. α-螺旋(α-helix) 指多肽链的主链围绕同一中心轴向右盘旋形成的螺旋结构。α-螺旋的结构特点包括:①以肽键平面为单位,α-碳原子为转折,螺旋的走向为顺时针方向,即右手螺旋。②侧链R伸向螺旋外侧,其形状、大小及所带电荷均影响α-螺旋的形成和稳定。③每3.6个氨基酸残基螺旋上升一圈,螺距为0.54nm。④螺旋之间靠肽键中的N—H与第四个肽键中的C═O形成氢键来稳固α-螺旋结构,氢键的方向与螺旋的长轴平行(图2-3)。

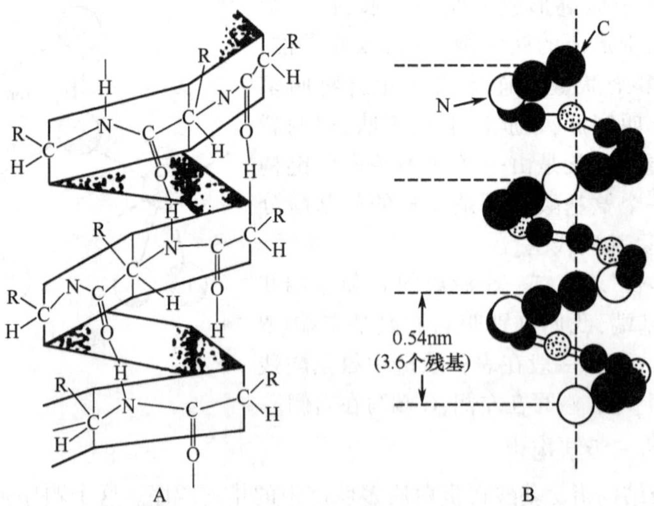

图2-3 α-螺旋

2. β-折叠 又称为β-片层(β-pleated sheet structure,图2-4)。多肽链主链走向呈折纸状,即以α-碳原子为旋转点,相邻的肽键平面依次折叠成锯齿状。β-折叠的结构特点包括:①多肽链几乎完全伸展,并与长轴相互平行。②相邻的肽键平面之间彼此折叠成锯齿状(110°夹角),侧链R基团交替位于齿状结构的上下方。③若干个β-折叠状结构可以顺向平行排列,也可以逆向平行排列。④相邻肽键之间以氢键相连,以维系β-折叠结构的稳定。

3. β-转角(β-turn) 常发生肽链进行180°回折时的转角上(图2-5)。β-转角处通常由4个氨基酸残基构成,第一个氨基酸残基的羰基氧与第四个氨基酸残基的亚氨基氢形成氢键,以维持转角的稳定。一般情况下,第二个氨基酸残基为脯氨酸,其他残基常有甘氨酸、天冬氨酸、天冬酰胺、色氨酸。

4. 无规则卷曲 没有特定规律的肽链结构。

研究表明,一种蛋白质可能只具有以上一种结构,也可能同时具有以上几种结构,各组分的多少由氨基酸的组成决定。维系蛋白质二级结构的作用力为主链内或主链间的氢键。

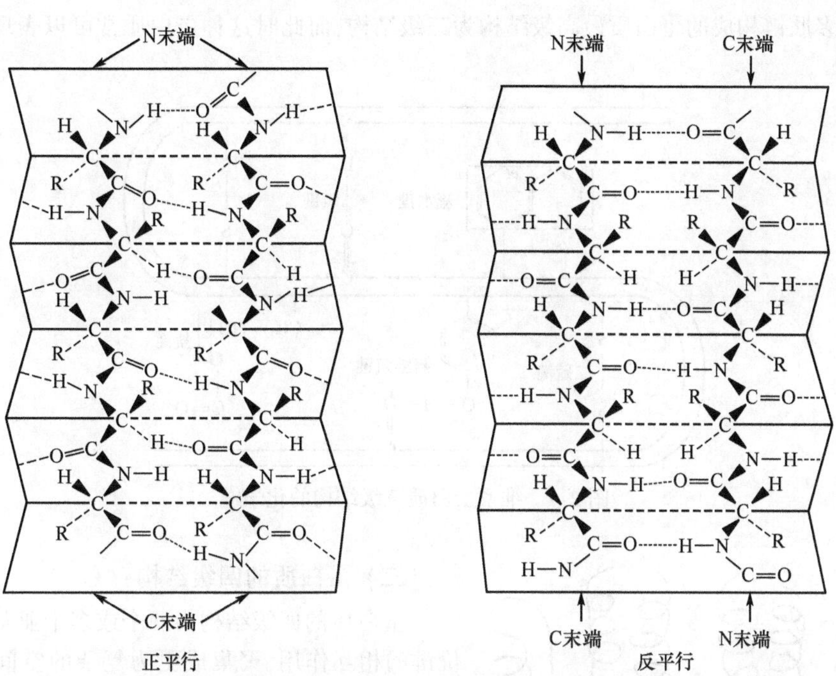

图 2-4 β-折叠

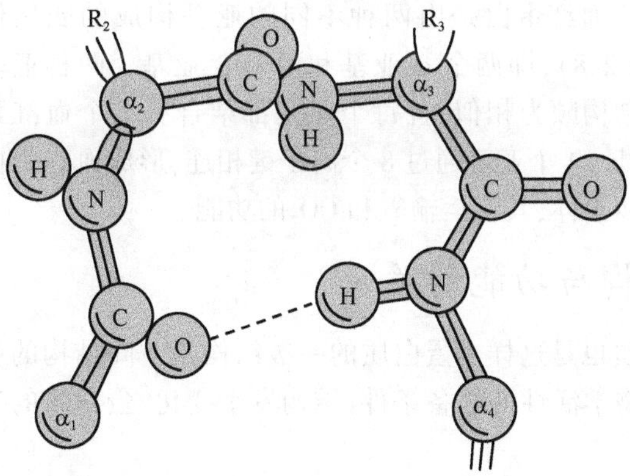

图 2-5 β-转角

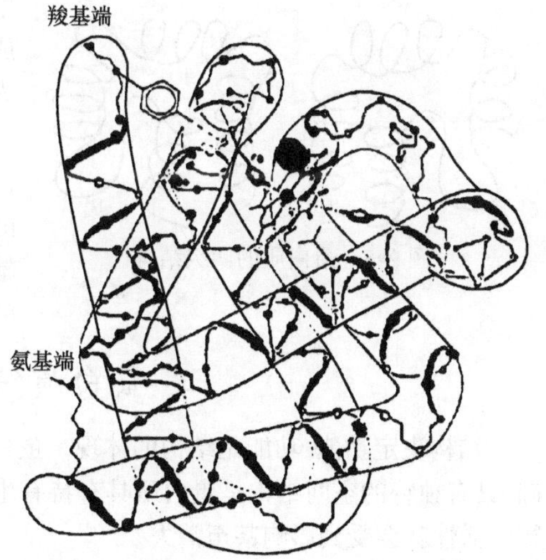

图 2-6 蛋白质的三级结构——肌红蛋白

(二) 蛋白质的三级结构

蛋白质的三级结构指蛋白质多肽链在二级结构的基础上再进一步盘曲、折叠形成的空间结构(图 2-6)。蛋白质三级结构的特点包括:①多肽链在盘曲折叠的过程中,疏水键常积聚在分子内部,而亲水键分布在分子表面,因此,蛋白质常溶于水。②多肽链盘曲、折叠后常在分子表面或局部形成具有生物学功能的特定区域,这些区域常称为结构域。如纤连蛋白含有 6 个结构域,可与细胞、胶原、DNA、肝素等配体结合;再如肌红蛋白,球状分子中有一个"口袋"状的空隙,可以嵌入一个血红素分子,它是结合氧的部位。③维系蛋白质三级结构的作用力是多肽链侧链基团之间形成的次级键,包括疏水键、离子键、氢键、范德华力,其中疏水键最为重要(图 2-7)。

④由一条多肽链构成的蛋白质最高级结构为三级结构，而此时这种蛋白质常可以表现出生物学活性。

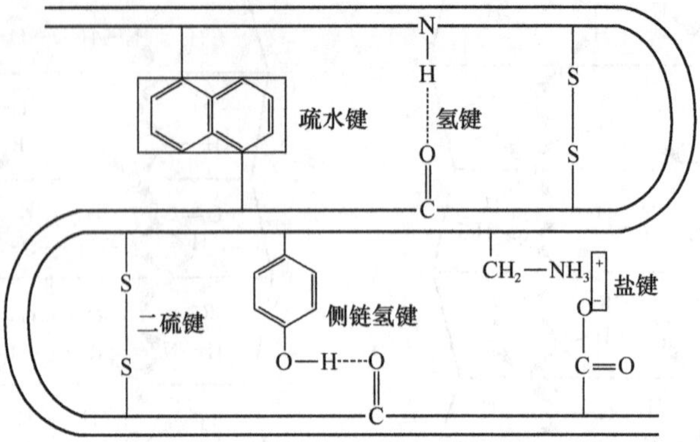

图 2-7　维系蛋白质三级结构的化学键

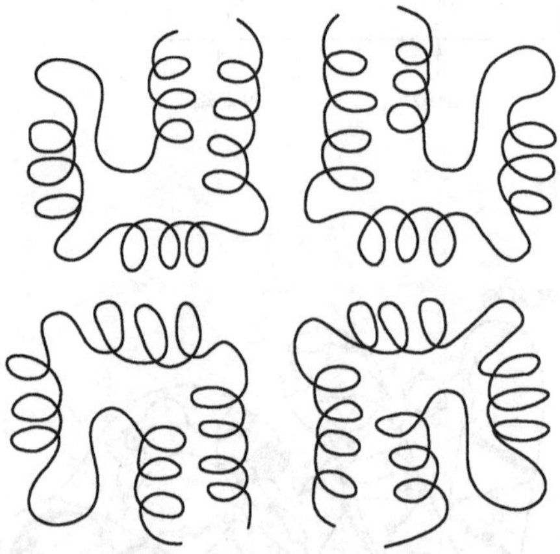

图 2-8　蛋白质的四级结构

（三）蛋白质的四级结构

蛋白质的四级结构指两个或多个亚基通过非共价键的相互作用，聚集成更为复杂的空间结构。亚基指具有独立三级结构的多肽链。一种蛋白质中的亚基可以相同，也可以不同，单独一个亚基通常没有生物学活性。维系四级结构的作用力是亚基之间形成的次级键，包括疏水键、离子键、氢键、范德华力等。

血红蛋白是由两种不同的亚基构成的四聚体（图 2-8），即两个 α-亚基和两个 β-亚基。两种亚基的结构颇为相似，且每个亚基都结合有 1 个血红素辅基。4 个亚基通过 8 个离子键相连，形成血红蛋白的四聚体，具有运输氧和 CO_2 的功能。

三、蛋白质结构与功能的关系

结构决定功能，功能是结构的体现。蛋白质也是这样。蛋白质的一级结构是空间结构的基础，具有独特的空间结构是蛋白质具有特有生物学活性的必备条件，结构发生变化，蛋白质的生物学活性就会受到影响甚至消失。

（一）蛋白质一级结构与功能的关系

实验证明：①结构相似，功能相似。即一级结构相似的多肽或蛋白质，其空间结构和功能也相似。例如，神经垂体释放的缩宫素和血管升压素都是环八肽，两者只有两个氨基酸不同。其余的氨基酸是相同的（图 2-9）。因此，缩宫素与抗利尿激素的生理功能有相似之处，即缩宫素有抗利尿的作用，抗利尿激素有缩宫素的作用。②结构不同，功能不同。由于缩宫素与抗利尿激素毕竟有两个氨基酸是不同的，因此，两者的生理功能也有区别，即缩宫素对子宫平滑肌和乳腺导管的收缩作用远高于抗利尿激素的作用，但是，缩宫素对血管平滑肌的收缩效应和抗利尿作

S——S（二硫键连接两个半胱）

抗利尿素　H_2N-半胱-酪-苯丙-谷-天冬-半胱-脯-精-甘……

S——S（二硫键连接两个半胱）

缩宫素　H_2N-半胱-酪-异亮-谷-天冬-半胱-脯-亮-甘……

图 2-9　缩宫素与抗利尿激素

用仅为抗利尿素的 1% 左右。

(二) 蛋白质空间结构与功能的关系

蛋白质只有具有了特定的空间结构,才具有相应的生物学功能,空间结构改变,生物学功能就会发生改变,蛋白质空间结构是其生物学功能的基础。

例如,核糖核酸酶是由 124 个氨基酸残基构成的单链蛋白,分子中有 4 个二硫键和很多氢键维持其正常的空间构象,如果用尿素和 β-巯基乙醇处理核糖核酸酶,其中尿素将破坏氢键,β-巯基乙醇破坏分子中的二硫键,酶的正常空间结构发生改变,酶活性消失,不能再水解核糖核酸。但是,如果把含有尿素和 β-巯基乙醇的酶放入透析袋中,去掉尿素和 β-巯基乙醇,使原来的二硫键和氢键重新形成,酶的活性又会逐渐恢复(图 2-10)。由此证明核糖核酸酶的空间构象与功能的关系,同时也是一级结构决定高级结构的典型例子。

另外,蛋白质的空间结构与生物学活性密切相关的例子还体现在蛋白质或酶分子的变构效应或变构调节。

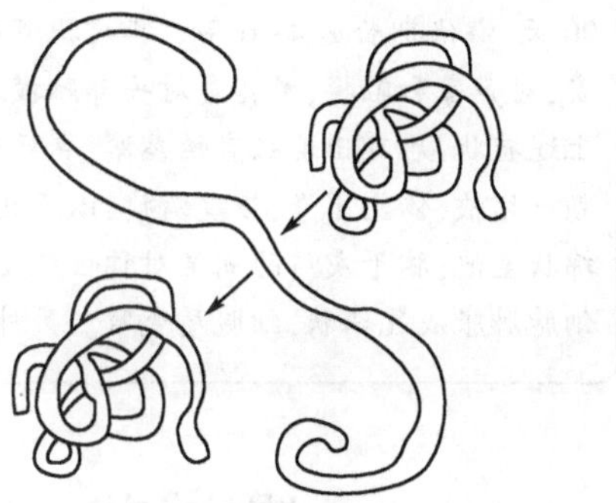

图 2-10　核糖核酸酶的示意图变性与复性

某些蛋白质具有变构效应,它的一个亚基和配体结合后改变了构象,这种构象的变化可以影响其他亚基的构象,进而改变分子的生物学活性。如血红蛋白(Hb)具有两个 α-亚基和两个 β-亚基,每个亚基都含有一个亚铁血红素辅基,辅基上的二价铁与氧可逆结合。没有结合氧时,Hb 四聚体结合紧密(T 型),此时的 Hb 与氧亲和力小。然而随着氧的结合,4 个亚基羧基末端之间的离子键断裂,Hb 空间结构改变,使结构相对松弛(R 型),与氧的亲和力变大。当第一个氧与 Hb 结合后,导致第二、第三、第四个氧与 Hb 很快结合,这种带氧的亚基协助不带氧的亚基结合氧的现象,称为协同效应。氧与 Hb 结合引起 Hb 构象的变化,称为变构效应。变构效应不仅发生在 Hb 与氧之间,很多酶与变构剂的结合、配体与受体的结合都存在着变构效应。

(三) 蛋白质结构改变与疾病

蛋白质生物学功能的发挥依赖于蛋白质的一级结构与空间结构。因此,两者任何一个发生变化都会影响蛋白质功能的发挥。

1. 一级结构的改变与疾病　遗传物质(DNA)发生突变,可以引起蛋白质分子的一级结构发生变化,即蛋白质分子中的氨基酸序列发生了异常,导致蛋白质的生物学功能改变的遗传性疾病称为分子病。如镰形红细胞贫血,就是由于血红蛋白中的 β-链 N 端第 6 个氨基酸残基谷氨酸被缬氨酸替代的结果(表 2-2)。

表 2-2　镰形红细胞贫血血红蛋白遗传信息的异常

正常	DNA	TGT	GGG	CTT	CTT	TTT
	mRNA	ACA	CCC	GAA	GAA	AAA
	HbA β 链 N 端	苏	脯	谷	谷	赖
异常	DNA	TGT	GGG	CAT	CTT	TTT
	mRNA	ACA	CCC	GUA	GAA	AAA
	HbS β 链 N 端	苏	脯	缬	谷	赖

患有镰形红细胞贫血的病人血液中的红细胞在氧分压较低时,由本来的圆盘状变为镰刀形,并极容易破裂溶血,严重影响其携带 O_2 的能力。

目前已经发现的分子病有数百种。

2. 空间结构的改变与疾病　蛋白质由于空间结构的改变导致的疾病称为构象病。如肌萎缩性脊髓侧索硬化症，患者体内的超氧化物歧化酶（SOD）在合成过程中，发生蛋白质错误折叠而使其构象改变。又如引发疯牛病的朊病毒，它是由存在于牛脑中正常的蛋白质分子转变而来的，不能自我繁殖，与一般意义的病毒含义不同，正常时这种蛋白质空间结构含有 3 个 α-螺旋，在某种因素的作用下，这 3 个 α-螺旋转变成了 β-折叠，其一级结构完全相同，但变化后对蛋白质水解不敏感，对热稳定，具有传染能力，因而产生了可致病的朊病毒。

什么是疯牛病？

疯牛病又称牛脑海绵状病，简称 BSE，1985 年 4 月在英国首次发现。BSE 的病程一般为 14~90 天，潜伏期长达 4~6 年。其症状不尽相同，多数病牛中枢神经系统出现变化，行为反常，烦躁不安，对声音和触摸，尤其是对头部触摸过分敏感，步态不稳，经常乱踢以至摔倒、抽搐。发病初期无上述症状，后期出现强直性痉挛，粪便坚硬，两耳对称性活动困难，心搏缓慢（平均 50 次/分），呼吸频率增快，体重下降，极度消瘦，以至死亡。经解剖发现，病牛中枢神经系统的脑灰质部分形成海绵状空泡，脑干灰质两侧呈对称性病变，神经纤维网有中等数量的不连续的卵形和球形空洞，神经细胞肿胀成气球状，细胞质变窄。另外，还有明显的神经细胞变性及坏死。

链接

第 3 节　蛋白质的理化性质和分类

一、蛋白质的理化性质

蛋白质是由氨基酸构成的生物大分子物质，因此，在某种程度上具有氨基酸的特性，如两性电离和等电点、紫外吸收性质、呈色反应等。但是，毕竟蛋白质不是氨基酸，相对分子质量远远大于氨基酸分子，因此，必然会具有与氨基酸不同的性质，如蛋白质的高分子性质、变性、沉淀及某些呈色反应等。以下主要介绍蛋白质几种重要的理化性质及其应用。

（一）两性电离和等电点

蛋白质多肽链除了两端游离的羧基和氨基可以电离外，侧链中的某些基团如谷氨酸、天冬氨酸残基上的 γ-和 β-羧基，赖氨酸残基上的 ε-氨基，精氨酸残基上的胍基和组氨酸残基上的咪唑基等，在一定的 pH 溶液中可以电离成带正电荷或负电荷的基团。当蛋白质溶液处于某一 pH 时，蛋白质解离成正、负离子的趋势相等，即称为兼性离子或两性离子，净电荷为零，此时溶液的 pH 为该蛋白质的等电点（isoelectric point，p*I*）。由于蛋白质分子所含有的酸性和碱性氨基酸的数目不同以及各解离基团的解离常数（p*K*）不同，因此，每种蛋白质都有各自的等电点。等电点是蛋白质的特征性常数。

当溶液的 $pH>pI$ 时，即当蛋白质处于碱性溶液中，抑制了蛋白质分子中氨基的解离，使蛋白质带有较多的负电荷成为带负电的阴离子；当蛋白质溶液的 $pH=pI$ 时，蛋白质分子不带电；当蛋白质溶液的 $pH<pI$ 时，即在酸性溶液中，抑制了蛋白质分子中羧基的电离，使蛋白质带有较多的正电荷成为带正电的阳离子。

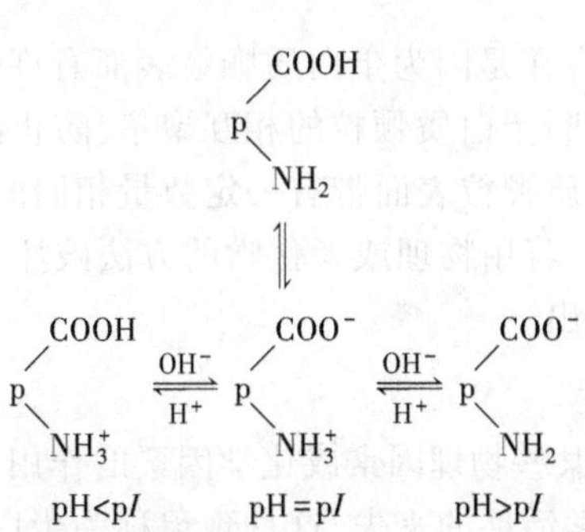

在人体内，大多数的蛋白质的等电点在5.0左右(表2-3)，因此，在人体pH 7.35~7.45的环境下，大多数蛋白质都带负电。只有少数蛋白质含有碱性氨基酸较多，其等电点偏碱性，称其为碱性蛋白，如组蛋白、鱼精蛋白等；还有少量的蛋白质含酸性氨基酸较多，其等电点偏酸性，称为酸性蛋白，如胃蛋白、丝蛋白等。

表2-3　人体部分蛋白质的等电点

蛋白质	清蛋白(血浆)	α-球蛋白(血浆)	β-球蛋白(血浆)	γ-球蛋白(血浆)	纤维蛋白	胃蛋白	组蛋白
p*I*	4.80	4.80~4.85	5.60	6.3~7.20	5.80	1.00	10.8

在pH相同溶液中，由于各种蛋白质所带电荷性质和数量不同，相对分子质量和大小不同，因此，它们在同一电场中移动的速度有差异。利用蛋白质的这一性质可以将不同的蛋白质从混合物中分离出来，这一技术称为蛋白质的电泳技术。电泳就是带电颗粒在电场中的移动现象。电泳方法被广泛用于蛋白质的分离、纯化鉴定和相对分子质量的测定。

(二) 蛋白质的胶体性质

胶体颗粒的大小在1~100nm之间，而蛋白质是生物大分子，相对分子质量在1万至数千万之间，分子直径在胶体颗粒大小的范围内，因此，蛋白质溶液具有胶体溶液的特点。由于相对分子质量大，蛋白质溶液表现为扩散速度慢、黏度大，尤其重要的是不能通过半透膜。人体的细胞膜、线粒体膜和血管壁都具有半透膜的性质，这有助于体内各种蛋白质有规律地分布在膜内外，对维持细胞内外的水和电解质平衡具有重要意义，对维持血管内外的水平衡也具有重要作用。在实验室，常利用孔径不同的半透膜(透析袋)来分离蛋白质。利用透析袋把大分子的蛋白质与小分子的化合物分开的方法叫透析(dialysis)(图2-11)。利用透析，除去低分子杂质，以达到纯化蛋白质的目的。

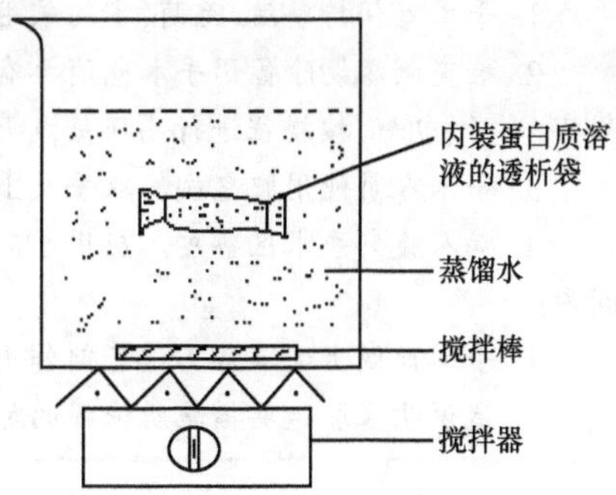

图2-11　透析装置

人　工　肾

人工肾是一种替代肾脏功能的装置，主要用于治疗肾功能衰竭和尿毒症。它将血液引出体外，利用透析、过滤、吸附、膜分离等原理排除体内过剩的含氮化合物、新陈代谢产物或逾量药物等，调节电解质平衡，然后再将净化的血液引回体内。它是目前临床广泛应用、疗效显著的一种人工器官。就慢性肾炎和晚期尿毒症的治疗效果而言，其五年生存率已达70%~80%，其中约有一半患者还能部分恢复劳动能力。由于上述成就，人工肾的治疗范围逐步扩大，并进入免疫性疾病的治疗领域，受到各方面的重视，成为人工器官研究最活跃的领域之一。

链接

蛋白质胶体溶液能够稳定存在是因为蛋白质颗粒表面有许多亲水基团，可吸引水分子，使其表面形成一层水化膜，从而阻断蛋白质颗粒的相互聚集，防止溶液中的蛋白质沉淀析出。除此之外，在非等电点状态时蛋白质颗粒表面带有一定数量相同的电荷，同性排斥的作用可以使蛋白质颗粒不能聚集沉淀析出。若用物理或者化学的方法破坏蛋白质胶体溶液的这两个稳定因素，蛋白质就容易从溶液中析出。

（三）蛋白质的变性作用

1. 变性的概念　蛋白质在某些物理因素或化学因素的作用下，其空间结构受到破坏，从而导致其理化性质的改变和生物学活性的丧失，这种现象称为蛋白质的变性作用（denaturation）。使蛋白质变性的物理因素有加热、高压、振荡、搅拌、紫外线照射、超声波、X 射线等。化学因素有强酸、强碱、重金属离子、尿素、乙醇、丙酮等有机溶剂。

2. 变性的实质及变性后的特征　蛋白质变性主要是维系空间结构的次级键受到破坏，而不涉及一级结构的变化。变性之后的蛋白质：①理化性质改变：由于疏水基团暴露于蛋白质分子表面，使蛋白质水溶性降低。同时由于蛋白质分子的不对称性增加，使溶液的黏度增加。蛋白质变性后原来的空间结构变为伸展的松散态，因此易被水解，所以熟食利于蛋白质的消化吸收。②生物学性质改变：如酶失去催化活性、激素失去调节活性、细菌蛋白失去致病性等。

3. 蛋白质变性在实际中具有重要意义　如利用乙醇、紫外线照射、高压蒸汽等物理方法使菌体蛋白质变性失活，从而达到消毒灭菌的作用。某些生物制剂在低温下保存，就是为了防止温度过高引起蛋白质变性。中草药有效成分的提取或其注射液的制备也常用变性的方法除去杂质蛋白。人类吃熟食就是因为加热使蛋白质变性以利于消化。

案例 2-1

患者，男性，25 岁，因急性阑尾炎住院，需行阑尾切除手术，术前准备工作摘要如下：

1. 手术室保持整洁、无菌，室内采用紫外线照射消毒（每次不小于 1h）。

2. 检查阑尾切除备用手术包消毒有效期。备用手术包的准备过程：将手术专用器械及敷料备齐、刷净、包好，按规程进行高压蒸汽灭菌，并注明消毒日期。

3. 手术人员使用肥皂刷洗双手及上臂，用 5% 聚维酮碘涂抹双臂、双手戴无菌手套等。

4. 病人腹部手术区备皮。应用 5% 聚维酮碘常规皮肤消毒，铺无菌手术巾。

问题：

1. 手术前做上述准备工作有何作用？

2. 试说明采取这些措施所依据的原理。

（四）蛋白质的沉淀

蛋白质分子从溶液中析出的现象称为蛋白质的沉淀（precipitation）（图 2-12）。常用沉淀蛋白质的方法有：

1. 盐析法　在蛋白质溶液中加入高浓度的中性盐（如硫酸铵、硫酸钠、氯化钠等）破坏蛋白质胶体的稳定性，使蛋白质从水溶液中沉淀出来，称为盐析（salting out）。高浓度的盐离子夺去了蛋白质胶体的水化膜，同时又抑制蛋白质的电离，使蛋白质表面电荷减少，稳定蛋白质亲水胶体的两个因素都被破坏，于是蛋白质颗粒聚集沉淀析出。盐析一般不引起蛋白质变性，是分离纯化蛋白质的常用方法之一。

2. 有机溶剂沉淀法　可与水混合的有机溶剂，如乙醇、丙酮等，能破坏蛋白质颗粒的水化膜，降低溶液的介电常数，使蛋白质沉淀。在等电点时加入有机溶剂更易使蛋白质沉淀析出。

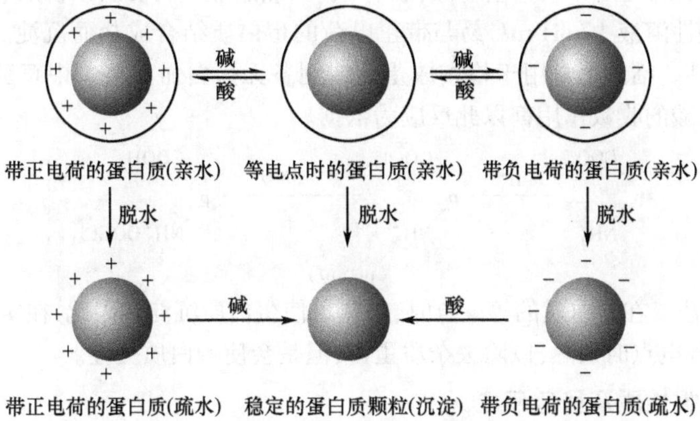

图 2-12　蛋白质的沉淀

不同蛋白质沉淀需要的有机溶剂的浓度不同,因此,对混合蛋白质可以用不同浓度的有机溶剂分级沉淀。常温下有机溶剂沉淀蛋白质常引起蛋白质变性,使蛋白质失去应有的活性,因此,可以在低温(0~4℃)下用有机溶剂沉淀蛋白质,只要快速、低温、干燥,一般可以保持蛋白质应有的活性,所以常用此法制备蛋白质。

3. 重金属盐沉淀法　蛋白质在碱性溶液(pH>p*I*)中带负电荷,易与带正电荷的重金属离子结合成不溶性的蛋白质盐沉淀。这种沉淀常引起蛋白质变性。在临床上抢救重金属盐中毒的病人时,给予大量的蛋白质液体,如牛奶、蛋清以生成不溶性的蛋白质盐而减少机体对重金属的吸收,然后再利用洗胃或催吐剂将其从胃中排出体外。长期从事重金属作业的人应多吃高蛋白食物,以防止重金属离子被机体吸收造成的伤害。

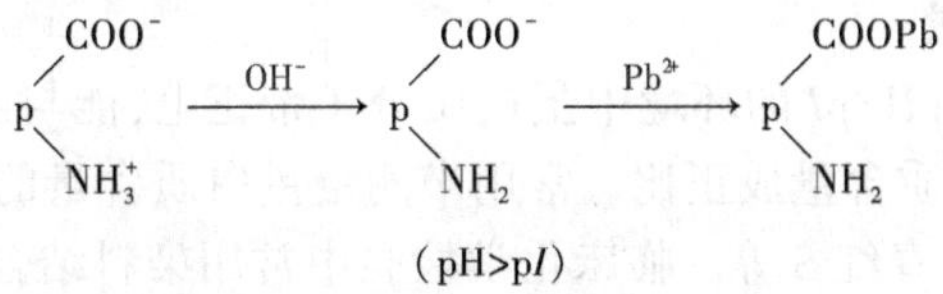

案例 2-2

又要上实验课了,这是大家期待的日子!因为比起枯燥的理论课,实验课要好玩得多。今天的内容是什么呢?

只见老师拿出一个装有无色透明溶液的烧杯,说:"这里面有白蛋白、β-球乳蛋白、α-球蛋白、β-球蛋白、γ-球蛋白等,你们的任务就是设计实验想办法把β-球蛋白分离出来。"

教室里一片寂静,太难了吧!但是没多久就有同学发言了。

黎明说:我可以先测定溶液的 pH,再向混合溶液中添加酸或碱把 pH 调到 5.6 左右,β-球蛋白就可以沉淀出来了。

张萌说:我可以用硫酸铵,通过盐析法使β-球蛋白沉淀出来。

李岩说:我先调溶液 pH 到 5.6,然后加热就可以让β-球蛋白析出来。

天明说:我先调 pH 到 5.6,然后在溶液中加入乙醇,就可以让β-球蛋白析出。

问题:

以上几名同学的思路,哪一个比较合理而且是最简单易行的?为什么?

4. 生物碱试剂沉淀法　某些生物碱（苦味酸、三氯醋酸、磷钨酸、磺柳酸、磷钼酸等）分子中的酸根离子，在酸性溶液中（pH<p*I*）易与带正电荷的蛋白质结合成盐而沉淀。酸类沉淀蛋白质常引起蛋白质变性。临床上常用于检查尿蛋白或制备无蛋白血滤液。中草药注射液中蛋白的检查及鞣酸、苦味酸的收敛作用都以此反应为依据。

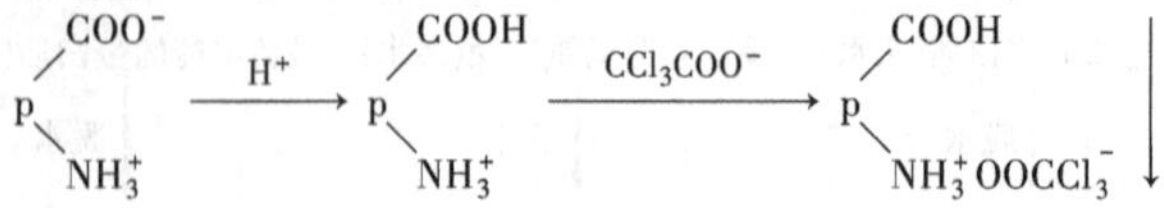

（pH>p*I*）

5. 加热沉淀法　在蛋白质的等电点时，加热易使蛋白质沉淀。因此，在实际工作中常在 pH 等于杂质蛋白质等电点时加热，以除去杂质蛋白，但是会使蛋白质变性。

（五）紫外吸收性质及呈色反应

1. 紫外吸收性质　蛋白质分子中常含有酪氨酸、苯丙氨酸、色氨酸，其中苯环中都含有共轭双键，在 280nm 波长处有特征性吸收峰。在此波长处，蛋白质吸光度值与其浓度呈正比关系。因此，常利用此特性测定蛋白质的含量。

2. 呈色反应　蛋白质分子中的肽键及分子中氨基酸残基上的一些特殊基团都可以与有关试剂作用产生颜色反应。这些反应可以作为蛋白质的定性或定量分析。常用的颜色反应有：

（1）双缩脲反应：在碱性条件下，蛋白质分子中的肽键可以与 Cu^{2+} 形成紫色复合物。此化合物在 540nm 波长处吸光度与蛋白质的含量成正比，可以用来测量蛋白质的含量。临床化学检验中常用双缩脲法测定血清总蛋白、血浆纤维蛋白的含量。由于氨基酸不呈现此反应，故此法还可以用于检测蛋白质的水解程度。

（2）酚试剂反应：蛋白质分子中的酪氨酸残基在碱性铜试剂存在下，与酚试剂（磷钨酸和磷钼酸）反应生成蓝色化合物。此反应灵敏度高，临床用酚试剂反应测定血清黏蛋白、脑脊液中的蛋白质等微量蛋白质的含量。

（3）染料结合反应：在 pH<p*I* 的环境中蛋白质分子带正电，能与阴离子染料结合产生颜色反应，其色泽的深浅与蛋白质含量成正比。常用来测定蛋白质含量的染料有溴甲酚绿、邻苯三酚红、考马斯亮蓝 G-250、丽春红 S 等。临床化学检验中常用染料结合反应来测定血清白蛋白、脑脊液总蛋白的含量。

二、蛋白质的分类

蛋白质的种类繁多、结构复杂、功能各异，分类方式也多种多样，可根据分子的形状、组成、生物学功能和溶解度的差异进行分类。

（一）根据分子的形状分类

1. 球状蛋白质　蛋白质分子长短轴之比小于 10。一般可溶于水，具有特异的生物学活性，如酶、免疫球蛋白、血红蛋白、肌红蛋白等。

2. 纤维状蛋白　蛋白质长短轴之比大于 10。一般不溶于水，是组织的结构材料，如毛发中的角蛋白、结缔组织中的胶原蛋白和弹性蛋白等。

（二）根据组成分类

1. 单纯蛋白　是水解产物仅为氨基酸的一类蛋白，如白蛋白、球蛋白、组蛋白、醇蛋白等。

2. 结合蛋白　是由蛋白质和非蛋白质（辅基）组成的一类蛋白，根据辅基不同又可以分为不同的种类（表 2-4）。

（三）根据生物学功能分类（表 2-5）

表 2-4　结合蛋白及辅基

蛋白质名称	辅基	举　例
金属蛋白	金属离子	铁蛋白、超氧化物酶、胰岛素
色蛋白	色素	血红蛋白、黄素蛋白、细胞色素
核蛋白	核酸	染色体蛋白、病毒核蛋白
糖蛋白	糖类	转运蛋白、受体、免疫球蛋白
磷蛋白	磷酸	胃蛋白酶、染色质磷蛋白
脂蛋白	脂类	α-脂蛋白、β-脂蛋白

表 2-5　根据蛋白质的功能分类

功能	蛋白质举例
运输作用	血红蛋白、脂蛋白、白蛋白
防御作用	血纤维蛋白原、免疫球蛋白
收缩作用	肌动蛋白、肌球蛋白
激素作用	胰岛素、胰高血糖素
基因调解作用	阻遏蛋白、转变因子
催化作用	酶
结构作用	胶原蛋白、弹性蛋白
调节作用	钙调蛋白

（四）根据溶解度分类

1. 可溶性蛋白　溶于水、稀中性盐和稀酸性溶液的蛋白质，如清蛋白、球蛋白、组蛋白、精蛋白。

2. 醇溶性蛋白　如醇溶谷蛋白。它不溶于水、稀盐溶液，而溶于 70%~80% 的乙醇。

3. 不溶性蛋白　不溶于水、中性盐、稀酸、碱或一般的有机溶剂。如角蛋白、胶原蛋白、弹性蛋白等。

小结

蛋白质是生物大分子，广泛分布于生物界，具有多种多样的生物学功能，是各种生命活动的基础。其组成元素主要有碳、氢、氧、氮等，其中氮的含量较稳定，平均为 16%。蛋白质含量计算：样品中蛋白质的含量(g)＝样品中含氮量(g)×6.25。

蛋白质的基本组成单位是氨基酸，构成人体的氨基酸有 20 种，都是 *L*-α-氨基酸。据 R 侧链的结构和性质不同分为 4 种。氨基酸在多肽链中的排列顺序为蛋白质的一级结构，维系一级结构的键主要是肽键。蛋白质一级结构盘绕、折叠形成空间结构，空间结构有二、三、四级结构，维系空间结构的主要键是次级键。蛋白质一级结构与空间结构都与蛋白质的功能密切相关。

蛋白质具有以下理化性质：两性电离、等电点和胶体性质，蛋白质胶体溶液的形成依赖于溶液的 pH 和蛋白质的等电点。当蛋白质表面的水化层和同种电荷被破坏后，蛋白质就会聚集沉淀。在某些理化因素的作用下蛋白质的空间结构发生变化（一级结构不变），理化性质和生物学活性丧失的现象为蛋白质变性。这在医学实践中具有重要意义。蛋白质有紫外吸收特性及呈色反应，据此可以对蛋白质进行定性或定量分析。蛋白质可以根据不同的分类方式分成许多种。

目标检测

一、名词解释

1. 蛋白质的一级结构　2. 盐析　3. 蛋白质的等电点　4. 亚基　5. 蛋白质的变性作用　6. 肽键　7. 电泳

二、填空题

1. 组成蛋白质的主要元素有________、________、________、________。

2. 不同蛋白质的含________量颇为相近，平均含量为________%。

3. 蛋白质具有两性电离性质，大多数在酸性溶液中带________电荷，在碱性溶液中带________电荷。当蛋白质处于某一 pH 时，它所带的正负电荷相等，此时蛋白质称为________，该溶液的 pH 称为蛋白质的________。

4. 蛋白质颗粒表面的________和________是蛋白质水胶体稳定因素。

5. 蛋白质的沉淀方法有________、________、________、________、________。

三、选择题

A 型题

1. 形成稳定的肽链空间，非常重要的一点是肽键中的四个原子以及和它相邻的两个 α-碳原子处于(　　)
   A. 不断绕动状态　B. 可以相对自由旋转
   C. 同一平面　D. 随不同外界环境而变化的状态
   E. 不同界面

2. 具有四级结构的蛋白质的特征是(　　)
   A. 依赖肽键维系四级结构的稳定
   B. 在具有三级结构的基础上，由二硫键将多肽链进一步折叠、盘曲形成
   C. 每条多肽链都具有独立的生物学活性
   D. 分子中必定含有辅基
   E. 由两条或两条以上具有三级结构的多肽链组成

3. 测得某一蛋白质样品的含氮量为 0.60g，问此样品约含有蛋白质(　　)
   A. 16.0g　　B. 3.75g
   C. 6.40g　　D. 9.60g
   E. 6.25g

4. 关于蛋白质分子三级结构的描述，错误的是(　　)
   A. 天然蛋白质分子均有这种结构
   B. 具有三级结构的多肽链都具有生物学活性
   C. 三级结构的稳定主要是次级键维系
   D. 亲水基团聚集在三级结构的表面
   E. 决定盘曲折叠的因素是氨基酸残基

5. 含 Ala、Asp、Lys、Cys 的混合液，其 p*I* 依次分别为 6.0、2.77、9.74、5.07，在 pH 9 的环境中电泳分离这几种氨基酸，自正极开始，电泳区带的顺序依次(　　)
   A. Ala，Cys，Lys，Asp　　B. Asp，Cys，Ala，Lys
   C. Lys，Ala，Cys，Asp　　D. Cys，Lys，Ala，Asp
   E. Asp，Ala，Lys，Cys

6. 天然蛋白质中含有的 20 种氨基酸的结构(　　)
   A. 全部都是 *L*-型
   B. 全部都是 *D*-型
   C. 部分是 *L*-型，部分是 *D*-型
   D. 除甘氨酸外都是 *L*-型
   E. 除甘氨酸外都是 *D*-型

7. 盐析法沉淀蛋白的原理是(　　)
   A. 中和电荷，破坏水化层
   B. 与蛋白质结合成不溶性的蛋白盐
   C. 降低蛋白质溶液的介电常数
   D. 调节蛋白质溶液的等电点
   E. 加速蛋白质聚合

B 型题

8~13 题共用备选答案

A. 氢键　　B. 肽键
C. 疏水键　　D. 离子键
E. 二硫键

8. 维系蛋白质一级结构的主要键是(　　)
9. 维系蛋白质一级结构次要的键是(　　)
10. 维系蛋白质二级结构的主要键是(　　)
11. 维系蛋白质三级结构的主要键是(　　)
12. 维系蛋白质四级结构的主要键是(　　)
13. 参与维持蛋白质三级结构的共价键是(　　)

X 型题

14. 组成生物体蛋白质的氨基酸，其共有的特点是(　　)
    A. 有一个 α-氨基　　B. 有一个 α-羧基
    C. 均是 *D*-型氨基酸　　D. 均是 *L*-型氨基酸
    E. α-碳原子上连有一个侧链基团

15. 蛋白质变性是因为(　　)
    A. 氢键破坏　　B. 肽键断裂
    C. 亚基解聚　　D. 水化层破坏
    E. 电荷被中和

16. 蛋白质二级结构中存在的构象有(　　)
    A. α-螺旋　　B. α-转角
    C. β-折叠　　D. β-转角
    E. β-螺旋

四、简答题

1. 引起蛋白质变性的因素有哪些？举例说明蛋白质变性在实践中的应用。

2. 写出氨基酸的结构通式。

（张文革）

第3章 核酸化学

学习目标

1. 掌握核酸的基本成分和基本组成单位
2. 掌握 DNA 二级结构的要点
3. 理解核酸的结构

核酸(nucleic acid)是生物遗传的物质基础,是细胞中最重要的生物大分子。各种生物的生长繁殖、遗传变异、细胞分化等都是由核酸决定的,此外,肿瘤、遗传病、代谢病、病毒感染等也与核酸有关。核酸可以分为脱氧核糖核酸(deoxyribonucleic acid,DNA)和核糖核酸(ribonucleic acid,RNA)两大类。DNA 主要存在于细胞核中,携带遗传信息,通过复制将遗传信息传递给子代。RNA 主要存在于细胞质中。RNA 分为三类:信使 RNA(messager RNA,mRNA)、转运 RNA(transfer RNA,tRNA)和核糖体 RNA(ribosomal RNA,rRNA)。RNA 主要在遗传信息的表达及蛋白质合成中起重要作用。

第1节 核酸的组成

一、核酸的基本成分

核酸由 C、H、O、N 和 P 五种元素组成,其最终水解的产物是磷酸、戊糖和碱基。

(一)磷酸

核酸中 P 的含量比较恒定(约为 9%~10%),以磷酸分子的形式存在。

(二)戊糖

核酸中所含的糖为五碳糖,即戊糖。戊糖有两种,即 β-*D*-核糖和 β-*D*-2′-脱氧核糖(图 3-1)。在 RNA 中存在的是核糖,DNA 中存在的是脱氧核糖。

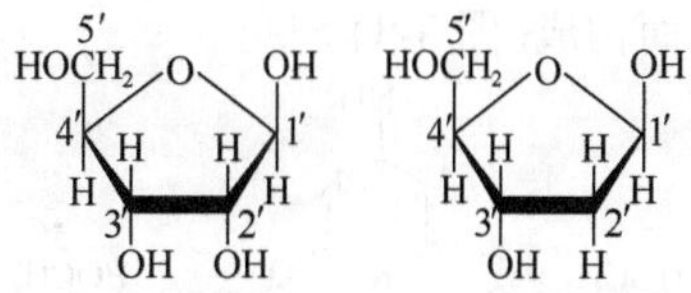

β-*D*-核糖　　β-*D*-2′-脱氧核糖

图 3-1　戊糖

(三)碱基

核酸中的碱基有两类,即嘌呤碱和嘧啶碱。嘌呤碱主要有腺嘌呤(adenine,A)、鸟嘌呤(guanine,G);嘧啶碱主要有胞嘧啶(cytosine,C)、尿嘧啶(uracil,U)、胸腺嘧啶(thymine,T)(图 3-2)。

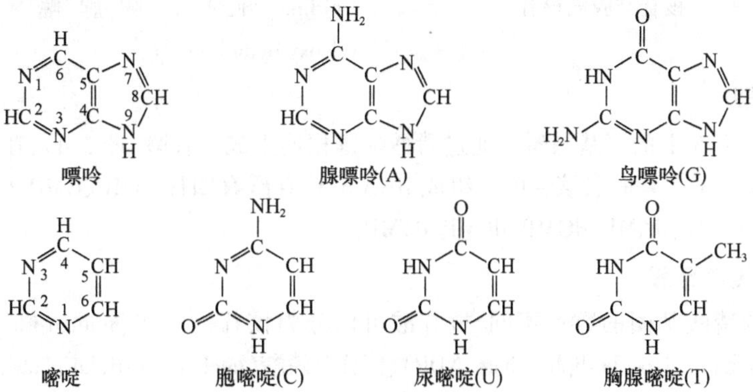

嘌呤　腺嘌呤(A)　鸟嘌呤(G)

嘧啶　胞嘧啶(C)　尿嘧啶(U)　胸腺嘧啶(T)

图 3-2　嘌呤碱与嘧啶碱

DNA 中的碱基主要有 A、G、C、T 四种。RNA 中的碱基主要有 A、G、C、U 四种。两类核酸的基本成分如表 3-1。

表 3-1 两类核酸的基本组成成分

基本成分	DNA	RNA
磷酸	磷酸	磷酸
戊糖	β-*D*-2′-脱氧核糖	β-*D*-核糖
碱基		
嘌呤碱	腺嘌呤(A)、鸟嘌呤(G)	腺嘌呤(A)、鸟嘌呤(G)
嘧啶碱	胞嘧啶(C)、胸腺嘧啶(T)	胞嘧啶(C)、尿嘧啶(U)

二、核酸的基本组成单位——核苷酸

核酸是生物大分子，是由许多个核苷酸连接而成。核酸在核酸酶的作用下水解为核苷酸；核苷酸再进一步水解为磷酸和核苷(或脱氧核苷)；核苷(或脱氧核苷)再继续水解成戊糖和碱基。DNA 的基本组成单位是脱氧核苷酸，RNA 的基本组成单位是核苷酸。

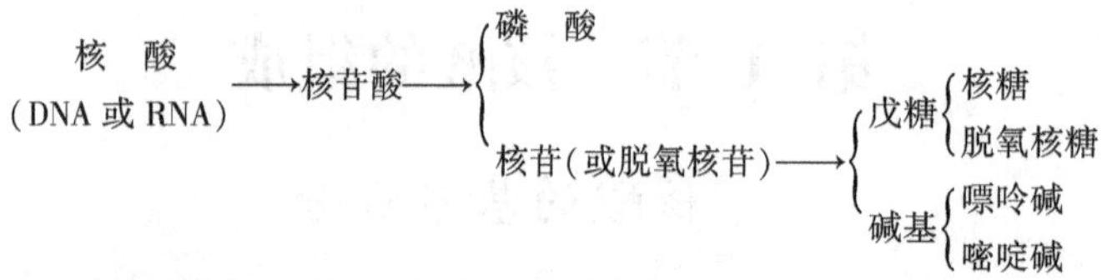

(一) 核苷(或脱氧核苷)

戊糖和碱基缩合成核苷(或脱氧核苷)，两者之间的连接键称为糖苷键。糖苷键是由戊糖的第一位碳原子(C-1′)分别与嘌呤碱的第九位氮原子(N_9)和嘧啶碱的第一位氮原子(N_1)相连接而构成(图 3-3)。

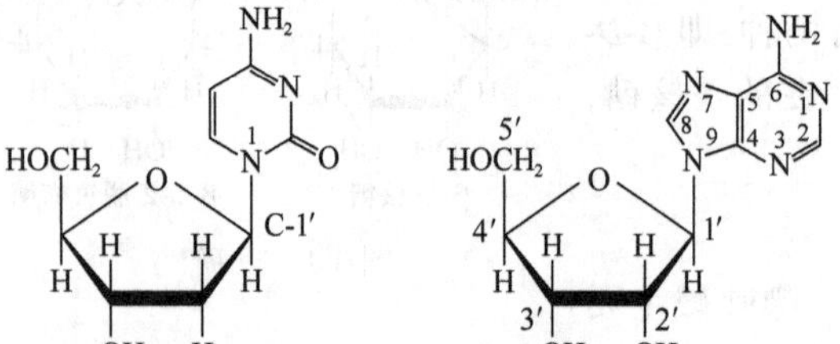

胞嘧啶脱氧核苷(脱氧胞苷)　　腺嘌呤核苷(腺苷)

图 3-3 核苷与脱氧核苷

RNA 中主要的核糖核苷有四种：腺嘌呤核苷(adenosine，A)、鸟嘌呤核苷(guanosine，G)、胞嘧啶核苷(cytidine，C)和尿嘧啶核苷(uridine，U)。

DNA 中主要的脱氧核糖核苷也有四种：腺嘌呤脱氧核苷(deoxyadenosine，dA)、鸟嘌呤脱氧核苷(deoxyguanosine，dG)、胞嘧啶脱氧核苷(deoxycytidine，dC)和胸腺嘧啶脱氧核苷(deoxythymidine，dT)。

(二) 核苷酸

核苷中戊糖 C-5′上的羟基与磷酸通过磷酸酯键相连生成核苷酸(图 3-4)，在 RNA 分子中是核苷酸；在 DNA 分子中是脱氧核苷酸。组成 RNA 的核苷酸有四种：AMP、GMP、CMP、UMP；组成 DNA 的核苷酸有四种：dAMP、dGMP、dCMP、dTMP。

(三) 多磷酸核苷酸

根据连接的磷酸基团的数目不同，核苷酸可以分为核苷一磷酸(nucleoside monophosphate，NMP)、核苷二磷酸(nucleoside diphosphate，NDP)、核苷三磷酸(nucleoside triphosphate，NTP)(图 3-5)。

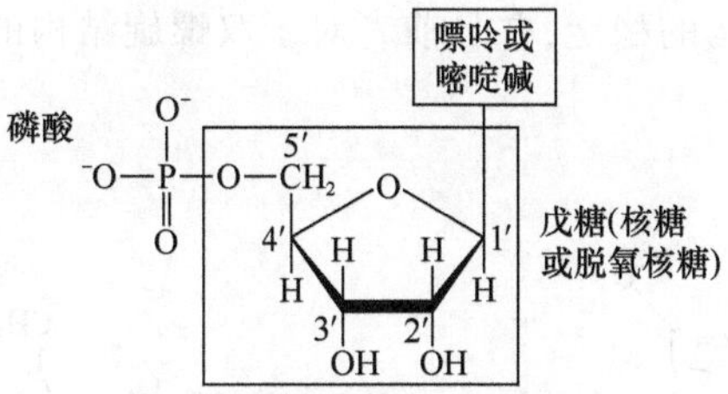

图 3-4 核苷酸的结构图示

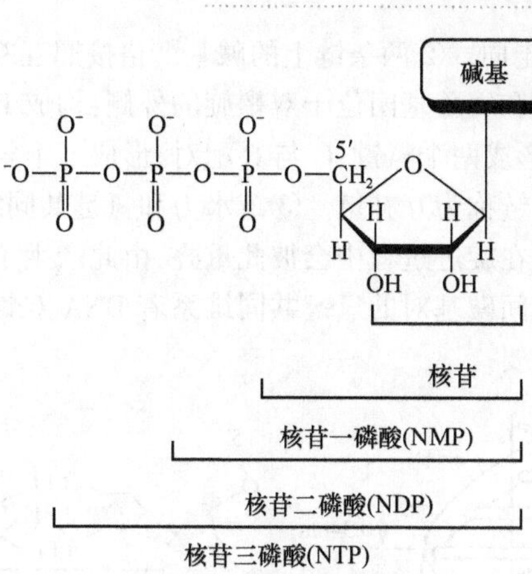

图 3-5 多磷酸核苷酸

多种 NTP 或 dNTP 都是高能化合物,其结构式中的高能磷酸键“~P”水解可以释放大量的能量,供机体各种生命活动的需要。细胞中最常见的是 ADP 和 ATP,在细胞代谢中起重要作用。此外,NTP 在多种物质的合成中起活化或供能作用。

第 2 节 核酸的结构

一、核酸的一级结构

核酸是由核苷酸通过磷酸二酯键相连而成的多核苷酸链。磷酸二酯键是由一个核苷酸的 C-3′-羟基和下一位核苷酸 C-5′-磷酸之间脱水缩合形成的酯键(即 3′,5′-磷酸二酯键),故核酸具有方向性,即 5′→3′。核酸的一级结构就是核酸分子中的核苷酸的排列顺序(图 3-6)。规定核苷酸链的书写必须从 5′-末端到 3′-末端。常用一种简单的方式表示核酸的一级结构,即按顺序书写每一核苷酸所含的碱基,如 5′-ATCGGAUCCA-3′。

由于核苷酸之间的差异在于碱基的不同,因此,核酸的一级结构也就是它碱基的排列顺序。DNA 和 RNA 对遗传信息的携带和传递,就是通过核苷酸中的碱基序列变化而实现的。碱基的顺序发生改变,生物的遗传特性多数会发生有害的变异。

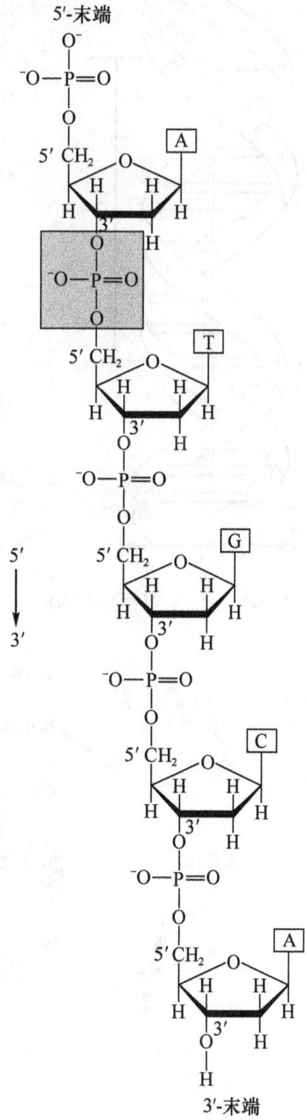

图 3-6 多核苷酸链

二、核酸的空间结构

核酸的空间结构包括二级结构和三级结构。

(一) DNA 的空间结构

1. DNA 的二级结构——双螺旋结构 1953 年,J. Watson 和 F. Crick 两位学者综合了当时的研究成果,提出了关于 DNA 二级结构的双螺旋结构模型(图 3-7)。

双螺旋结构模型的要点是:①DNA 是反向平行的双链结构。DNA 分子是由两条平行且方向相反的多脱氧核苷酸链围绕同一中心轴形成的右手双螺旋结构。一条链为 5′→3′走向,另一条链是

3′→5′走向。②两条链上的碱基严格按照互补规律形成碱基对。在DNA双链结构中，亲水的脱氧核糖和磷酸基团位于双螺旋的外侧，构成DNA的基本骨架；疏水的碱基位于螺旋内侧，A与T配对，形成两个氢键；G与C配对，形成三个氢键（图3-8）。配对的两个碱基称为互补碱基；DNA的两条链称为互补链。③疏水力和氢键共同维持着DNA双螺旋结构的稳定。相邻的两个碱基对平面在旋进过程中会彼此重叠，由此产生了具有疏水性的碱基堆积力。这种碱基堆积力和互补链之间碱基对的氢键共同维系着DNA双螺旋结构的稳定，并且前者对于双螺旋结构的稳定更为重要。

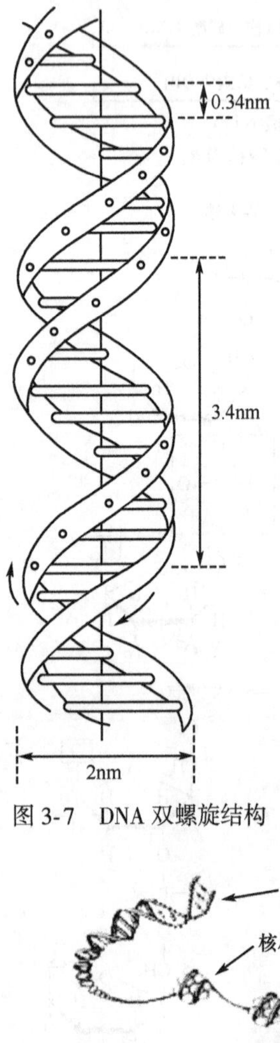

图3-7 DNA双螺旋结构

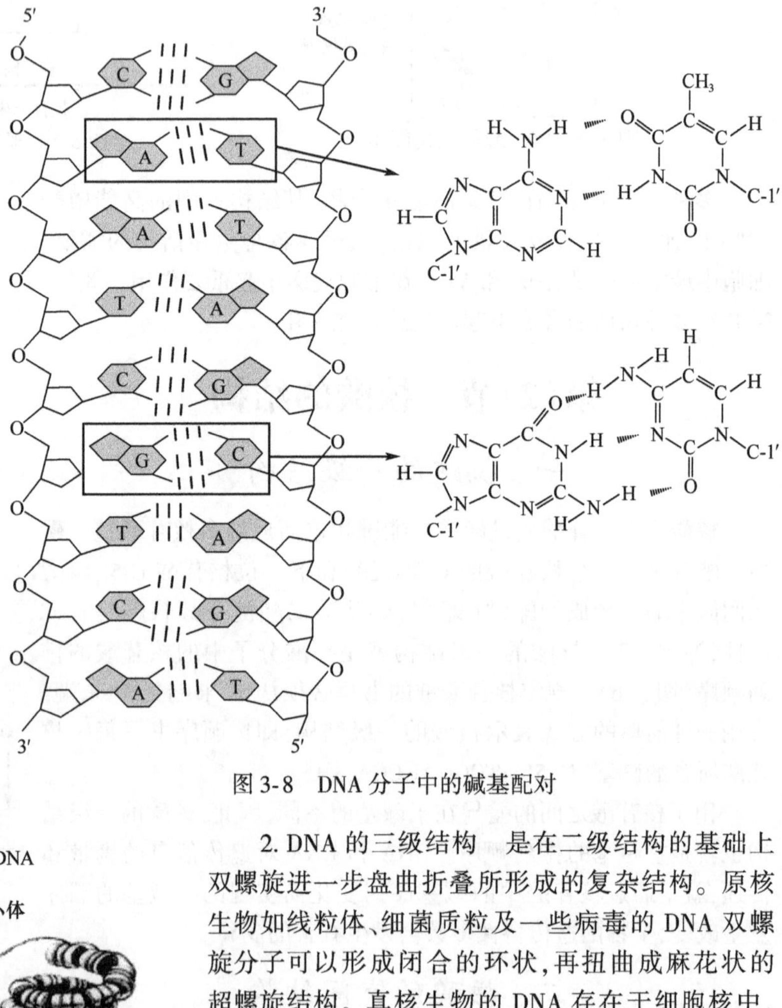

图3-8 DNA分子中的碱基配对

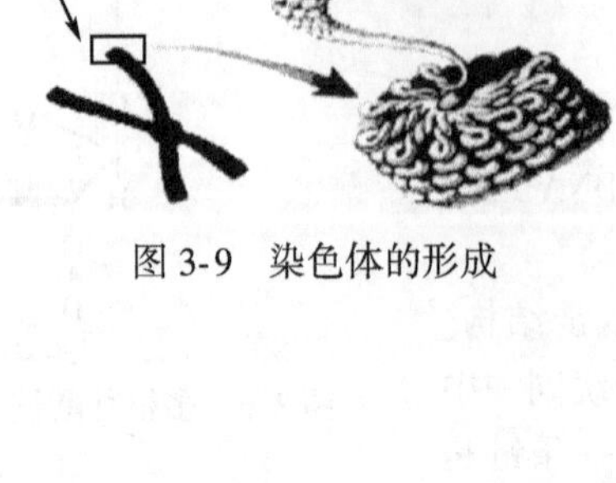

图3-9 染色体的形成

2. DNA的三级结构 是在二级结构的基础上双螺旋进一步盘曲折叠所形成的复杂结构。原核生物如线粒体、细菌质粒及一些病毒的DNA双螺旋分子可以形成闭合的环状，再扭曲成麻花状的超螺旋结构。真核生物的DNA存在于细胞核中，以染色质的形式出现。DNA双螺旋缠绕在组蛋白八聚体颗粒上形成核小体。核小体是染色质的基本组成单位。细胞分裂时，核小体形成的串珠样线性结构进一步盘曲、折叠，形成螺线管，经再度卷曲、折叠后紧密压缩成染色体单体，在核内组装成染色体（图3-9）。

DNA 双螺旋结构的发现

沃森于1950年赴英国剑桥大学从事博士后研究，在卡文迪许实验室工作期间，结识了正在攻读博士学位的克里克，两人为揭示DNA空间结构的奥秘开始了密切合作。根据威尔金斯的高质量DNA分子X线衍射图像和前人的工作，他们提出了DNA双螺旋结构模型，并于1953年将其发表在《自然》杂志上。DNA双螺旋结构揭示了DNA作为遗传信息载体的物质本质，为DNA作为复制模板和基因转录模板提供了结构基础，将生物大分子的结构与功能的研究结合在一起。DNA双螺旋结构的发现是生物学发展的里程碑，标志着现代分子生物学的开始。沃森、克里克和威尔金斯因此分享了1962年的诺贝尔生理学和医学奖。

链接

（二）RNA 的空间结构

RNA 通常以单链的形式存在，RNA 的碱基组成没有 DNA 那样有规律，但可以通过链内的碱基配对形成局部的双螺旋二级结构和空间结构，发夹结构是 RNA 分子中最普遍的二级结构（图 3-10）。

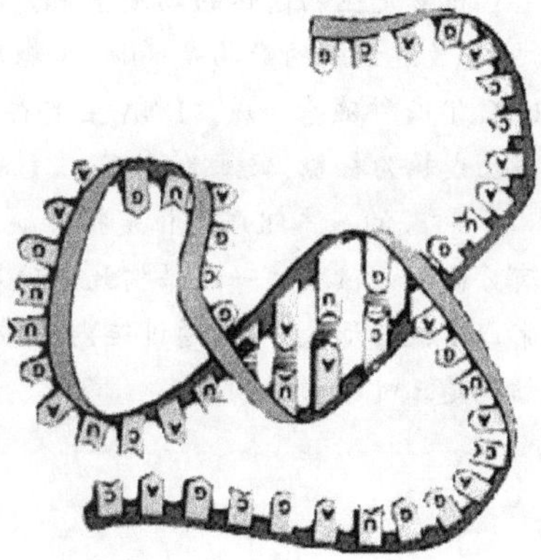

图 3-10　RNA 的二级结构

真核细胞中成熟 mRNA 通常为单链结构，大小不一。在 mRNA 上每三个相邻的碱基组成一个遗传密码，称为密码子或三联体密码，其决定多肽链中某一氨基酸，或多肽链合成的起始或终止信号。

三种 RNA 中，对 tRNA 的结构了解得最清楚。每一种氨基酸都有其相应的一种或几种 tRNA。tRNA 的二级结构是三叶草形结构（图 3-11），其中反密码环中间的 3 个碱基称为反密码子，在蛋白质生物合成时，能够识别 mRNA 上的密码子，而氨基酸臂则携带和转运氨基酸。tRNA 的三级结构呈倒 L 形（图 3-12）。

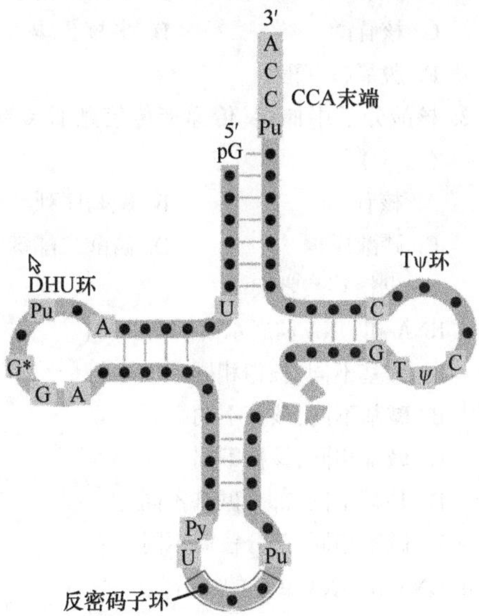

图 3-11　tRNA 的二级结构

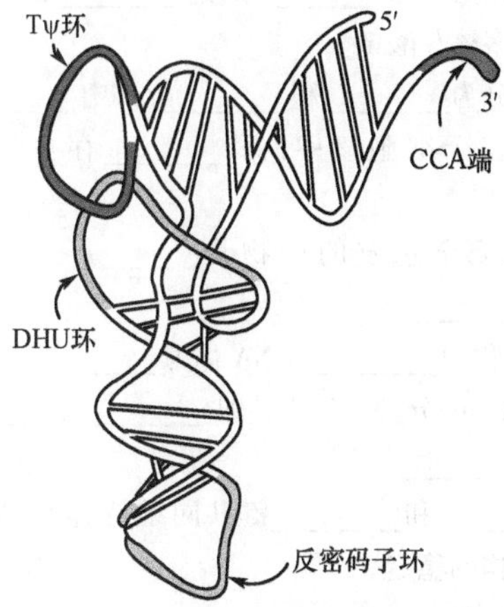

图 3-12　tRNA 的三级结构

rRNA 与核糖体蛋白共同构成核蛋白体或核糖体。原核生物和真核生物的核糖体由大、小两个亚基组成,是蛋白质生物合成的场所。

核酸与医药

由于 DNA 是遗传信息的载体,DNA 分子结构的改变,必将导致生物功能的改变。如病毒的致病作用、恶性肿瘤、放射病及遗传性疾病等都与核酸功能的变化密切相关。许多抗病毒药物和抗癌药物属于核苷或核酸类衍生物,如治疗消化道癌症的氟尿嘧啶,治疗白血病的6-巯基嘌呤等。抗癌和抗病毒药物的作用是抑制病原核酸与蛋白质的合成,从而抑制了癌细胞与病毒的进一步增殖,因此,抗癌、抗病毒药物的作用机制与新药合成研究都与核酸化学关系密切。

链接

小结

核酸是生物遗传的物质基础。核酸可以分为脱氧核糖核酸(DNA)和核糖核酸(RNA)两大类,其最终水解的产物是磷酸、戊糖和碱基。DNA 主要存在于细胞核中,戊糖为脱氧核糖,由 A、G、C、T 四种碱基组成。RNA 主要存在于细胞质中,主要有 mRNA、tRNA 和 rRNA 三种类型,其组成上戊糖为核糖,碱基为 A、G、C、U 四种。

核酸的基本组成单位是核苷酸。核苷酸之间通过磷酸二酯键相连而成多核苷酸链。核酸具有方向性。核酸的一级结构就是碱基的排列顺序。DNA 的二级结构是双螺旋结构模型。RNA 通常以单链的形式存在,通过链内的碱基配对形成局部的双螺旋,构成发夹二级结构。tRNA 的二级结构是三叶草形结构。

目标检测

一、名词解释

核酸的一级结构

二、填空题

1. 核酸是由许多________通过________键连接起来的多核苷酸链。
2. 核酸分为________和________,其中________主要存在于细胞核中,而________存在于细胞质中。
3. 核酸完全水解的产物是________、________和________。
4. DNA 称为________,RNA 称为________。
5. RNA 可分为三类,即________、________和________。
6. ________和________键共同维持着 DNA 双螺旋结构的稳定。

三、选择题

A 型题

1. 构成核酸的基本单位是(　　)
   A. 核苷　　B. 磷酸戊糖
   C. 核苷酸　　D. 多核苷酸
   E. 脱氧核苷酸
2. 核酸分子中储存、传递遗传信息的关键部分是(　　)
   A. 核苷　　B. 碱基序列
   C. 磷酸戊糖　　D. 磷酸二酯键
   E. 戊糖磷酸骨架
3. RNA 和 DNA 彻底水解后的产物(　　)
   A. 碱基不同,核糖相同
   B. 碱基不同,核糖不同
   C. 碱基相同,核糖不同
   D. 核糖不同,部分碱基不同
   E. 碱基相同,部分核糖不同
4. DNA 和 RNA 共有的成分是(　　)
   A. *D*-核糖　　B. *D*-2-脱氧核糖
   C. 鸟嘌呤　　D. 尿嘧啶
   E. 胸腺嘧啶

5. 核酸中核苷酸之间的连接方式是(　　)
A. 2′,3′-磷酸二酯键　　B. 3′,5′-磷酸二酯键
C. 2′,5′-磷酸二酯键　　D. 糖苷键
E. 氢键

6. 在RNA中存在,但在DNA中不存在的碱基是(　　)
A. 胞嘧啶　　B. 腺嘌呤
C. 鸟嘌呤　　D. 尿嘧啶
E. 胸腺嘧啶

7. 下列哪一种碱基存在于DNA,不存在于RNA中(　　)
A. C　　B. G
C. A　　D. U
E. T

B型题

8~12题共用备选答案
A. 发夹结构　　B. 鸟嘌呤
C. 胸腺嘧啶　　D. 双螺旋结构
E. 三叶草形结构

8. DNA的二级结构是(　　)
9. RNA的二级结构是(　　)
10. tRNA的二级结构是(　　)
11. 能与胞嘧啶形成碱基对(　　)
12. 能与腺嘌呤形成碱基对(　　)

X型题

13. DNA双螺旋结构模型的描述中哪些是不正确的(　　)
A. 鸟嘌呤与胸腺嘧啶配对
B. 是反向平行的双链结构
C. DNA双螺旋中碱基位于外侧
D. 两股多核苷酸链通过A与T或G与C之间的氢键连接
E. 维持双螺旋稳定的主要因素是氢键和疏水力

四、简答题

1. 试述两类核酸的分子组成及基本组成单位。
2. DNA双螺旋结构有哪些特点?

(王小霞)

第4章 酶 学

学习目标

1. 掌握酶的概念、酶分子组成及其作用
2. 掌握酶的活性中心、抑制剂对酶促反应的影响
3. 理解酶原与酶原激活的概念、酶促反应的影响因素
4. 了解同工酶与酶分子缺陷、酶的分类与命名及其酶在医学上的应用

第1节 概 念

新陈代谢是生物体生命活动的基本特征之一,为什么在生物体和细胞内,在常温常压下能快速且有条不紊地进行如此复杂的化学反应?这与活细胞产生的生物催化剂——酶有关。

一、酶的概念

酶的发现

1773年,意大利科学家斯帕兰扎尼设计了一个巧妙的实验:将肉块放入小巧的金属笼中,然后让鹰吞下去。过了一段时间他将小笼取出,肉块消失了。于是,他推断胃液中一定含有消化肉块的物质,但究竟是什么物质,他不清楚。1836年,德国科学家施旺从胃液中提取出了消化蛋白质的物质,解开胃的消化之谜。1926年,美国科学家萨姆纳从刀豆种子中提取出脲酶的结晶,并通过化学实验证实脲酶是一种蛋白质。20世纪30年代,科学家们相继提取出多种酶的蛋白结晶,并指出酶是一类具有生物催化作用的蛋白质。20世纪80年代,美国科学家切赫和奥特曼发现少数RNA也具有生物催化作用。

链接

酶是由活细胞合成的,对其特异底物具有高效催化作用的特殊蛋白质,也称生物催化剂。酶(E)催化的化学反应称为酶促反应,在酶促反应中被酶催化的物质称为底物(S),反应生成的物质称为产物(P)。酶所具有的催化能力称为酶活性。酶若失去催化能力称为酶失活。

$$E+S \rightleftharpoons ES \longrightarrow E+P$$

酶促反应式

二、酶促反应的特点

酶是一类生物催化剂,除具有一般催化剂的特征外还具自己的个性特征。

(一)酶催化的高效性

酶的催化效率极高,有酶催化的化学反应的反应速率通常比无催化剂的高 $10^{8}\sim10^{20}$ 倍,比一般催化剂的高 $10^{7}\sim10^{13}$ 倍。例如,脲酶催化尿素的水解速度是 H^{+} 催化的 7×10^{12} 倍;过氧化氢酶催化过氧化氢水解的速度是 Fe^{3+} 催化的 6×10^{5} 倍左右。

(二)酶催化的专一性

与一般催化剂不同,酶对其所催化的底物具有较严格的选择性。即酶只能催化一种或一类化合物,或一定的化学键,催化一定的化学反应并生成一定的产物,这种现象称为酶的专一性。

1. 绝对专一性 是一种酶只作用一种底物,进行反应生成特定结构的产物。如脲酶只能催化尿素水解成氨气和二氧化碳等。

2. 相对专一性 是一种酶能作用于一类化合物或一种化学键,对底物选择不很严格。例如磷酸酶对许多磷酸酯都有水解作用。

3. 立体异构专一性 是一种酶只能催化一种立体异构体进行反应。例如乳酸脱氢酶只能催化 *L*-乳酸生成丙酮酸而不能催化 *D*-乳酸。

(三) 高度不稳定性

酶的化学本质是蛋白质,凡是能使蛋白质变性的理化因素,如强酸、强碱、重金属盐、有机溶剂、高温、紫外线、剧烈震荡等都可以使酶失去催化活性。

(四) 活性可调节性

酶活性受许多因素(如底物、产物和激素等)的调控,其方式有多种,有的可提高酶的活性,有的抑制酶的活性,从而使体内各种化学反应有条不紊、协调地进行。

第 2 节 酶的结构和功能

一、酶分子组成

酶的化学本质是蛋白质,根据酶的化学组成不同,可分为单纯酶和结合酶两类。

单纯酶是仅由氨基酸残基构成的酶,如催化水解反应的酶、蛋白酶、淀粉酶、脂肪酶、磷酸酶、核糖核酸酶等。

结合酶由蛋白质部分和非蛋白质部分组成,蛋白质部分称为酶蛋白,非蛋白质部分称为辅助因子。酶蛋白和辅助因子结合形成的复合物称为全酶(结合酶),全酶(结合酶)= 酶蛋白+辅助因子。

辅助因子有两类:一类是无机金属离子;另一类是小分子有机化合物,其中多数是 B 族维生素或 B 族维生素的衍生物。根据与酶蛋白结合的紧密程度,酶的辅助因子可分为辅酶和辅基。与酶蛋白结合紧密,不能通过透析等简单方法将其分开的称为辅基;与酶蛋白结合疏松,用透析法易将其分开的称为辅酶。

酶蛋白或辅助因子单独存在时没活性,只有结合组成全酶,酶才具有活性。一种酶蛋白只能与一种辅助因子结合成一种特异酶,而一种辅助因子可以与多种酶蛋白结合成不同的特异酶。酶蛋白决定酶的专一性,而辅助因子在酶促反应中起递氢、递电子或传递某些基团的作用。例如,乳酸脱氢酶催化的反应:

$$\underset{\text{乳酸}}{\begin{array}{c}CH_3\\|\\HCOH\\|\\COOH\end{array}} + \underset{\text{辅酶}}{NAD^+} \rightleftharpoons \underset{\text{丙酮酸}}{\begin{array}{c}CH_3\\|\\C{=}O\\|\\COOH\end{array}} + NADH+H^+$$

在这个反应中,NAD^+作为乳酸脱氢酶的辅酶,是氢和电子的载体,发挥接受氢和电子的作用。

二、酶的活性中心

酶蛋白分子中存在许多化学基团,其中与酶活性密切相关的基团称为必需基团。这些必需基团在一级结构排列上相距甚远,但在空间结构上却彼此靠近,形成一个能与底物特异性结合并将底物转化为产物的特定空间区域,这一区域称为酶的活性中心。对结合酶来说,辅酶或辅基可参与活性中心的组成。

酶活性中心内的必需基团有两种：一是结合基团，其作用是与底物相结合形成复合物；另一是催化基团，其作用是影响底物中某些化学键的稳定性，催化底物发生化学反应，并使之转化为产物。活性中心内的必需基团可同时具有这两方面的功能。还有一些必需基团虽然不参加活性中心的组成，但为维持酶活性中心特有的空间构象所必需，被称为酶活性中心外的必需基团(图4-1)。

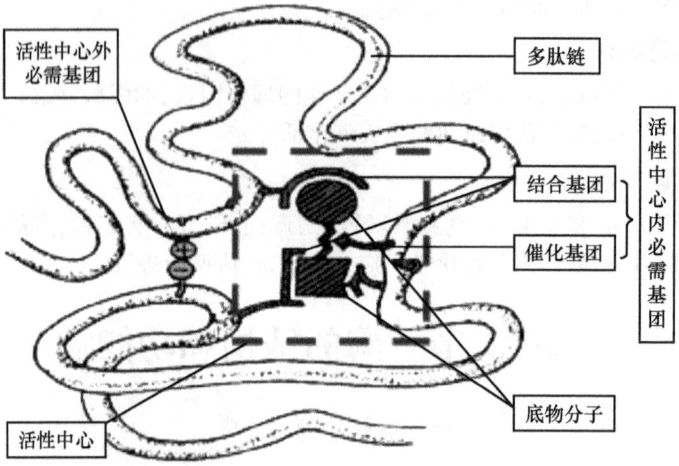

图4-1 酶活性中心示意图

不同酶分子活性中心的结构是不同的，催化作用各不相同，这样从结构基础上说明了酶催化作用的专一性。

三、酶原与酶原激活

有些酶在细胞内合成或初分泌时只是酶的无活性前体，在一定条件下，这些酶的前体被水解掉一个或几个特定的肽段，致使构象发生改变，表现出酶的活性。这种无活性酶的前体称为酶原。酶原在一定条件下转变为有活性酶的过程称为酶原激活。酶原激活实质上是酶的活性中心的形成或暴露的过程。例如，胰蛋白酶原从胰腺细胞合成分泌时并无活性，当随胰液进入小肠后，在 Ca^{2+} 存在下受肠激酶的激活，第6位赖氨酸残基与第7位异亮氨酸残基之间的肽键被切断，水解掉一个六肽，使分子构象发生改变，从而形成酶的活性中心，成为有催化活性的胰蛋白酶(图4-2)。

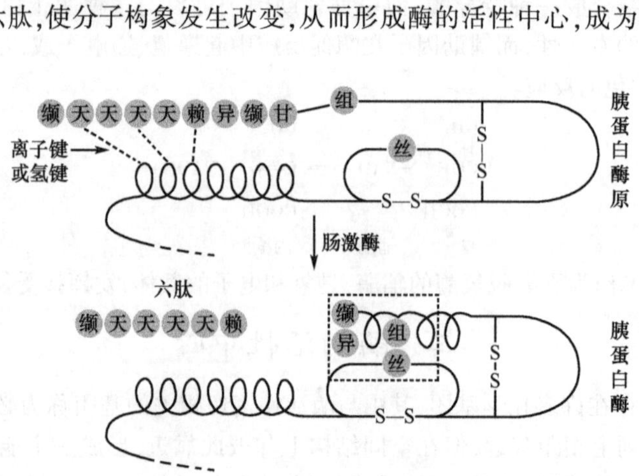

图4-2 胰蛋白酶原的激活过程

酶以酶原的形式存在具有重要的生理意义。如消化管内蛋白酶以酶原的形式分泌,避免了组织细胞的自身消化;血液中的凝血因子在血液循环中以酶原的形式存在,能防止血液在血管内凝固。

成熟和嫩化的最佳点

健康的动植物体内,各种酶促反应之间存在着微妙的平衡关系,而一旦动物屠宰或植物离开土壤(西红柿的采摘),这种平衡关系就被破坏了,酶的活性有所增强,此时食物达到了成熟和嫩化的最佳点。例如,香蕉、西红柿、苹果采摘后的成熟,屠宰后牛肉的嫩化等。

链 接

四、同工酶与酶分子缺陷

同工酶指催化相同的化学反应,而酶蛋白的分子结构、理化性质及免疫特性不同的一组酶。同工酶存在于同一种属或同一个体的不同组织或同一细胞的不同亚细胞结构中,对代谢调节有重要作用。

现已发现百余种酶具有同工酶。发现最早、研究最多的同工酶是乳酸脱氢酶(LDH)。LDH是四聚体酶,该酶的亚基有两型:骨骼肌型(M 型)和心肌型(H 型)。这两型亚基以不同的比例组成五种同工酶(图 4-3):$LDH_1(H_4)$、$LDH_2(H_3M_1)$、$LDH_3(H_2M_2)$、$LDH_4(H_1M_3)$、$LDH_5(M_4)$。由于分子结构上的差异,这五种同工酶具有不同的电泳速度。

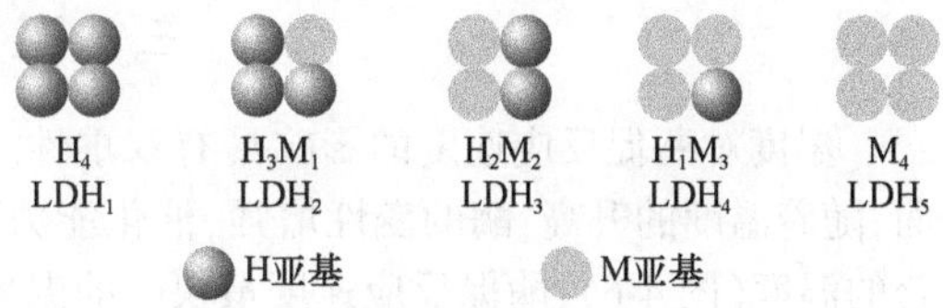

图 4-3 乳酸脱氢酶的同工酶

LDH 的同工酶在不同组织器官中的含量和分布比例不同,心肌中以 LDH_1 较为丰富,肝和骨骼肌中含 LDH_5 较多。同工酶的测定已应用于临床实践,是现代医学中诊断灵敏、可靠的手段。例如,心肌受损病人通过观测病人血清中 LDH 同工酶的酶谱可发现 LDH_1 含量上升等。

酶是基因表达的特殊蛋白质。先天性或遗传性缺陷可使某些酶的基因表达缺失或异常,导致酶的质和量的先天性异常。例如,酪氨酸酶缺乏的病人,不能将酪氨酸转变成黑色素,使皮肤、毛发中缺乏黑色素而呈白色,称白化病。

苯丙酮尿症

苯丙酮尿症(phenylketonurics,PKU)是一种常见的氨基酸代谢病,是由于苯丙氨酸代谢途径中的酶缺陷,使得苯丙氨酸不能转变成为酪氨酸,导致苯丙氨酸及其酮酸蓄积并从尿中大量排出。临床主要表现为智力低下,惊厥发作和色素减少,头发变白或呈金黄色,成为“洋娃娃”。本病属常染色体隐性遗传。其发病率在我国为 1/16 500。

链 接

第 3 节 影响酶促反应速度的因素

酶的化学本质是蛋白质,因而凡是能够影响蛋白质性质的理化因素都会影响酶的结构和功能,酶的结构改变,酶促反应速度也将改变。影响酶促反应速度的因素有酶浓度、底物浓度、温度、pH、激活剂和抑制剂等。

一、酶浓度的影响

在底物浓度[S]足够大时,酶促反应速度 V 与酶浓度[E]成正比(图4-4)。这种关系是测定酶活性的基础。

二、底物浓度的影响

在酶浓度及其他条件不变的情况下,底物浓度[S]对酶促反应速度 V 的影响作用呈矩形双曲线(图4-5)。在[S]很低时,V 随[S]的增加而增加,两者呈正比关系;当[S]较高时,V 虽然随[S]的增加而增加,但增加幅度不如[S]低时明显,两者之间不再呈正比关系;当[S]增高至一定程度时,V 趋于恒定,继续增加[S],V 不再增加,达到极限,称最大反应速度 V_{max},此时酶的活性中心已被底物饱和。

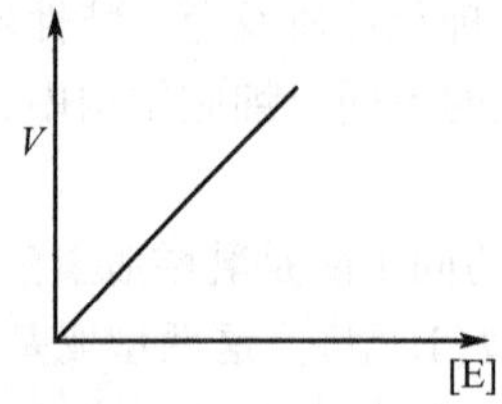

图4-4 酶浓度对酶促反应速度的影响

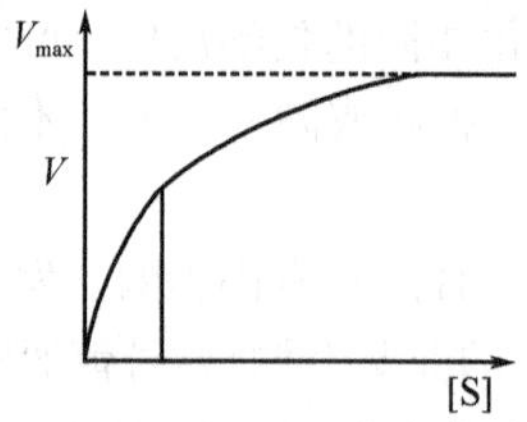

图4-5 底物浓度对酶促反应速度的影响

三、温度的影响

温度对酶促反应速度的影响具有双重性。一方面,升高温度可加快酶促反应速度;另一方面,随着温度的升高,酶的变性增强,催化能力减弱。综合这两种因素,酶作用必然有一个最适合的温度(图4-6),酶促反应速度最快时的温度称为酶促反应的最适温度。人体组织中酶的最适温度多在37℃,酶的最适温度不是酶的特征性常数,它与反应进行的时间有关。酶可以在短时间内耐受较高的温度,相反,延长反应时间,最适温度便降低。

低温能降低酶活性,但一般不破坏酶,温度回升后,酶又可以恢复活性。临床上低温麻醉便是利用酶的这一性质以减慢组织细胞代谢速度,提高机体对氧和营养物质缺乏的耐受性。低温保存菌种也是基于这一原理。生化实验中测定酶活性时,应严格控制反应体系的温度。酶制剂应保存在冰箱中,从冰箱中取出后应立即应用,以免酶发生变性。

四、pH 的影响

在不同的 pH 条件下,酶分子中许多极性基团解离状态不同,其所带电荷的种类和数量也各不相同,酶活性中心的某些必需基团往往仅在某一解离状态时才最容易同底物结合或具有最大的催化作用。因此,pH 的改变对酶的催化作用影响很大(图4-7)。酶催化活性最大时的环境

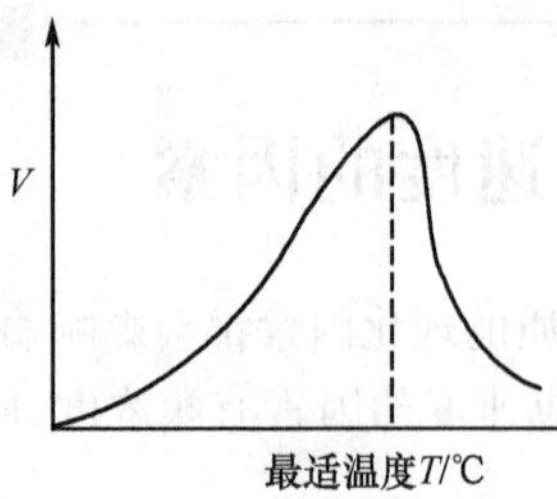

图4-6 温度对酶促反应速度的影响

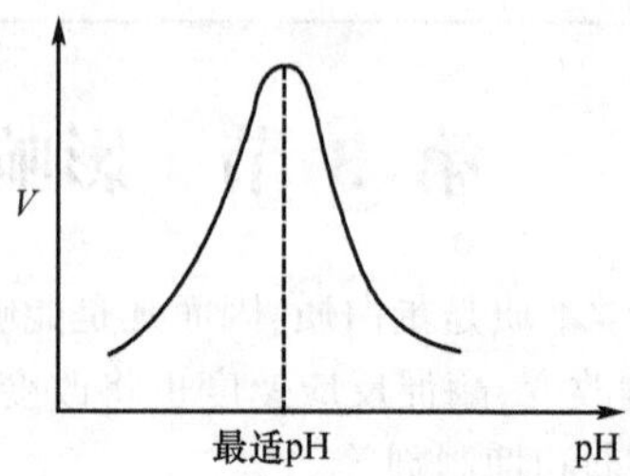

图4-7 pH 对酶促反应速度的影响

pH 称为酶促反应的最适 pH。在动物体内多数酶的最适 pH 接近中性。少数特殊酶,如胃蛋白酶的最适 pH 约为 1.8,肝精氨酸酶最适 pH 为 9.8。最适 pH 不是酶的特征性常数,它受底物浓度、缓冲液的种类与浓度以及酶的纯度等因素影响。所以,在测定酶的活性时,应选用适宜的缓冲液以保持酶活性的相对恒定。

五、激活剂的影响

激活剂指凡能使酶由无活性变为有活性或使酶活性增加的物质,如 Mg^{2+}、K^{+}、Mn^{2+}、Cl^{-} 及胆汁酸盐等。其中,大多数金属离子激活剂对酶促反应是不可缺少的,否则酶将失去催化活性,这类激活剂称为必需激活剂,如 Mg^{2+} 是已糖激酶的必需激活剂;有些激活剂不存在时,酶仍有一定的催化活性,但催化效率较低,加入激活剂后,酶的催化活性显著提高,这类激活剂称为非必需激活剂,如 Cl^{-} 是唾液淀粉酶的激活剂。

六、抑制剂的影响

凡能降低酶活性但不引起酶蛋白变性的物质称为酶的抑制剂。根据抑制剂与酶结合的紧密程度,酶的抑制作用分为不可逆性抑制和可逆性抑制两类。

(一) 不可逆性抑制

不可逆性抑制剂通常以共价键与酶活性中心上的必需基团相结合,使酶失活。这类抑制剂不能用稀释、超滤、透析等方法去除。但这类抑制剂使酶活性抑制后,可用某些药物解除,使酶恢复活性。

例如,胆碱酯酶催化乙酰胆碱水解生成胆碱和乙酸。农药有机磷杀虫剂(美曲膦酯、敌敌畏、1059 等)能专一地与胆碱酯酶活性中心结合,使酶失去活性,不能催化乙酰胆碱水解,造成迷走神经兴奋,表现出恶心、呕吐、多汗、肌肉震颤、瞳孔缩小、惊厥等一系列中毒症状。临床上常采用碘解磷定治疗有机磷化合物中毒。

(二) 可逆性抑制

可逆性抑制剂与酶分子以非共价键相结合,从而使酶活性降低或消失。这类抑制剂能用透析或超滤等方法除去,使酶恢复活性。可逆性抑制可分为竞争性抑制和非竞争性抑制。

1. 竞争性抑制　抑制剂与底物结构相似,可与底物竞争酶的同一活性中心,阻碍酶与底物结合。由于抑制剂、底物与酶的结合均可逆,所以抑制的程度取决于抑制剂与底物的相对浓度及两者与酶的亲和力。在抑制剂浓度不变的情况下,增加底物浓度能减弱或消除抑制剂的抑制作用。

利用竞争性抑制是药物设计的根据之一,许多抑菌药物、抗癌药物多是竞争性抑制剂。如甲氨蝶呤(MAX)、氟尿嘧啶(5-Fu)、6-巯基嘌呤(6-MP)等,其中磺胺类药物是典型代表。

磺胺类药物是典型的抗菌药,细菌生长繁殖需要叶酸,磺胺敏感菌在生长繁殖时,在菌体内二氢叶酸合成酶催化下,以对氨基苯甲酸等为底物合成二氢叶酸,进而合成四氢叶酸,以促进核酸的合成。磺胺类药物的化学结构与对氨基苯甲酸相似,是二氢叶酸合成酶的竞争性抑制剂,抑制二氢叶酸合成,使四氢叶酸缺乏,核酸的合成受阻,影响细菌生长繁殖。人类能直接利用食物中的叶酸,核酸的合成不受磺胺类药物干扰。根据竞争性抑制的特点,在使用磺胺类药物时,采用首剂量加倍的方法,以保持血液中药物的有效浓度,才能提高抑菌效果。

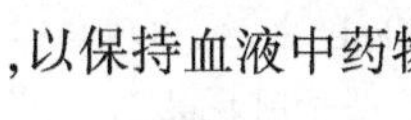

对氨基苯甲酸

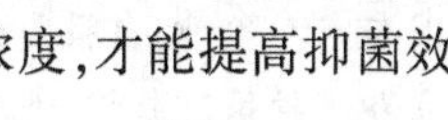

磺胺类药物

2. 非竞争性抑制　抑制剂可与酶活性中心外的部位结合,不影响酶与底物的结合,酶和底物的结合也不影响酶与抑制剂的结合，底物与抑制剂间无竞争关系。抑制程度取决于抑制剂本身浓度，不能用增加底物浓度的方法消除抑制作用。

第4节 酶的分类与命名及其酶在医学上的应用

一、酶的分类

根据国际酶学委员会规定，按酶促反应的性质，酶分为以下六大类。

1. 氧化还原酶类　催化底物进行氧化还原反应的酶类。例如，琥珀酸脱氢酶、乳酸脱氢酶、细胞色素氧化酶、过氧化物酶、过氧化氢酶等。

2. 转移酶类　催化底物之间进行基团的转移或交换的酶类。例如，氨基转移酶、甲基转移酶等。

3. 水解酶类　催化底物发生水解反应的酶类。例如，蛋白酶、淀粉酶、脂肪酶、磷酸酶等。

4. 裂解酶类（或裂合酶类）　催化底物移去一个基团并留下双键的反应或其逆反应的酶类。例如，碳酸酐酶、柠檬酸合成酶、醛缩酶等。

5. 异构酶类　催化各种同分异构体之间相互转化的酶类。例如，磷酸丙糖异构酶、消旋酶等。

6. 合成酶类（或连接酶类）　催化两分子底物合成一分子化合物，同时偶联有 ATP 的磷酸键断裂释能的酶类。例如，氨基酸-tRNA 合成酶、谷氨酰胺合成酶等。

二、酶的命名

1. 习惯命名法　习惯命名是将酶催化底物名称、或底物发生的反应、或该酶的生物来源等加在“酶”字的前面组合而成。如淀粉酶、水解酶、脱氢酶、胃蛋白酶等。

2. 系统命名法　系统命名包括酶作用的底物名称和该酶的分类名称。系统命名法规定每一酶均有一个系统名称，它标明酶的所有底物与反应类型，同时有一个由 4 组数字组成的系统编号。如天冬氨酸氨基转移酶系统名称为 *L*-天冬氨酸：α-酮戊二酸氨基转移酶，系统编号是 EC2. 6. 1. 1。

三、酶在医学上的应用

1. 酶作为药物直接用于疾病的治疗　酶作为药品目前主要应用于助消化、消炎、抗凝、抗肿瘤等方面。多酶片（含胃蛋白酶、胰蛋白酶、胰淀粉酶等）用于助消化；利用溶菌酶、糜蛋白酶等进行外科清创或烧伤病人痂垢的清除；利用链激酶、尿激酶和纤溶酶等防止血栓形成，促进血栓溶解，可用于脑血栓、心肌梗死等疾病的防治；利用天门冬酰胺酶分解天门冬酰胺，抑制血液中癌细胞生长。

2. 酶作为试剂用于临床检验　酶作为分析试剂，对一些酶的活性、底物浓度、激活剂、抑制剂等进行定量分析。如生化检验中测定血液的葡萄糖、胆固醇、尿酸等，免疫学检验中测定肝炎病毒等均用酶作为试剂进行测定。

案例 4-1

患者，女性，43 岁。因与家人争吵，自服美曲膦酯约 100mL，之后，出现恶心，并伴有呕吐，呕吐物有刺鼻农药味，家属发现后立即送往医院就诊，洗胃 1000mL 后给予阿托品 5mL，静脉推注，碘解磷定 2g 肌内注射后，病情无好转，渐出现神志不清、呼吸不应、反应差症状，于服药后 4h 转入上级医院就诊。

体格检查：体温 37. 2℃，脉搏 85 次/分，血压 114/64mmHg（1mmHg＝0. 133kPa），神志模糊，急性病容，瞳孔直径 2mm，无发绀，呼吸急促，口吐白沫，呼气有刺鼻农药味，双肺有湿啰音。

实验室检查：血常规，白细胞 11.2×10^9L；肝功能，ALT126U/L（正常值 0~40U/L），AST134U/L（正常值 0~37U/L），肌酸激酶 4200U/L（正常值 40~140U/L）；胆碱酯酶浓度 224U/L（正常值 4600~11 000U/L）。

予以催吐洗胃，硫酸镁导泻，阿托品、碘解磷定静脉注射，反复给药补液、利尿等对症支持治疗，病人症状缓解。

问题：

1. 有机磷化合物对酶的抑制作用属于哪种类型？有何特点？
2. 有机磷中毒的生化机制是什么？

小结

酶是由活细胞合成的具有极高的催化效率、作用高度专一的蛋白质。生物体内几乎所有化学反应都需要酶的催化。酶按组成分单纯酶和结合酶。结合酶也称全酶，由酶蛋白和非蛋白即辅助因子组成。根据酶蛋白与辅助因子结合紧密程度分辅酶和辅基。酶的活性中心是由酶分子中一些必需基团在一级结构排列上相距甚远，但在空间结构上却彼此靠近，形成一个能与底物特异性结合并将底物转化为产物的特定空间区域。有些酶以酶原形式存在，在发挥作用时才被激活形成有活性的酶。酶催化相同的化学反应，而分子结构、理化性质以及免疫学性质不同的一组酶为同工酶。影响酶促反应速度的因素有：酶浓度、底物浓度、温度、pH、激活剂、抑制剂。酶的分类和命名。酶与医学关系密切，为疾病的发生、诊断、治疗方面具有重要的意义。

目标检测

一、名词解释

1. 酶 2. 酶活性 3. 酶失活 4. 辅助因子
5. 活性中心 6. 酶原与酶原激活 7. 同工酶
8. 酶的竞争性抑制作用 9. 非竞争性抑制作用

二、填空题

1. 酶促反应的特点________、________、________、________。
2. 结合酶由________和________两部分组成，前者决定________，后者决定________。辅助因子根据和酶蛋白结合的牢固程度又可分为________，________。
3. 酶的必需基团包括________和________两大类，它们的作用分别为________，________。
4. LDH 同工酶分别有________、________、________、________、________五种。
5. 酶的抑制作用可分为________和________两类，其中可逆性抑制作用又可分为________和________。

三、选择题

A 型题

1. 酶的化学本质是（ ）
   A. 蛋白质 B. 小分子有机物
   C. 多糖 D. 脂类
   E. 无机金属离子
2. 关于结合酶叙述正确的是（ ）
   A. 酶蛋白具有催化活性
   B. 辅酶有催化活性
   C. 辅酶与酶蛋白结合牢固
   D. 酶蛋白决定酶的专一性
   E. 一种辅酶只能与一种酶蛋白结合
3. 酶原激活的最主要变化是（ ）
   A. 酶蛋白结构改变
   B. 肽键的断裂
   C. 必需基团的存在
   D. 活性中心的形成或暴露
   E. 以上都不是
4. 酶的活性中心指（ ）
   A. 结合抑制剂，使酶活性降低或丧失的部位
   B. 结合底物并催化其转变成产物的部位
   C. 结合特定的小分子化合物并调节酶活性的部位
   D. 结合激活剂，使酶活性增高的部位
   E. 以上都不是

5. 下列哪种物质不是酶的辅助因子( )

A. 核蛋白 B. NAD^+

C. 金属离子 D. FAD

E. FMN

6. 全酶是指( )

A. 酶蛋白-底物复合物

B. 酶蛋白-抑制剂复合物

C. 酶蛋白-辅助因子复合物

D. 酶蛋白的无活性前体

E. 酶蛋白单独存在有活性

7. 心肌梗死时，血清中下列哪项的活性升高( )

A. LDH_1 B. LDH_2

C. LDH_3 D. LDH_4

E. LDH_5

8. 肝脏中含量最多的 LDH 同工酶是( )

A. LDH_1 B. LDH_2

C. LDH_3 D. LDH_4

E. LDH_5

9. 下列影响酶促反应速度的因素中，错误的是( )

A. pH

B. 温度

C. 底物浓度与酶活性总成正比

D. 激活剂

E. 抑制剂

10. 下列哪一项关于温度对酶活性影响的叙述是错误的( )

A. 酶活性对温度极敏感

B. 在一定范围增加温度能加速酶促反应

C. 酶的最适温度与酶反应进行的时间无关

D. 人体中酶的最适温度一般在 37~40℃之间

E. 通常把酶促反应速度最快时的温度称为酶的最适温度

B 型题

11~15 题共用备选答案

A. 酶蛋白 B. 辅酶

C. 酶原 D. 同工酶

E. 辅基

11. 决定酶催化反应专一性是( )

12. 催化相同化学反应，而分子结构、理化性质及免疫特性不同是( )

13. 这种无活性酶的前体是( )

14. 与酶蛋白结合紧密，不能通过透析等简单方法将其分开是( )

15. 与酶蛋白结合疏松，用透析法易将其分开的是( )

X 型题

16. 下列属于水解酶的为( )

A. 淀粉酶 B. 乳酸脱氢酶

C. 蛋白酶 D. 脂肪酶

E. 磷酸酶

17. 关于同工酶的叙述正确的是( )

A. 酶分子结构不同

B. 理化性质不同

C. 免疫学性质相同

D. 催化的化学反应相同

E. 同工酶存在于同一机体不同组织中

18. 下列关于竞争性抑制剂的叙述中正确的是( )

A. 竞争性抑制剂与酶的作用物结构极为相似

B. 竞争性抑制剂能与酶的底物竞争酶的活性中心

C. 酶活性的抑制程序取决于底物与抑制剂的相对浓度及与酶的亲和力

D. 底物浓度越大，竞争性抑制的抑制作用越大

四、简答题

1. 什么是酶原和酶原激活？有什么生物学意义？

2. 何谓同工酶？在医学上有何应用？

3. 比较竞争性抑制、非竞争性抑制有何不同。

4. 说明磺胺类药对细菌的抑制作用的具体原理。

(范银飞 张建辉)

第5章 维生素

学习目标

1. 掌握维生素的概念、分类
2. 掌握水溶性维生素主要生化功能、典型缺乏病
3. 理解脂溶性维生素的主要生化功能、典型缺乏病
4. 了解维生素的来源

第1节 概　述

一、维生素的概念

维生素(vitamin)是维持机体正常功能所必需,但在体内不能合成或合成量很少,必须由食物供给的一类低分子有机化合物。维生素的每日需要量甚少,它们既不是构成机体组织的成分,也不是体内供能物质,然而在调节物质代谢和维持生理功能等方面却发挥着重要作用。长期缺乏某种维生素,会导致维生素的缺乏症。

维生素的发现

1912年,波兰科学家丰克经过千百次的试验,终于从米糠中提取一种能够治疗脚气病的白色物质。这种物质被丰克称为"维持生命的营养素",简称"维他命",也称维生素。随着时间的推移,越来越多的维生素种类被人们认识和发现,维生素成了一个大家族。

链接

二、维生素的分类

维生素的种类较多,它们的化学结构差异很大,最常见的分类方法是按照维生素的溶解性质不同,分为脂溶性维生素和水溶性维生素两大类。

(一)脂溶性维生素

脂溶性维生素包括维生素A、D、E、K。它们不溶于水,易溶于脂类及多数有机溶剂。在食物当中与脂类共存,并随脂类一同吸收。吸收后的脂溶性维生素在血液中与脂蛋白及某些特殊的结合蛋白特异地结合而运输,在体内有一定量的储存,主要储存部位是肝脏。

(二)水溶性维生素

水溶性维生素包括维生素B族(B_1、B_2、PP、B_6、泛酸、叶酸、生物素、B_{12})和维生素C。它们均溶于水,在体内很少储存,过剩的部分可由尿排除体外。因此,必须经常从食物中摄取。

三、维生素缺乏症的原因

维生素在人体内不能合成或合成量不足,且维生素本身也不断代谢分解,排出体外。所以必须经常由食物获取,否则会引起维生素缺乏症。造成维生素缺乏的主要原因有以下几方面:

1. 摄入量不足　膳食中维生素含量不足或因储存、烹调方法不当,造成维生素大量破坏与流失。比如贫困、膳食单调、偏食等使膳食中维生素的量不能满足机体的需求。淘米过度、煮稀

饭加碱、米面加工过细均可使维生素 B_1 大量丢失破坏。

2. 机体吸收障碍　多见于消化系统疾病的患者，如肠蠕动加快、胆道疾患、长期腹泻等疾病影响维生素的吸收、储存。

3. 排出增多　可因授乳、大量出汗、长期大量使用利尿剂等使维生素排出增多。

4. 生理或病理需要量增加而未及时补充　如生长期儿童、孕妇、慢性消耗性疾病患者，对维生素的需要量较多。

5. 某些药物引起的维生素缺乏　长期服用抗生素使肠道正常菌群的生长受到抑制，可引起某些由肠道细菌合成的维生素缺乏，如维生素 K、B_6、叶酸等。

第 2 节　脂溶性维生素

一、维生素 A

（一）来源

天然维生素 A 只存在于动物体内，动物的肝脏、鱼肝油、奶类、蛋类及鱼卵是最好的来源。严格讲，植物食品不含维生素 A，但红色、橙色、深绿色植物性食物中含有丰富的 β-胡萝卜素，如胡萝卜、菠菜、苋菜、杏、芒果等。β-胡萝卜素在肠壁和肝脏中转变为维生素 A，这种本身不具有维生素 A 活性，但在体内可以转变为维生素 A 的物质，称为维生素 A 原。

（二）功能和缺乏症

1. 构成视觉细胞内感光物质　人的视网膜中有两种感光细胞，其中杆状细胞内有感受弱光或暗光的视紫红质，视紫红质是由视蛋白和 11-顺视黄醛（维生素 A 的一种形式）构成的。当视紫红质感光时，11-顺视黄醛在发生的光异构作用下转变成全反视黄醛，并与视蛋白分离而失色，这一光异构变化同时可引起杆状细胞膜的钙离子通道的开放，钙离子迅速流入细胞并引起神经冲动，经传导到大脑后产生视觉。

维生素 A 缺乏时必然会引起 11-顺视黄醛的不足，视紫红质合成减少，合成速度减慢，对弱光的敏感性降低，使暗适应时间延长，甚至会发生夜盲症。

2. 参与糖蛋白的合成　维生素 A 能促进组织发育和分化所需要的糖蛋白的合成。若维生素 A 缺乏，可引起上皮组织干燥、增生和角化等，其中以眼、呼吸道、消化道等黏膜上皮受影响最为显著。由于上皮组织不健全，易感染疾病，如泪腺上皮组织不健全，泪液分泌减少，则形成眼干燥症。

3. 防癌作用　人体上皮细胞的正常分化与视黄酸（维生素 A 的一种）直接相关。流行病学调查表明：维生素 A 的摄入与癌症的发生呈负相关，动物实验也表明，摄入维生素 A 可减轻致癌物质的作用。另外，β-胡萝卜素是抗氧化剂，在氧分压较低的条件下，能直接消灭自由基，而自由基是引起肿瘤和许多疾病的重要因素。

二、维生素 D

（一）来源

维生素 D 有两种主要形式：维生素 D_2 和维生素 D_3，维生素 D_3 含量最丰富的食物为鱼肝油、动物肝脏和蛋黄，牛奶和其他食物中维生素 D_3 的含量较少。以牛奶为主食的婴儿，应适当补充鱼肝油，并经常接受日光照晒，这样有利于生长发育。维生素 D_2 来自植物性食品。

（二）功能及缺乏病

维生素 D 没有生物活性，必须在肝中的 25-羟化酶催化下 C_{25} 加氧成为 25-(OH)-D_3，25-

(OH)-D_3经血液运输至肾脏,经肾小管上皮细胞线粒体内1α-羟化酶的作用生成1,25-(OH)$_2$-D_3,1,25-(OH)$_2$-D_3是维生素D的所有存在形式中活性最高的一种。

1,25-(OH)$_2$-D_3主要的作用是促进钙及磷的吸收,提高血钙、血磷浓度,有利于骨样组织钙化,促进成骨作用。当缺乏维生素D时,成骨作用发生障碍,儿童可发生佝偻病,成人引起软骨病。

佝 偻 病

佝偻病是由于体内维生素D缺乏,并涉及全身各系统产生病变的一种小儿常见病。它还可引起小儿并发症(如肺炎)和后遗症(如O形腿、X形腿、鸡胸等)。在我国小儿中大约20%~50%患有此病,严重威胁儿童的健康成长,故被列为我国重点防治的小儿多发病。人体可从食物中获得维生素D,但大多数食物中含量较低,不够用,主要靠阳光中的紫外线照射皮肤合成维生素D,因此,如果维生素D摄入不足,户外活动又少,小儿易发生维生素D缺乏性佝偻病,即佝偻病。

链 接

三、维 生 素 E

(一)来源

各种植物油(麦胚油、玉米油、棉籽油、花生油、芝麻油)、谷物的胚芽、许多绿色的植物、肉、奶、蛋等都是维生素E的较好或良好的来源。

(二)功能及缺乏病

1. 维生素E具有强还原性 机体内的自由基具有强氧化性,维生素E可以与自由基起反应,形成生育酚自由基,生育酚自由基又可进一步与另一自由基反应,生成非自由基产物——生育醌。通过这种机制可防止自由基对生物膜的破坏,保护生物膜的结构和功能。

2. 通过动物实验证明,动物在缺乏维生素E时,其生殖器官发育受损,严重时可引起不育。人类尚未发现维生素E缺乏所致的不育症。但临床上常用维生素E来治疗先兆流产和习惯性流产。

3. 维生素E有促进血红素合成的功能,它能提高血红素合成过程中的关键酶δ-氨基γ-酮戊酸(ALA)合成酶及ALA脱水酶的活性,促进血红素合成。所以孕妇及哺乳期的妇女及新生儿应注意补充维生素E。

维生素E一般不易缺乏,在某些脂肪吸收障碍等疾病时可引起缺乏,表现为红细胞数量减少,寿命缩短。体外实验可见红细胞脆性增加等贫血症,偶可引起神经障碍。

四、维 生 素 K

(一)来源

天然存在的有K_1、K_2两种。维生素K_1在绿叶植物及动物肝脏含量丰富,维生素K_2则是人体肠道细菌代谢产物。临床上常用的K_3、K_4是人工合成的,能溶于水,可口服或注射。

(二)功能及缺乏症

维生素K的主要生化作用是维持体内的第Ⅱ、Ⅶ、Ⅸ、Ⅹ凝血因子的正常水平,促进血液凝固。凝血因子由无活性型向活性型的转变需要γ-羧化酶的催化,维生素K作为该酶的辅助因子,参与这种转化反应。

因维生素K来源广泛,且体内肠道中细菌也能合成,故一般不易缺乏。但胰腺疾病、胆管疾病及小肠黏膜萎缩等疾病及长期应用广谱抗生素,可引起维生素K缺乏。维生素K缺乏可使凝血时间延长,严重时发生皮下、肌肉、胃肠道出血。

脂溶性维生素生化功能及缺乏症总结见表5-1。

表5-1 脂溶性维生素的生化功能及缺乏症

名称	主要生化功能	缺乏症
维生素A(抗干眼病维生素)	构成视觉细胞的感光物质	夜盲症
	参与糖蛋白的合成	干眼病
	防癌作用	
维生素D(抗佝偻病维生素)	促进小肠对钙、磷的吸收	佝偻病
	有利于骨的钙化	软骨病
维生素E(生育酚)	具有强还原性	
	与动物的生育有关	
	有促进血红素合成的作用	
维生素K(凝血维生素)	促进凝血因子的合成	凝血障碍

第3节 水溶性维生素

一、维生素B_1

(一)来源

维生素B_1含量丰富的食物有粮谷类、干果、豆类、酵母、硬壳果类,尤其在粮谷类的表皮部分含量更高。动物内脏、蛋类及绿叶菜中含量也较高,芹菜叶、莴笋叶中含量也较丰富,应当充分利用。土豆虽含量不高,但以土豆为主食的地区,土豆也是维生素B_1的主要来源。某些鱼类及软体动物体内,含有硫胺素(维生素B_1)酶,生吃可以造成其他食物中维生素B_1的破坏,故“生吃鱼,活吃虾”的说法,既不卫生,也不科学。

(二)功能及缺乏病

在体内,维生素B_1并不具有生理活性,当体内的维生素B_1在肝脏及脑组织中经硫胺素焦磷酸激酶作用生成焦磷酸硫胺素(TPP)时,才具有生理活性。

1. TPP是α-酮酸氧化脱羧酶的辅酶,参与体内α-酮酸氧化脱羧反应。TPP在噻唑环上硫和氮之间的碳原子十分活泼,易释放H^+形成具有催化功能的亲核基团——TPP负离子,也就是负碳离子。负碳离子可与α-酮酸羧基结合使α-酮酸脱羧,释放CO_2。

2. TPP也是转酮醇酶的辅酶,参与体内磷酸戊糖代谢。

3. 维生素B_1可抑制胆碱酯酶活性,减少乙酰胆碱水解。乙酰胆碱是神经传导递质,所以维生素B_1在神经传导中起一定作用。

维生素B_1缺乏时,神经组织中的糖类代谢首先受到影响,致使丙酮酸堆积在神经组织中,引起“脚气病”,多见于以大米为主食的地区。近年来由于生活水平提高,食用精白米增多,在某些地区患病率有所增加。此外,因慢性酒精中毒而不能摄入其他食物时也可发生维生素B_1缺乏,初期表现为末梢神经炎、食欲减退等,进而可发生浮肿、神经肌肉变性等。

二、维生素B_2

(一)来源

动物性食物含维生素B_2较多,尤以肝、心、肾中含量丰富,奶、蛋类食品中含量也不少,植物性食品除绿色蔬菜和豆类外一般含量都不高，某些微生物可以合成。

（二）功能及缺乏病

进入体内的维生素 B_2 在小肠黏膜中黄素激酶的作用下，可转变成黄素单核苷酸（flavin mononucleotide，FMN），还可以进一步在焦磷酸化酶的催化下生成黄素腺嘌呤二核苷酸（flavin adenine dinucleotide，FAD）。维生素 B_2 在体内以 FMN 及 FAD 的形式发挥其生理功能。FMN 及 FAD 是体内黄酶的辅基，是生物氧化呼吸链中重要的递氧体，有促进生物氧化的作用。

机体缺乏维生素 B_2 则出现能量和物质代谢的紊乱，可引起口角炎、唇炎、阴囊炎、脂溢性皮炎等症。

三、维生素PP

（一）来源

富含维生素 PP 的食物为动物肝脏、酵母、花生、豆类及肉类。人体（肝）能利用色氨酸合成维生素 PP，但不能满足需要。

（二）功能及缺乏病

维生素 PP 包括尼克酸（烟酸）及尼克酰胺（烟酰胺）两种。在体内尼克酸可转变为尼克酰胺，尼克酰胺与核糖、磷酸、腺嘌呤组成尼克酰胺腺嘌呤二核苷酸（NAD^+）和尼克酰胺腺嘌呤二核苷酸磷酸（$NADP^+$），它们是维生素 PP 在体内的活性形式，是多种不需氧脱氢酶的辅酶，分子中的尼克酰胺部分具有可逆的加氢及脱氢的特性，是生物氧化中重要的递氢体。维生素 PP 还有抑制脂肪组织的脂肪分解和维护神经组织正常功能的作用。

人类维生素 PP 缺乏症称为癞皮病，其典型症状为皮炎（dermatitis）、腹泻（diarrhea）及痴呆（dementia），即所谓“三 D 症”。早期常有食欲不振、消化不良、腹泻、失眠、头痛、无力、体重减轻等现象。皮炎常呈对称性，并出现于暴露部位，痴呆是因神经组织变性的结果。此病多发生在以玉米为主食的地区，现已基本控制。另外，抗结核药异烟肼的结构与维生素 PP 十分相似，两者有拮抗作用，长期服用可能引起维生素 PP 缺乏。

四、维生素 B_6

（一）来源

维生素 B_6 广泛存在于动物肝脏、鱼、肉、黄豆、花生中，某些微生物可以合成。

（二）功能及缺乏病

维生素 B_6 包括吡哆醇、吡哆醛、吡哆胺三种化合物，在体内经磷酸化形成磷酸吡哆醛、磷酸吡哆胺，两者为维生素 B_6 活性形式。

1. 磷酸吡哆醛是转氨酶的辅酶，具有传递氨基的作用，参与体内氨基酸的代谢。

2. 磷酸吡多醛是某些脱羧酶辅酶，能促进谷氨酸脱羧，形成 γ-氨基丁酸，后者是一种抑制性神经递质，临床上常用维生素 B_6 治疗小儿惊厥及妊娠呕吐。

3. 磷酸吡哆醛是 δ-氨基 γ-酮戊酸（ALA）合成酶的辅酶，ALA 合成酶是血红素合成的限速酶。所以，缺乏维生素 B_6 有可能造成低血色素小细胞性贫血和血清铁增高。

4. 磷酸吡哆醛作为糖原磷酸化酶的重要组成成分，参与糖原分解为 1-磷酸葡萄糖的过程。

人类未发现维生素 B_6 缺乏的典型病例。长期用异烟肼进行抗结核治疗时，因其能与磷酸吡哆醛结合，使其失去辅酶的作用，所以在长期使用异烟肼时，应补充维生素 B_6。

五、泛　　酸

（一）来源

泛酸来源广泛，普遍存在于动植物中。

（二）功能及缺乏病

泛酸经磷酸化并获得巯基乙胺而生成4-磷酸泛酰巯基乙胺。4-磷酸泛酰巯基乙胺是辅酶A（CoA）及酰基载体蛋白（acyl carrier protein，ACP）的组成部分，所以CoA及ACP为泛酸在体内的活性形式。在体内CoA及ACP构成酰基转移酶的辅酶，具有转移酰基的作用，广泛参与糖、脂类、蛋白质代谢及肝脏的生物转化作用。泛酸缺乏症少见。

六、生　物　素

（一）来源

生物素来源极其广泛，人体肠道细菌也能合成。

（二）功能及缺乏病

生物素是体内多种羧化酶的辅酶，参与羧基的传递。在组织内生物素的分子侧连中，戊酸的羧基与酶蛋白分子的赖氨酸残基上的ε-氨基通过酰胺键牢固结合，形成羧基生物素-酶复合物，又称生物胞素，生物胞素可将活化的羧基转移给酶的相应底物。

生物素缺乏症罕见。生鸡蛋清中有一种抗生物素蛋白，它能与生物素结合使其失去活性并不被吸收。若蛋清加热后这种蛋白便被破坏，也就不再妨碍生物素的吸收。另外，长期使用抗生素可抑制肠道细菌生长，也可能造成生物素的缺乏，主要症状是疲乏、恶心、呕吐、食欲不振、皮炎及脱屑性红皮病。

七、叶　　酸

（一）来源

叶酸分布于蔬菜、水果、动物肝脏、肾脏，加热、光照可使其破坏。

（二）功能及缺乏病

叶酸在肠壁、肝、骨髓等组织，在叶酸还原酶（辅酶为NADPH）的催化下，可转变成叶酸的活性形式——四氢叶酸（FH_4）。

FH_4是体内一碳单位转移酶的辅酶，具有运输一碳单位的作用。一碳单位在体内参加多种物质的合成，与核酸及某些氨基酸代谢关系密切。当叶酸缺乏时，DNA合成必然受到限制，骨髓幼红细胞DNA合成减少，细胞分裂速度降低，细胞体积变大，造成巨幼红细胞贫血。

八、维生素B_{12}

（一）来源

维生素B_{12}广泛存在于动物性食品中，肝、心、肉、鱼、蛋中含量丰富，植物性食物中不含维生素B_{12}。

（二）功能及缺乏病

维生素B_{12}在体内因结合的基团不同，可有多种存在形式，其中甲钴胺素（CH_3-B_{12}）和5′-脱氧腺苷钴胺素是维生素B_{12}活性型，是血液中存在的主要形式。

1. 甲钴胺素是N^5-甲基四氢叶酸甲基移换酶的辅酶，参与甲基的转移。甲钴胺素在体内参与同型半胱氨酸甲基化生成蛋氨酸的反应，产生四氢叶酸和蛋氨酸。当维生素 B_{12}缺乏时，N^5-甲基四氢叶酸的甲基不能转移，结果一是不利于蛋氨酸的生成，同时也影响四氢叶酸的再生，使组织中游离的四氢叶酸含量减少，不能利用它来转运其他的一碳单位，影响嘌呤、嘧啶的合成，最终导致核酸合成障碍，影响细胞分裂，产生巨幼红细胞贫血。同型半胱氨酸的堆积可造成同型半胱氨酸尿症。

2. 5′-脱氧腺苷钴胺素是*L*-甲基丙二酰 CoA 变位酶的辅酶，催化琥珀酰 4-磷酸泛酰巯基乙胺 CoA 的生成。当 B_{12}缺乏时，*L*-甲基丙二酰 CoA 大量堆积，因 *L*-甲基丙二酰 CoA 的结构与脂肪酸合成的中间产物丙二酰 CoA 相似，所以影响脂肪酸的正常合成。B_{12}缺乏所致的神经疾患也是由于脂肪酸的合成异常而影响了髓鞘质的转换，结果髓鞘质变性退化，造成进行性脱髓鞘。

维生素 B_{12}来源广泛，故缺乏症少见。偶见于有严重吸收障碍疾患的病人及长期素食者。

九、维生素 C

坏血病的故事

维生素 C 又称抗坏血酸。早在 1519 年，葡萄牙航海家麦哲伦率领远洋船队从南美洲东岸向太平洋进发。3 个月后，有的船员牙床破了，有的船员流鼻血，有的船员浑身无力，待船到达目的地时，原来的 200 多人，活下来的只有 35 人，人们找不出原因。1734 年，在开往格陵兰的海船上，有一个船员得了严重的病，当时这种病无法医治，其他船员只好把他抛弃在一个荒岛上。待他苏醒过来，用野菜充饥，几天后他奇怪的病竟然不治而愈了。1747 年，英国海军军医林德总结前人的经验，建议海军和远征船队的船员在远航时要多吃些柠檬，他的建议被采纳，从此这种病在远航船队中消失了。后来，人们发现是由于缺乏维生素 C 所致的坏血病。

链接

（一）来源

维生素 C 主要来源于新鲜水果和蔬菜，水果中以酸枣、山楂、柑橘、草莓、猕猴桃等含量高。蔬菜中以辣椒含量最多，其他蔬菜也含有较多的维生素 C。蔬菜中的叶部比茎部含量高，新叶比老叶高，有光合作用的叶部含量最高。干的豆类及种子不含维生素 C，但当豆或种子发芽后可以产生维生素 C，所以豆芽成为北方冬季维生素 C 的良好来源。

植物中含有的抗坏血酸氧化酶能将维生素 C 氧化为无活性的二酮古洛糖酸，所以储存久的水果、蔬菜中的维生素 C 的含量会大量减少。

（二）功能及缺乏病

1. 参与羟化反应　体内的结缔组织、骨及毛细血管的重要构成成分离不开胶原蛋白，维生素 C 是胶原脯氨酸羟化酶和胶原赖氨酸羟化酶维持活性所必需的辅助因子，可以促进胶原蛋白的合成；维生素 C 是催化胆固醇转变为 7α-羟胆固醇反应的 7α-羟化酶的辅酶，可以促进胆固醇在肝内转化为胆汁酸。此外，肾上腺皮质激素合成中，某些反应也需要维生素 C 的参与。

生物转化是人体内一种很重要的代谢过程，可以促进体内的药物、毒物排出体外。羟化反应是生物转化中的一种类型，维生素 C 同样参与这个过程。

2. 参与氧化还原反应　氧化还原反应是机体中必不可少的一种反应过程，维生素 C 在其中起着很重要的作用，是人体主要的还原剂。通过还原作用，维生素 C 能起到保护巯基的作用，使巯基酶的—SH 维持还原状态。维生素 C 也可以在谷胱甘肽还原酶作用下，促使氧化型谷胱甘肽（G-S-S-G）转变为还原型谷胱甘肽（G-SH）。还原型 G-SH 能使细胞膜的脂质过氧化物还原，起保护细胞膜的作用。

维生素C能使红细胞中的高铁血红蛋白(MHb)还原为血红蛋白(Hb)，使其恢复对氧的运输，也可使食物中的Fe^{3+}还原为Fe^{2+}，提高铁的吸收率。

维生素C能保护维生素A、维生素E及维生素B免遭氧化，还能促使叶酸转变成有活性的四氢叶酸。

3. 抗病毒作用　维生素C能增加淋巴细胞的生成，提高吞噬细胞的吞噬能力，促进免疫球蛋白的合成，因此能提高机体免疫力。临床上用于心血管疾病、病毒性疾病等的支持性治疗。

维生素C缺乏时可患坏血病，主要为胶原蛋白合成障碍所致，表现为毛细血管脆性增加，牙龈肿胀与出血，牙齿松动、脱落、皮肤出现瘀点与瘀斑，关节出血可形成血肿、鼻出血、便血等症。还能影响骨骼正常钙化，出现伤口愈合不良、抵抗力低下、肿瘤扩散等。

水溶性维生素生化功能及缺乏症总结见表5-2。

表5-2　水溶性维生素生化功能及缺乏症

名称	主要生化功能	缺乏症
维生素B_1(硫胺素，抗脚气病维生素)	为α-酮酸氧化脱羧酶的辅酶成分 转酮醇酶的辅酶 抑制胆碱酯酶的活性	脚气病(维生素B_1缺乏病)
维生素B_2(核黄素)	构成黄酶的辅基(FMN、FAD)，在生物氧化中起递氢作用	舌炎、口角炎等
维生素PP(抗癞皮病维生素，维生素B_5)	构成不需氧脱氢酶的辅酶成分(NAD^+、$NADP^+$) 在生物氧化中起递氢作用	癞皮病
维生素B_6	构成转氨酶和氨基酸脱羧酶的辅酶	
泛酸(遍多酸)	构成CoA，是酰基转移酶的辅酶，可转移酰基	
生物素	构成羧化酶的辅酶，参与物质代谢的羧化反应	
叶酸	构成一碳单位转移酶的辅酶，促进红细胞成熟	巨幼红细胞贫血
维生素B_{12}(钴胺素)	以$CH_3—B_{12}$形式作为转甲基酶的辅酶 构成甲基丙二酰CoA变位酶的辅酶	巨幼红细胞贫血
维生素C(抗坏血病维生素)	参与体内的羟化反应 参与体内的氧化还原反应 抗病毒作用	坏血病(维生素C缺乏病)

勿让维生素变成“危身素”

维生素是维持人体健康所必需营养素。许多人把维生素看作是一种营养药，认为维生素吃的越多对身体越好，其实不然，盲目乱用维生素必然会危害身体健康。

比如，长期大量使用维生素D会引起低热、厌食、体重下降、心律失常、神经衰弱等症，大量使用维生素C可引起腹泻、胃酸过多、肾结石等。维生素A、维生素E、维生素B_1、维生素B_2等使用过多也同样对身体造成不良影响。因此，要根据具体情况，在医生的指导下，合理应用维生素。尤其不要把它当作营养品而长期服用，使维生素变成“危身素”。

链接

小结

维生素是维持机体正常功能所必需的一类低分子有机化合物。人体对维生素需要量少,体内又不能合成或合成量极少,必须从食物摄取。维生素分为脂溶性维生素和水溶性维生素两大类。脂溶性维生素中的维生素A参与视网膜感光物质的合成,并对维持上皮组织的健全至关重要。维生素D参与钙、磷代谢。维生素E有抗氧化作用。维生素K参与血液凝固。水溶性维生素中的B族维生素主要构成辅酶的成分,参与物质代谢。维生素C则参与羟化反应和氧化还原反应。

目标检测

一、名词解释

1. 维生素 2. 维生素A原

二、填空题

1. 维生素 B_{12} 是唯一含金属________的物质,又称________。
2. 临床上对长期用异烟肼的病人应适当补充维生素________和________。
3. 维生素D的活性形式是________。
4. 维生素 B_1 因含有硫和氨基又名________,其在体内的活性形式为________,它是体内________酶和________的辅酶,参与糖代谢。
5. 维生素PP在体内的活性形式是________和________,是多种不需氧脱氢酶的辅酶,分子中的尼克酰胺部分具有可逆的________和________。
6. 临床上常用维生素 B_6 治疗小儿惊厥和呕吐,其原因维生素 B_6 是________的辅酶,能催化________脱羧生成________,该产物是一种抑制性神经递质。
7. 维生素C参与体内多种物质的________反应,因此具有促进________合成的作用。维生素C还可作为一种________,参与体内多种氧化还原反应。
8. 叶酸的活性型是________,是体内________酶的辅酶,携带________参与多种物质的合成。

三、选择题

A型题

1. 下列关于维生素的叙述错误的是( )
   A. 在体内不能合成或合成量不足
   B. 是一类小分子有机化合物
   C. 都是构成辅酶的成分
   D. 脂溶性维生素不参与辅酶的组成
   E. 摄入过量维生素可引起中毒
2. 脂溶性维生素( )
   A. 是人类必需的一类营养素,需要量大
   B. 体内不能储存多余者从尿中排出
   C. 都是构成辅酶的成分
   D. 过多或过少都会引起疾病
   E. 易被消化吸收
3. 维生素 B_2 常见的辅基形式是( )
   A. NAD^+ B. $NADP^+$
   C. 吡哆醛 D. TPP
   E. FAD
4. 维生素D缺乏儿童易患( )
   A. 佝偻病 B. 骨质软化症
   C. 坏血病 D. 恶性贫血
   E. 癞皮病
5. 脚气病是由于缺乏那哪种维生素引起的( )
   A. 维生素D B. 维生素K
   C. 维生素 B_1 D. 维生素E
   E. 维生素 B_{12}
6. 下列哪种维生素是一种重要的天然抗氧化剂( )
   A. 硫胺素 B. 核黄素
   C. 维生素E D. 维生素K
   E. 癞皮病
7. 肠道细菌作用,可给人体提供( )
   A. 维生素A和维生素D
   B. 维生素K和维生素 B_6
   C. 维生素C和维生素E
   D. 泛酸和尼可酰胺
   E. 硫辛酸和维生素 B_{12}
8. 临床上常用辅助治疗婴儿惊厥和妊娠呕吐的维生素是( )
   A. 维生素 B_1 B. 维生素 B_2
   C. 维生素 B_6 D. 维生素D

E. 维生素 E

9. 长期服用广谱抗生素可导致缺乏的维生素(   )

A. 维生素 K　　B. 维生素 D

C. 维生素 A　　D. 维生素 E

E. 维生素 PP

10. 泛酸是下列哪种辅酶的组成成分(   )

A. FMN　　B. NAD^+

C. $NADP^+$　　D. TPP

E. CoASH

X 型题

11. 磷酸吡哆醛作为辅酶参与下列哪种代谢(   )

A. 转氨基作用　　B. 脱氨基作用

C. 脱羧基作用　　D. 转酰基作用

E. 脱硫基作用

12. 维生素 D_3(   )

A. 不能由人体合成,必须由食物供给

B. 需要经肝脏及肾脏而变成为具有生物活性的形式

C. 具有和胆固醇相同的环状结构

D. 食物需要量冬季比夏季多

E. 维生素 D_3的生理活性强于维生素 D_2

四、简答题

1. 维生素如何分类？各包括哪些维生素？
2. 引起维生素缺乏症的原因有哪些？
3. 维生素 A 的生理功能有哪些？缺乏维生素 A 为什么可引起夜盲症？
4. 简述佝偻病的发病机制。
5. 缺乏维生素 B_{12}和叶酸为什么会引起巨幼红细胞贫血？
6. 简述维生素 C 的生化功能和缺乏症。
7. TPP、FAD、FMN、NAD^+、$NADP^+$ 各是哪种维生素的活性形式,这些辅酶各有何种功能？
8. 长期服用抗结核药异烟肼的患者应当配合服用什么维生素？为什么？
9. 如何合理使用维生素？

(张玉环)

第6章 生物氧化

学习目标

1. 理解生物氧化的概念及特点
2. 理解机体 CO_2、ATP 的生成方式，进而掌握呼吸链及其组成成分
3. 掌握底物磷酸化和氧化磷酸化的概念，常见的氧化磷酸化偶联部位及电子传递抑制剂的作用部位
4. 掌握 ATP 的储存和利用
5. 了解非线粒体氧化体系的类型、特点、组成及功能。比较线粒体与微粒体氧化体系在能量代谢中功能的差别

第1节 生物氧化的概念和特点

一、生物氧化的概念

生物体在生命活动过程中都依赖能量，如物质的合成及运输、肌肉的收缩、神经的传导、信息的传递等过程都离不开能量。能量来源于生物体不断从外界摄取的营养物质在体内的氧化分解。

营养物质（糖、脂肪和蛋白质等）在生物组织细胞内进行氧化分解而生成 CO_2 和 H_2O 并逐步释放能量的过程称为生物氧化。由于生物氧化过程中伴有 O_2 的利用和 CO_2 的生成，所以生物氧化又称为细胞呼吸或组织呼吸。生物氧化的意义就在于为机体提供生命活动所需的能量。

二、生物氧化的特点

机体内生物氧化与体外氧化的化学本质完全一样，耗氧量、生成的 CO_2 和 H_2O、释放的能量都相等，但二者所需要的条件和表现方式有明显差异（表6-1）。

表6-1 生物氧化与体外氧化的比较

特 点	生物氧化	体外氧化（体外燃烧）
场所	细胞内	空气中
条件	体内温和条件（37℃、pH 中性）	高温、高压或干燥条件
催化剂	一系列酶促反应（生物催化剂）	无机催化剂
速度	逐步氧化，分次释放能量	能量爆发释放
能量释放	释放的能量转化成 ATP 被机体利用及热能	能量转化成光和热能散失
CO_2 和 H_2O 的形成	有机物脱羧形成 CO_2，脱氢后和 O_2 结合成 H_2O	C 和 H 直接被氧化成 CO_2 和 H_2O

生物氧化有其自身特点：①在细胞内、体温（37℃）和 pH 近中性条件下所进行的一系列酶促反应。②有机物在体内氧化分解需要多个反应步骤，能量逐步释放，一部分以高能化合物的形式利用和储存，另一部分以热能形式散失在组织中。③生物氧化需要水，水不仅为生物氧化提供适宜的环境，而且直接参与反应。④生物氧化以脱氢为主，经呼吸链传递最终与氧结合成水。⑤CO_2 是通过有机酸的脱羧反应生成。

第 2 节 生物氧化中 CO_2 的生成

生物氧化过程中生成的 CO_2 并不是营养物质上的碳原子与吸入的氧直接化合的结果，而是有机酸脱羧作用生成的。根据脱羧基在有机酸分子中的位置，将脱羧反应分为 α-脱羧和 β-脱羧；又可根据反应过程是否伴有氧化反应，分为单纯脱羧和氧化脱羧。

一、α-脱羧

与 α-碳原子相连的羧基脱掉生成 CO_2 称为 α-脱羧。

（一）α-单纯脱羧

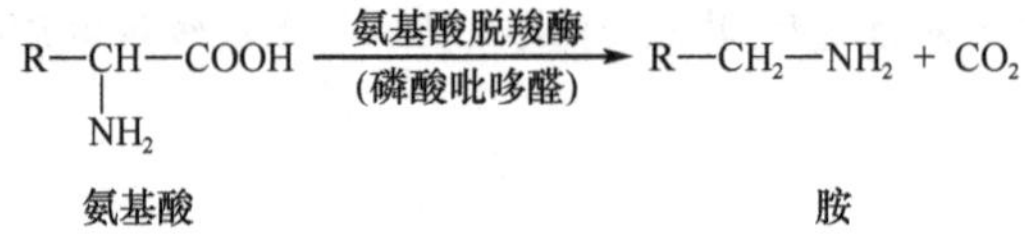

（二）α-氧化脱羧

二、β-脱羧

与 β-碳原子相连的羧基脱掉生成 CO_2 称为 β-脱羧。

（一）β-单纯脱羧

（二）β-氧化脱羧

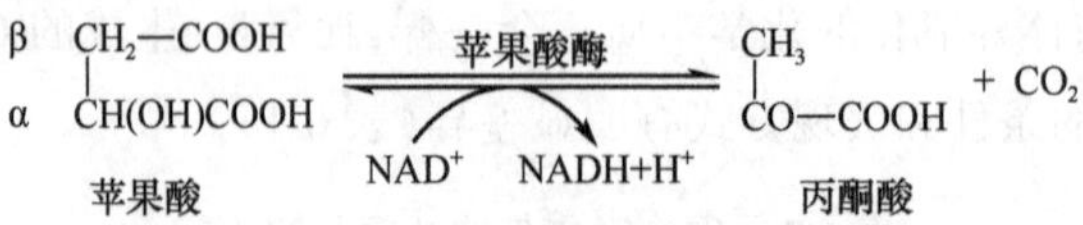

第 3 节 生物氧化体系

生物体的组织、细胞在生物氧化过程中，途径并非一致。通常根据其发生部位及 ATP 的生成分为两大类：线粒体氧化体系和非线粒体氧化体系，其中前者是一切动物、植物的主要氧化途径。

一、与生物氧化有关的酶类

在生物氧化过程中，主要的酶有氧化酶和脱氢酶两类，其中脱氢酶更为重要。

（一）氧化酶类

氧化酶类指以氧为直接受氢体的氧化还原酶类。氧化酶为含铜或铁的蛋白质，能激活分子氧，促进氧对代谢物的直接氧化，如细胞色素氧化酶、抗坏血酸氧化酶、过氧化氢酶等。

（二）脱氢酶类

脱氢酶类主要包括以黄素核苷酸（FMA 或 FAD）为辅基的脱氢酶和以尼克酰胺核苷酸

(NAD或NADP)为辅酶的脱氢酶两大类。又可根据受氢体不同分为需氧脱氢酶(以氧为直接受氢体,产物为H_2O_2)和不需氧脱氢酶(不以氧为直接受氢体,而是经过中间递氢体,最后传给氧而生成水)。需氧脱氢酶皆以FMA或FAD为辅酶。不需氧脱氢酶大部分以NAD^+或$NADP^+$为辅酶。

二、线粒体氧化体系

(一)呼吸链的概念

代谢物上的氢原子先经脱氢酶激活脱落后,再经过一系列的传递体,最后与激活的氧结合生成水的全部体系,此过程由于消耗氧,与细胞呼吸密切相关,故将这一系列酶和辅酶传递链称为呼吸链。组成呼吸链的多酶体系中能够传递氢原子的称递氢体,能够传递电子的称递电子体。传递氢原子的同时必然传递电子,因此,呼吸链又称为电子传递链。

(二)呼吸链的组成成分及作用

呼吸链由一系列的递氢体和递电子体组成。目前发现的有20多种,分为5大类。

1. 尼克酰胺脱氢酶类　以NAD^+或$NADP^+$为辅酶,NAD^+(即辅酶Ⅰ或CoⅠ)为尼克酰胺腺嘌呤二核苷酸;$NADP^+$(即辅酶Ⅱ或CoⅡ)为尼克酰胺腺嘌呤二核苷酸磷酸。此类辅酶是连接底物与呼吸链的重要环节,结构式如图6-1所示。

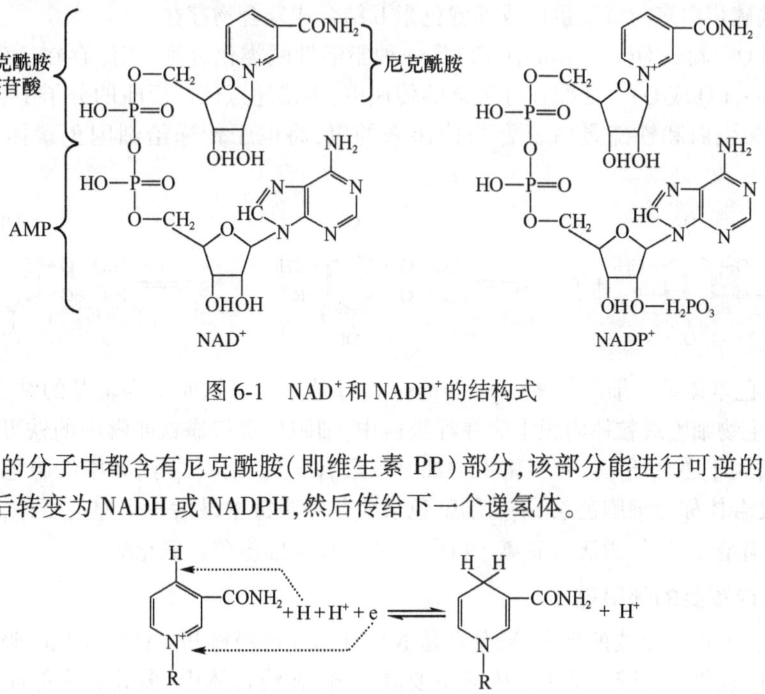

图6-1　NAD^+和$NADP^+$的结构式

两种辅酶的分子中都含有尼克酰胺(即维生素PP)部分,该部分能进行可逆的加氢和脱氢反应,接受H后转变为NADH或NADPH,然后传给下一个递氢体。

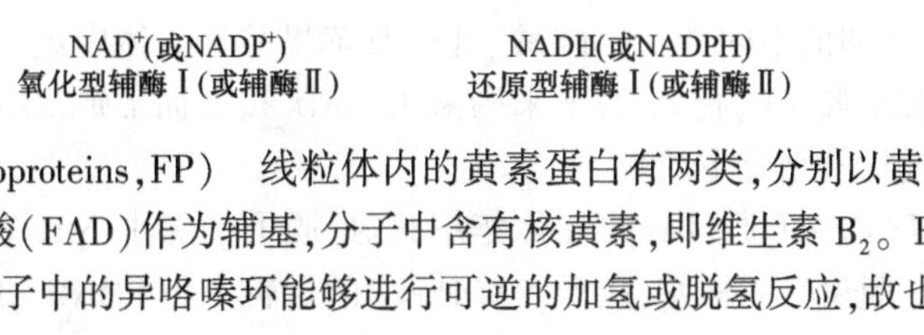

2. 黄素蛋白(flavoproteins,FP)　线粒体内的黄素蛋白有两类,分别以黄素单核苷酸(FMN)和黄素腺嘌呤二核苷酸(FAD)作为辅基,分子中含有核黄素,即维生素B_2。FMN和FAD与酶蛋白结合紧密,核黄素分子中的异咯嗪环能够进行可逆的加氢或脱氢反应,故也是递氢体。

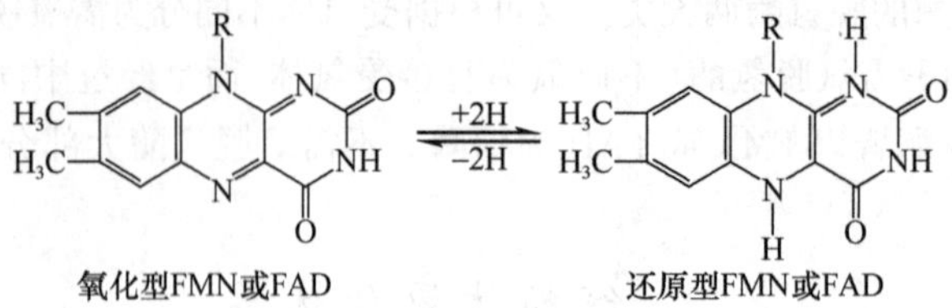

3. 铁硫蛋白(iron-sulfur proteins,Fe-S)　又称铁硫中心,其特点是含有等量铁原子和硫原子,如 Fe_4S_4(图 6-2)。

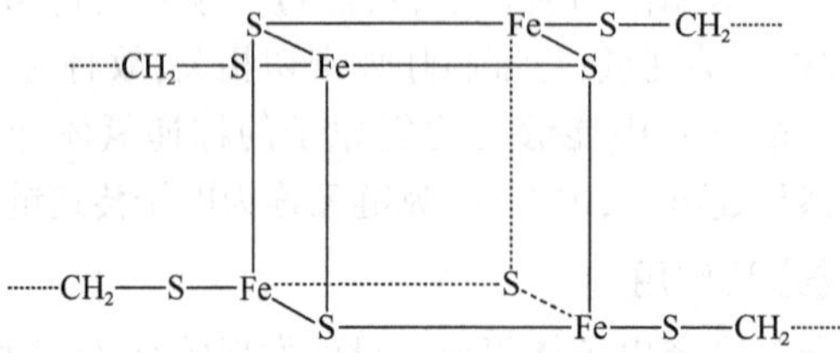

图 6-2　铁硫簇 Fe_4S_4结构示意图

铁原子的电子传递:　　　　　　$Fe^{3+}+e \rightleftharpoons Fe^{2+}$

铁硫蛋白是电子传递体,其中铁能可逆地进行氧化还原反应,每次只能传递一个电子。在呼吸链中,铁硫蛋白多与黄素蛋白或细胞色素 b 结合成复合物存在。

4. 辅酶 Q　辅酶 Q(coenzyme,CoQ)是一种脂溶性醌类化合物,广泛存在于生物界,又名泛醌(ubiquinone,UQ 或 Q)。泛醌在呼吸链的传递中,也是递氢体。泛醌的分子中含有苯醌结构,能够接受黄素蛋白和铁硫蛋白复合物传递来的氢,将电子传递给细胞色素体系。作用机制如下:

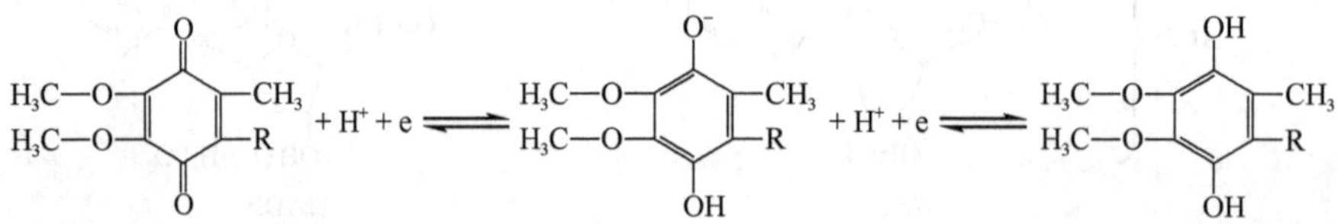

5. 细胞色素体系　细胞色素(cytochrome,Cyt)是一类以铁卟啉为辅基的结合蛋白质,广泛分布于需氧生物细胞线粒体内膜上。在呼吸链中,细胞色素依靠铁卟啉中的铁可逆地接受电子和供出电子,属于递电子体。呼吸链上的细胞色素有 a、a_3、b、c、c_1等,其中细胞色素 a、a_3很难分开,组成一复合体称为细胞色素 aa_3。细胞色素 a_3是呼吸链中最后一个递电子体,接受电子后直接将电子传递给氧,将氧激活为氧离子(O^{2-}),故也称为细胞色素氧化酶。

(三) 体内重要的呼吸链

线粒体内有两条重要的呼吸链,分别是 NADH 氧化呼吸链和 FADH 氧化呼吸链。

1. NADH 氧化呼吸链　是细胞内的主要呼吸链,在线粒体中,多数底物都通过 NADH 氧化呼吸链氧化的,如糖代谢的中间产物丙酮酸、乳酸及苹果酸等。体内绝大多数脱氢酶的辅酶都是 NAD^+,这些酶催化底物 AH_2脱氢,脱下来的氢由 NAD^+接受而形成 $NADH+H^+$,然后通过这条呼吸链将氢最终传递给氧结合生成水。

如图 6-3 所示,底物 AH_2通过酶的催化作用脱氢,脱下的氢由 NAD^+接受并转变为 $NADH+H^+$;FMN 作为 NADH 脱氢酶的辅基,接受 $NADH+H^+$的氢转变为 $FMNH_2$;$FMNH_2$将 2H 传递给泛醌(Q)生成 QH_2;QH_2将电子(2e)传递给细胞色素体系,同时释放 $2H^+$于介质中。电子则由一系列细胞色素体系传递(按 Cytb $\rightarrow$ $Cytc_1$ $\rightarrow$ Cytc $\rightarrow$ $Cytaa_3$的顺序进行)。

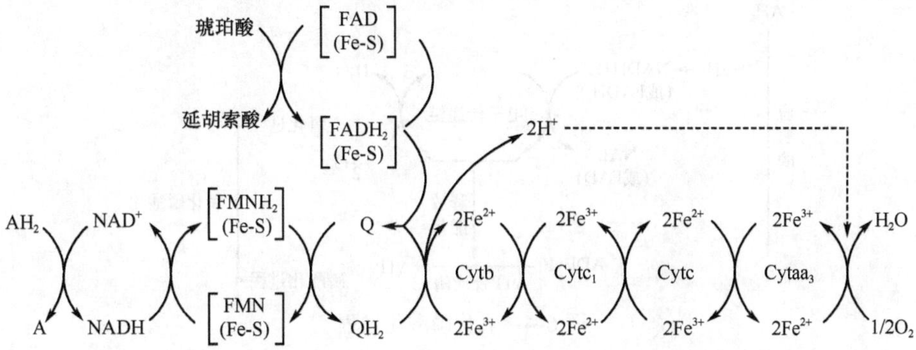

图 6-3 呼吸链的组成以及氢与电子的传递过程

2. $FADH_2$ 氧化呼吸链 体内有少数代谢物如琥珀酸、脂酰 CoA、α-磷酸甘油等脱下的氢均通过 $FADH_2$ 氧化呼吸链被氧化，故又称此链为琥珀酸氧化呼吸链。该呼吸链以 FAD 为受氢体，底物脱下的 2H 传递给该脱氢酶的辅基 FAD 生成 $FADH_2$，再由 $FADH_2$ 将 2H 传递给泛醌(Q)生成 QH_2，此后的传递过程与 NADH 氧化呼吸链完全相同，但不如 NADH 氧化呼吸链的作用普遍(图 6-3)。

三、能量的生成、储存和利用

(一) 高能化合物的概念

生物氧化过程中释放的能量大约有 40% 以化学能的形式存在于一些特殊的有机磷酸化合物中，形成高能磷酸键(~P)。这些高能磷酸键水解时释放能量比较多(一般大于 30kJ/mol)，称为高能磷酸化合物。在体内所有的高能磷酸化合物中，以 ATP 最为重要，是机体完成各种生理活动所需能量的直接供给者。此外，还存在其他高能化合物，如乙酰 CoA、脂酰 CoA 等。

(二) ATP 的生成

体内生成 ATP 的方式有两种，即底物磷酸化和氧化磷酸化。

1. 底物磷酸化 指代谢物由于脱氢或脱水反应，引起分子内部能量重新分布形成高能磷酸键，然后再将高能磷酸键转移给 ADP(或 GDP)形成 ATP(或 GTP)的过程。例如在糖的分解代谢中，3-磷酸甘油醛脱氢时需要磷酸参与反应，生成高能磷酸化合物 1,3-二磷酸甘油酸，分子中含有一个高能磷酸键，再与 ADP 反应，生成 ATP。

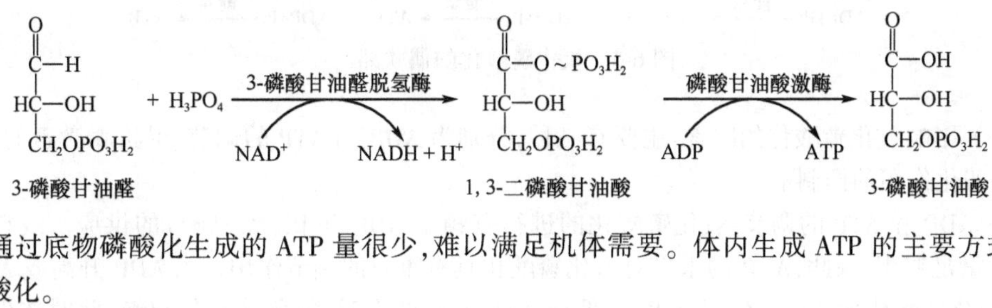

通过底物磷酸化生成的 ATP 量很少，难以满足机体需要。体内生成 ATP 的主要方式是氧化磷酸化。

2. 氧化磷酸化

(1)氧化磷酸化的概念：代谢物脱下的氢经呼吸链传递给氧生成水，同时逐步释放能量，使 ADP 磷酸化生成 ATP，这种氧化与磷酸化相偶联的过程称为氧化磷酸化(图 6-4)。

氧化磷酸化的一系列反应是在线粒体内膜上进行的，是 ATP 的主要来源，所以，氧化磷酸化是体内最重要的生物化学反应之一。

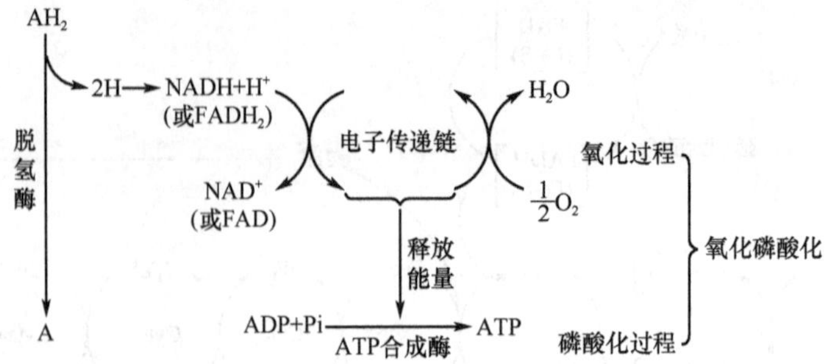

图 6-4 氧化磷酸化过程

> **线粒体外物质的氧化**
>
> 线粒体是糖、脂、蛋白质等营养物质最终氧化的场所,但并非全部氧化过程都在线粒体内发生。因为线粒体膜具有选择透过性,糖、脂、蛋白质等大分子物质不能通过线粒体膜,需要在线粒体外的胞液中进行部分氧化,分解成小分子物质,还需要依赖于线粒体内膜中的转运载体对各种小分子物质进行转运,进入到线粒体内后,才能通过呼吸链而生成 ATP,以保证生物氧化顺利进行。其中,能源物质在胞浆中氧化时生成的 NADH 也不能直接透过线粒体膜,NADH 携带的氢主要是通过 α-磷酸甘油穿梭和苹果酸-天冬氨酸穿梭两种转运机制进入线粒体,再经过呼吸链进行氧化磷酸化过程。
>
> 链 接

(2) 氧化磷酸化的偶联部位:实验证明,在氧化磷酸化过程中,当代谢物脱下的氢经 NADH 进入呼吸链生成水时,有 3 个部位能使 ADP 磷酸化生成 ATP,这 3 个部位就是氧化磷酸化的偶联部位。若底物磷酸化经 $FADH_2$ 进入呼吸链生成水,则有 2 个偶联部位(图 6-5)。

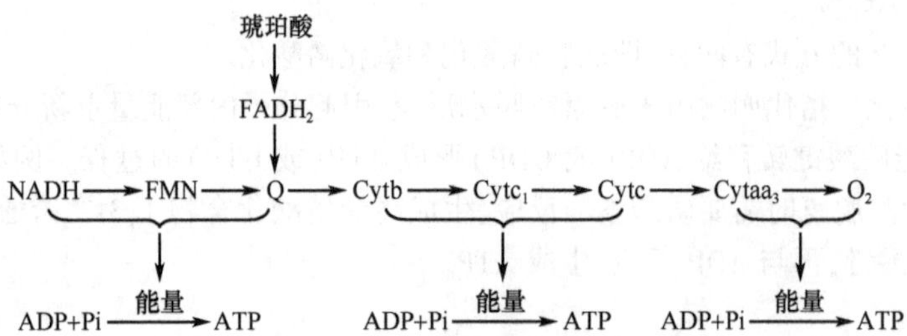

图 6-5 氧化磷酸化的偶联部位

(3) 影响氧化磷酸化的因素:主要有三种,分别为 ADP 和 ATP 的调节、甲状腺激素的调节、氧化磷酸化作用的抑制剂。

1) ADP 和 ATP 的调节:氧化磷酸化的进行有赖于 ADP 和 Pi(无机磷)的供应。线粒体内 Pi 的含量足够用,因此,ADP 的水平对氧化磷酸化具有重要的调节作用。当 ADP 升高或 ATP 降低时,氧化磷酸化加速;反之,当 ADP 降低或 ATP 消耗减少时,氧化磷酸化减慢,此时体内合成代谢必然加速(由小分子合成复杂大分子的合成代谢是一个耗能过程)。所以,ADP 与 ATP 的比值是调节氧化磷酸化的重要因素。这种调节作用可使机体能量的产生适应生理需要,在合理利用和节约能源上有重要意义。

2) 甲状腺激素的调节作用:甲状腺激素可活化细胞膜上的 Na^+-K^+-ATP 酶,使 ATP 加速分解为 ADP 和 Pi,ADP 进入线粒体的数量增加,使氧化磷酸化反应增强。由于 ATP 的合成和分解速度均增加，导致机体耗氧量和产热量均增加，基础代谢率提高，基础代谢率偏高是甲状腺功能亢进病人最主要的临床指征之一。

3）氧化磷酸化作用的抑制剂：抑制氧化磷酸化会对机体造成严重后果。氧化磷酸化作用的抑制剂主要有电子传递抑制剂[呼吸链抑制剂（图 6-6）]及解偶联剂。

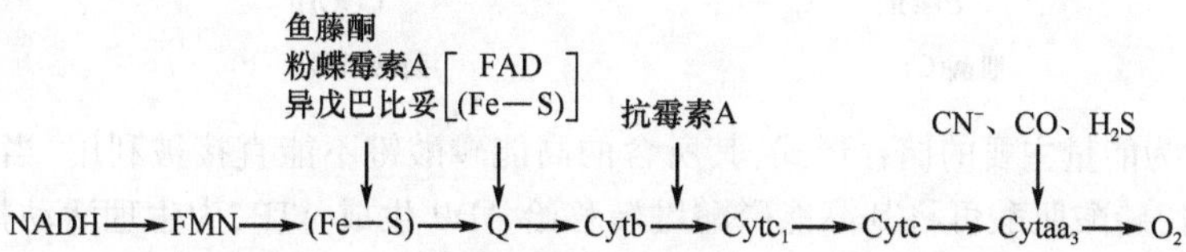

图 6-6 常见的呼吸链抑制剂及其作用部位

电子传递抑制剂可抑制呼吸链的不同部位，使生物氧化过程的电子传递受阻，氧化磷酸化也就无法进行，ATP 生成也就随之减少。常见的电子传递抑制剂有鱼藤酮、粉蝶霉素 A、异戊巴比妥（阿米妥）等，它们与 NADH-Q 还原酶中的铁硫蛋白结合，阻断其电子传递；抗霉素 A、二巯丙醇等可抑制 Cytb 与 $Cytc_1$ 间的电子传递；氰化物（CN^-）、H_2S、CO、N_3^- 能抑制细胞色素氧化酶，使电子不能传递给氧，细胞停止呼吸，与此相关的细胞生命活动停止，引起机体迅速死亡。

氰化物中毒与解毒

氰化物属剧毒或高毒类化合物，可经消化、呼吸及皮肤黏膜被吸收到体内，口服氰化钠致死量为 50～100mg。氰化物被人体吸收后，与细胞色素氧化酶的三价铁离子结合，抑制细胞氧化磷酸化作用，阻断 ATP 的生成，造成组织细胞严重缺氧，甚至死亡。

氰化物中毒时，可给中毒者吸入亚硝酸异戊酯和注射亚硝酸钠。这些药物能使部分血红蛋白氧化成极易与氰化物结合的高铁血红蛋白，它能夺取已与细胞色素氧化酶结合的 CN^-，转变成氰化高铁血红蛋白，使细胞色素氧化酶恢复活性。而氰化高铁血红蛋白不稳定，可解离再释放出 CN^-，故需再注射硫代硫酸钠，在肝中经硫氰酸酶催化，生成硫氰酸盐经尿液排出体外。

链接

解偶联剂中常见的是 2，4-二硝基苯酚、水杨酸等。解偶联剂可使氧化与磷酸化脱节，以致氧化过程照常进行，但不能生成 ATP。人感冒生病时，体温升高就是由于细菌和病毒产生某种解偶联剂，能量生成后转变成热能所致。

（三）ATP 的储存与利用

在生理条件下，能量的转移和利用要通过 ATP 和 ADP 的相互转换来实现。ATP 和 ADP 的相互转换十分迅速，是体内能量转换的最基本方式。

$$\mathrm{ADP+Pi} \underset{\text{利用能量}}{\overset{\text{储存能量}}{\rightleftharpoons}} \mathrm{ATP}$$

虽然生物体内大多数生理活动所需的能量由 ATP 直接供给，但在某些合成代谢中却需要其他三磷酸核苷供能。如糖原合成需要 UTP 供能；磷脂合成需要 CTP 供能；蛋白质合成需要 GTP 供能。这些高能磷酸化合物的生成和补充有赖于 ATP。

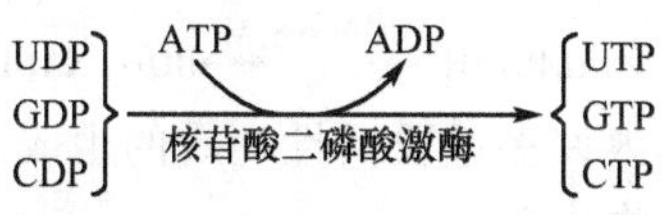

在肌肉和脑组织中，ATP 可将其高能磷酸键（～P）转移给肌酸生成磷酸肌酸（creatine phosphate，CP），此反应由肌酸激酶（creatine kinase，CK）催化。

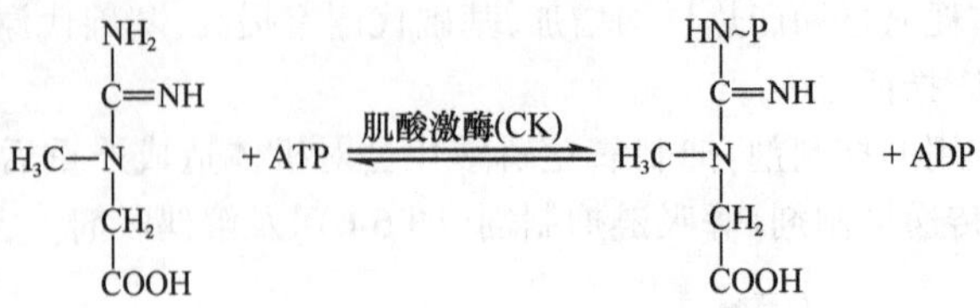

肌酸(C)　　　　磷酸肌酸(C~P)

磷酸肌酸为能量主要的储存形式，其所含的高能磷酸键不能直接被利用，当肌肉和脑组织中 ATP 不足时，磷酸肌酸可将其高能磷酸键转移给 ADP 生成 ATP，为生理活动提供能量，被誉为人体的“蓄电池”(图 6-7)。

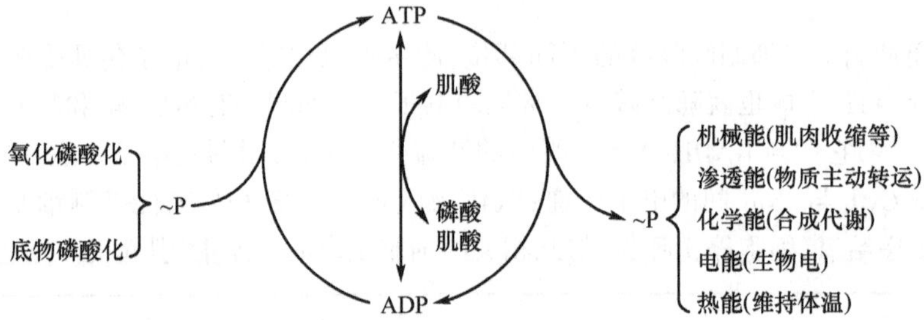

图 6-7　ATP 的生成、储存和利用

> **肌酸激酶（CK）测定及意义**
>
> 肌酸激酶(CK)是一种与细胞内能量运转、肌肉收缩、ATP 再生有直接关系的重要激酶，临床上主要用于诊断心肌梗死。心肌梗死患者发病后 2~4h，血液中 CK 活动即开始升高，比血清中谷草转氨酶和乳酸脱氢酶的活力变化出现得都早。
>
> 1. 正常参考值　健康成年男性：38~174U/L；健康成年女性：26~140U/L。
>
> 2. 临床意义　①心脏疾病：CK 是继转氨酶后至今临床上最重要的酶，特别是在诊断心肌梗死上有较高价值。②在骨骼肌损伤时，可引起 CK 活力升高。③国内资料表明：病毒性心肌炎时，CK 活性明显升高，对心肌炎诊断和预后有参考价值。④肌肉疾病：在 Duchenne 肌萎缩(杜兴肌萎缩症)患者血中，CK 极度增高，甚至可高出正常值上限 50 倍，而后随病程延长下降。
>
> 链接

四、非线粒体氧化体系

生物氧化主要在线粒体内进行，除线粒体外，细胞的微粒体和过氧化物酶体也是生物氧化的重要场所。其特点是在氧化过程中不伴有磷酸化，不能生成 ATP。

(一) 微粒体氧化体系

微粒体氧化体系存在于肝、肾、肺等细胞的微粒体中，内含加单氧酶系，能催化氧分子中的一个氧原子直接加到底物 RH 分子中，使底物羟化，另一个氧原子被 NADPH+H^+ 还原成水。其催化反应过程表示如下：

$$RH+O_2+NADPH+H^+ \xrightarrow{\text{加单氧酶系}} ROH+NADP^- +H_2O$$

加单氧酶系催化的反应与体内许多重要活性物质的生成、灭活以及药物、毒物的生物转化有密切关系(详见第 11 章肝脏生物化学)。

（二）过氧化物酶体氧化体系

过氧化物酶体又称微体，存在于动物的肝、肾、中性粒细胞和小肠黏膜细胞中。过氧化物酶体中含有多种催化合成和分解 H_2O_2的酶，是 H_2O_2代谢的场所。

过氧化物酶体的多种氧化酶可催化过氧化氢的生成，如单胺氧化酶、黄嘌呤氧化酶等可催化生成 H_2O_2。H_2O_2在体内有一定的生理作用，如中性粒细胞产生的 H_2O_2可用于杀死吞噬进细胞的细菌，甲状腺中产生的 H_2O_2可用于酪氨酸的碘化过程，为合成甲状腺素所必需。但对大多数组织来说，H_2O_2若积累过多，会对细胞有毒性作用。

红细胞等组织细胞内有一种含硒的谷胱甘肽过氧化物酶，可使 H_2O_2与还原型谷胱甘肽（GSH）反应，从而从红细胞中除去 H_2O_2，以保护红细胞膜和血红蛋白免受破坏。另外，红细胞中磷酸戊糖途径产生的 NADPH 可使氧化型谷胱甘肽（GSSG）还原为 GSH，以保证 GSH 的正常含量，维持红细胞的正常功能。

$$\text{GS-SG}+\text{NADPH}+\text{H}^+ \xrightarrow{\text{谷胱甘肽还原酶}} 2\text{GSH}+\text{NADP}^+$$

$$2\text{GSH}+\text{H}_2\text{O}_2 \xrightarrow{\text{谷胱甘肽过氧化物酶}} \text{GS-SG}+2\text{H}_2\text{O}$$

如果 NADPH 生成障碍（如缺乏 6-磷酸葡萄糖脱氢酶），谷胱甘肽则不能维持于还原状态，可引起溶血。这种溶血现象可因服用蚕豆及某些药物如磺胺药、阿司匹林而引起，称为蚕豆病（详见案例 7-1）。

小结

生物氧化指供能物质在体内分解时，逐步释放能量（ATP），以维持生命活动，并最终生成 CO_2和 H_2O 的过程，其中，生成的 CO_2是有机酸脱羧作用生成的。

除底物磷酸化外，物质中储存能量的释放都是通过代谢物脱下 2H，经呼吸链中多种酶和辅酶逐步传递，最终与 O_2结合生成 H_2O 完成的。

呼吸链主要由尼克酰胺脱氢酶类、黄素蛋白、铁硫蛋白、辅酶 Q、细胞色素体系 5 部分组成。呼吸链各组分电子传递顺序为：

琥珀酸

↓

$FADH_2$

↓

$$\text{NADH} \longrightarrow \text{FMN} \longrightarrow \text{Q} \longrightarrow \text{Cytb} \longrightarrow \text{Cytc}_1 \longrightarrow \text{Cytc} \longrightarrow \text{Cytaa}_3 \longrightarrow \text{O}_2$$

根据传递顺序不同可分为两条呼吸链：NADH 氧化呼吸链和 $FADH_2$氧化呼吸链。呼吸链电子传递过程中释放的能量，大约有 40% 可使 ADP 磷酸化生成 ATP，此过程称氧化磷酸化偶联。NADH 氧化呼吸链存在 3 个偶联部位，$FADH_2$氧化呼吸链存在 2 个偶联部位。

氧化磷酸化可受一些化合物抑制。呼吸链阻断剂阻断呼吸链某一部位使电子传递中断；解偶联剂使氧化和磷酸化偶联过程脱离。

生物体内能量的转化、储存和利用都以 ATP 为中心。磷酸肌酸是 ATP 在体内的储存形式。

除了线粒体氧化体系外，在微粒体、过氧化物酶体等部位中还存在非线粒体氧化体系，参与呼吸链以外的氧化过程，特点是不伴磷酸化，不生成 ATP。

目标检测

一、名词解释

1. 生物氧化 2. 呼吸链(电子传递链) 3. NADH 氧化呼吸链 4. 氧化磷酸化 5. 底物磷酸化

二、填空题

1. 在氧化磷酸化的过程中,当一对电子从 NADH 传递到氧时产生________分子 ATP。
2. 线粒体内两条主要的呼吸链分别为________链和________链。
3. ATP 的生成有________和________两种方式。
4. 电子传递和 ATP 生成在正常细胞内总是相偶联的,因此在完整的线粒体中只有当________和________都充足时,才能使________达到最高水平。
5. ________又称为细胞色素氧化酶,能够将电子直接传递给氧。
6. 氰化物中毒的机制是抑制________。
7. 鱼藤酮阻断电子由________向________的传递。

三、选择题

A 型题

1. 关于生物氧化的叙述不正确的是( )
   A. 需要催化剂
   B. 在温和条件下进行
   C. 逐步释放能量
   D. 都是氧与碳原子直接化合生成 CO_2
   E. H_2O 既是底物又是产物
2. 呼吸链中既为 NADH 脱氢酶的受氢体,又为琥珀酸脱氢酶的受氢体的是( )
   A. 铁硫蛋白 B. Cytb
   C. CoQ D. FAD
   E. Cytc
3. NADH 氧化呼吸链的排列顺序为( )
   A. NAD^+-FMN-CoQ-Cyt
   B. NAD^+-FMN-Cyt-CoQ
   C. NAD^+-FAD-Cyt-CoQ
   D. FAD^+-NAD-CoQ-Cyt
   E. NAD^+-FAD-FMN-CoQ-Cyt
4. 各种细胞色素在呼吸链中传递电子的顺序是( )
   A. Cytc→$Cytaa_3$→Cytb→$Cytc_1$
   B. Cytb→Cytc→$Cytc_1$→Cyta→$Cyta_3$
   C. $Cytc_1$→Cytb→Cytc→Cyta→$Cyta_3$
   D. Cytc→$Cytc_1$→Cytb→$Cytaa_3$
   E. Cytb→$Cytc_1$→Cytc→Cyta→$Cyta_3$
5. 一氧化碳中毒是由于抑制了哪种细胞色素( )
   A. Cytc B. Cytb
   C. CoQ D. $Cytc_1$
   E. $Cytaa_3$
6. 体内有多种高能磷酸化合物,其中以 ATP 最为重要,原因是( )
   A. ATP 参与各种功能反应最多
   B. 生物氧化过程中释放的能量均用来生成 ATP
   C. ATP 含量最多
   D. ATP 水解释放的能量多
   E. 糖原、磷脂、蛋白质等的合成都由 ATP 直接提供能量
7. 氧化磷酸化在下列哪种细胞器中进行( )
   A. 胞浆 B. 微粒体
   C. 粒体 D. 高尔基体
   E. 细胞核
8. 调节氧化磷酸化速率最主要的因素是( )
   A. 被氧化的底物浓度
   B. ADP 与 ATP 浓度
   C. NADH 浓度
   D. O_2浓度
   E. CO_2浓度
9. 以下化合物不属于高能磷酸化合物的是( )
   A. 磷酸肌酸 B. ADP
   C. ATP D. 1,3-二磷酸甘油酸
   E. AMP

B 型题

10~12 题共用备选答案

A. 尼克酰胺 B. 异咯嗪环
C. 铁卟啉类 D. 铁硫簇
E. 苯醌结构

10. NAD 能够传递氢是因为分子中含有( )
11. FAD 传递氢的功能部位是( )
12. Cyt 能传递电子是因为含有( )

13~15 题共用备选答案

A. CP B. CTP
C. GTP D. TTP
E. UTP

13. 糖原合成直接供能物质是(　　)

14. 磷脂合成的直接供能物质是(　　)

15. 蛋白质的合成需要(　　)

四、简答题

1. 简述呼吸链的组成和排列,并说明氧化磷酸化的偶联部位。

2. 常见的呼吸链电子传递抑制剂有哪些?它们主要的作用部位如何?

3. 人体生成ATP的方式有哪几种?简述具体生成过程。

(孟宪辉)

第7章 糖代谢

学习目标

1. 掌握糖酵解、有氧氧化、糖异生的概念、限速酶和生理意义
2. 掌握磷酸戊糖途径的生理意义
3. 理解糖的生理功能、糖原合成与分解的生理意义、血糖来源与去路
4. 了解糖酵解、有氧氧化、磷酸戊糖途径反应过程
5. 了解血糖浓度的调节、高血糖和低血糖

第1节 概　　述

糖是一大类有机化合物,其化学本质为多羟醛或多羟酮类及其衍生物或多聚物。

一、糖的生理功能

(一) 氧化供能

糖最主要的生理功能是提供生命活动所需要的能量,人体所需能量的50%~70%来自糖的分解代谢。

(二) 构成组织细胞

糖是构成人体组织结构的重要成分。例如,蛋白聚糖和糖蛋白构成结缔组织、软骨和骨的基质,糖蛋白和糖脂是细胞膜的构成成分。

(三) 其他功能

体内糖还参与组成具有特殊生理功能的糖蛋白,如激素、酶、免疫球蛋白、血型物质、血浆蛋白等,还可转化成脂肪和蛋白质合成所需的氨基酸。

二、糖的消化吸收

人类食物中的糖有植物淀粉和动物糖原以及蔗糖、麦芽糖和乳糖等,但食物中的糖主要是淀粉。在口腔,淀粉受唾液淀粉酶催化而有少量消化。淀粉消化主要在小肠内进行。胰淀粉酶催化淀粉水解生成糊精、麦芽糖等中间产物,最终生成葡萄糖。食入的蔗糖和乳糖随食物进入小肠,分别受蔗糖酶和乳糖酶催化水解生成葡萄糖、果糖及半乳糖,它们都属于单糖。

糖以单糖(主要是葡萄糖)的形式经肠黏膜吸收。吸收入血的葡萄糖经门静脉入肝,其中一部分在肝内储存和代谢,另一部分通过血液循环运输至全身各组织而被利用。

三、糖代谢概况

糖代谢主要指葡萄糖在体内的一系列复杂的化学反应。途径有:在无氧条件下分解生成乳酸;在有氧条件下彻底氧化生成二氧化碳和水;经磷酸戊糖途径生成5-磷酸核糖和NADPH;葡萄糖合成糖原;肝糖原和肌糖原分解;糖异生作用;血糖等。

第2节 糖的分解代谢

糖在体内分解途径主要有三条:①在缺氧情况下进行的糖酵解。②在氧供应充足时进行的

有氧氧化。③磷酸戊糖途径。

一、糖的无氧氧化

（一）糖酵解概念

糖的无氧分解指葡萄糖或糖原在无氧或缺氧情况下分解生成乳酸并生成少量能量的过程，这一过程与酵母菌使糖生醇发酵的过程相似，又称糖酵解（glycolysis）。整个反应在细胞浆中进行。

（二）糖酵解反应过程

糖酵解的代谢反应分为两个阶段：第一阶段是葡萄糖生成丙酮酸；第二阶段丙酮酸转变为乳酸。

1. 葡萄糖分解为丙酮酸

（1）葡萄糖生成6-磷酸葡萄糖（glucose-6-phosphate，G-6-P）：这步反应在己糖激酶（肝外）或葡萄糖激酶（肝内）催化下，由ATP提供磷酸基和能量生成6-磷酸葡萄糖，反应不可逆。从糖原开始，糖原首先在磷酸化酶催化下，生成1-磷酸葡萄糖，再由磷酸葡萄糖变位酶催化生成6-磷酸葡萄糖。

（2）6-磷酸葡萄糖转变为6-磷酸果糖（fructose-6-phosphate，F-6-P）：这是由磷酸己糖异构酶催化的醛糖与酮糖的异构反应，反应是可逆的。

（3）6-磷酸果糖磷酸化为1,6-二磷酸果糖（1,6-fructose-bisphosphate，F-1,6-2P）：6-磷酸果糖在磷酸果糖激酶催化下，生成1,6-二磷酸果糖。这是糖酵解中第2次磷酸化反应，需要ATP和Mg^{2+}参与，反应不可逆。

（4）1,6-二磷酸果糖裂解为2分子磷酸丙糖：在醛缩酶催化下，1分子F-1,6-2P裂解为1分子3-磷酸甘油醛和1分子磷酸二羟丙酮，反应是可逆的。3-磷酸甘油醛和磷酸二羟丙酮是同分异构体，在磷酸丙糖异构酶催化下可相互转变，当3-磷酸甘油醛在下一步反应中被消耗时，磷酸二羟丙酮迅速转变为3-磷酸甘油醛，继续进行酵解，故1分子6碳的F-1,6-2P相当于生成2分子的3-磷酸甘油醛。

上述过程，从葡萄糖开始消耗2分子ATP，从糖原开始消耗1分子ATP，故这一阶段的特点是耗能裂解。

（5）3-磷酸甘油醛氧化生成1,3-二磷酸甘油酸：3-磷酸甘油醛在3-磷酸甘油醛脱氢酶催化下，醛基脱氢氧化成羧基，同时加入1分子磷酸生成1,3二磷酸甘油酸。脱氢氧化释放的能量储存在磷酸酐键上形成一个高能磷酸键。脱下的氢由NAD^+接受，还原为$NADH+H^+$。这是糖酵解中唯一的氧化反应。

（6）1,3-二磷酸甘油酸经磷酸甘油酸激酶催化，将高能磷酸键直接转移给ADP形成ATP和3-磷酸甘油酸。

（7）3-磷酸甘油酸转变为2-磷酸甘油酸：3-磷酸甘油酸在磷酸甘油酸变位酶的催化下，生成2-磷酸甘油酸。

（8）2-磷酸甘油酸转变成磷酸烯醇式丙酮酸：2-磷酸甘油酸在烯醇化酶催化下，脱水分子内部能量重新分布，生成含高能磷酸键的磷酸烯醇式丙酮酸（phosphorenolpy ruvate，PEP）。

（9）丙酮酸的生成：PEP在丙酮酸激酶催化下，分子中的高能磷酸键直接转移给ADP生成ATP，同时产生不稳定的烯醇式丙酮酸，进而转变为稳定的酮式丙酮酸，此反应不可逆。

在后5步反应中，有2次底物水平磷酸化，生成4分子ATP。故这一阶段特点是氧化产能。底物分子中的高能磷酸键直接转移给ADP生成ATP的过程称为底物水平磷酸化（substrate level phosphorylation),这是体内生成 ATP 的一种方式。

2. 丙酮酸还原为乳酸　在缺氧情况下,丙酮酸经乳酸脱氢酶催化还原成乳酸。反应中供氢体 $NADH+H^+$ 来自本阶段 3-磷酸甘油醛脱下的氢。由于乳酸的生成使 $NADH+H^+$ 恢复为氧化型的 NAD^+,这样就保证糖酵解途径在缺氧情况下不断进行(图 7-1)。

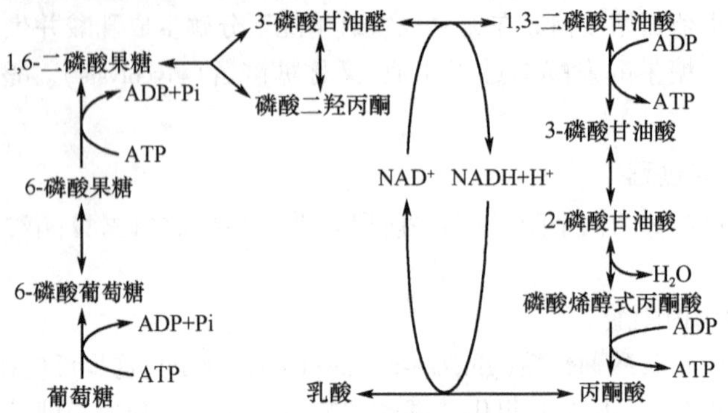

图 7-1　糖酵解反应过程

(三) 糖酵解的调节

糖酵解的限速酶是已糖激酶、磷酸果糖激酶、丙酮酸激酶。这 3 个酶所催化的反应是不可逆的,是糖酵解途径的 3 个调节点。体内这些酶的底物浓度或产物浓度及相关激素对这 3 个限速酶活性进行调节就可影响糖酵解进行的速度和方向。

(四) 糖酵解的意义

1. 糖酵解是生物界普遍存在的供应能量的途径。最重要的生理意义在于机体缺氧时能迅速提供急需的能量,尤其对心肌和骨骼肌更为重要。如剧烈运动,肌肉所需 ATP 为安静状态时的 100 倍以上,肌肉组织此时相对缺氧,糖酵解加强。

糖酵解与肌肉收缩

肌肉内 ATP 含量很低,新鲜组织中仅 5~7μmol/g,肌肉收缩几秒钟即可耗尽。因此,即使氧不缺乏,葡萄糖进行有氧氧化的过程比糖酵解长得多,来不及满足肌肉收缩的需要,而通过糖酵解肌肉可以迅速获得 ATP,以补充运动所需能量。较长时间剧烈运动,由于糖酵解加强,乳酸产生增多,可引起肌肉酸痛。

链接

2. 成熟红细胞没有线粒体,能量几乎完全来自糖酵解。神经细胞、白细胞、骨髓、肿瘤细胞的代谢极为活跃,即使不缺氧也常由糖酵解提供部分能量。

3. 糖酵解的终产物是乳酸,在一些病理情况下,如严重贫血、大量失血、呼吸障碍、循环障碍等均可使氧供给不足,糖酵解持续加强致乳酸堆积,发生代谢性酸中毒(如慢性肺心病者伴感染时,因呼吸道分泌物增多,平滑肌痉挛,通气不畅,导致严重缺氧,可出现乳酸酸中毒)。

二、糖的有氧氧化

(一) 有氧氧化的概念

葡萄糖或糖原在有氧条件下彻底氧化分解成水和二氧化碳,同时产生大量能量的过程称为有氧氧化(aerobic oxidation)。它是葡萄糖氧化的主要方式。

有氧氧化被人为地分为三个阶段。第一阶段葡萄糖按照糖酵解途径分解成丙酮酸；第二阶段丙酮酸进入线粒体内氧化脱羧生成乙酰 CoA；第三阶段是乙酰 CoA 经三羧酸循环彻底氧化生成 CO_2、H_2O 和 ATP。

（二）有氧氧化的过程

1\. 糖酵解途径　糖酵解中已叙述。特殊的是酵解中 3-磷酸甘油醛脱氢生成的 $NADH+H^+$ 在有氧时进入线粒体氧化生成水，同时生成 ATP。这种 ATP 的生成方式称为氧化磷酸化（后详述），是体内 ATP 生成的主要方式。

2\. 丙酮酸氧化脱羧生成乙酰 CoA　有氧时丙酮酸进入线粒体，进行脱氢和脱羧，并与辅酶 A 结合生成乙酰 CoA。这一过程由丙酮酸脱氢酶系催化，为一不可逆反应，是糖有氧氧化过程的重要限速步骤之一。

$$\text{丙酮酸}+NAD^++HSCoA\xrightarrow{\text{丙酮酸脱氢酶系}}\text{乙酰 }CoA+NADH+H^++CO_2$$

丙酮酸脱氢酶系是一个复杂的多酶复合体，由丙酮酸脱氢酶、二氢硫辛酸乙酰基转移酶和二氢硫辛酸脱氢酶 3 种酶，以及焦磷酸硫胺素（TPP）、硫辛酸、辅酶 A、FAD、NAD^+ 5 种辅助因子组成。此酶体系中含有 5 种 B 族维生素，分别是维生素 B_1、硫辛酸、泛酸、维生素 B_2、维生素 PP。如缺乏维生素 B_1，体内 TPP 不足，丙酮酸及乳酸在末梢神经堆积则发生多发性神经炎（脚气病）。

3\. 三羧酸循环（tricarboxylic acid cycle，TAC）　是从乙酰 CoA 与草酰乙酸缩合成 3 个羧基的柠檬酸（枸橼酸）开始，经过一系列脱氢、脱羧基反应后，又以草酰乙酸再生成而结束，称三羧酸循环或柠檬酸循环。该循环由英国生物化学家 Krebs 提出，因此，也称为 Krebs 循环（图 7-2）。

三羧酸循环反应途径的发现

在总结前人经验基础上，经过仔细研究和推理，Krebs 在 1937 年提出了三羧酸循环。

Krebs 的伟大不仅仅是发现了几个化学物质的变化，而且在于将每一个活的变化整理出来，找出了可以解释动态生命现象的结构。为此，Krebs 在 1953 年获诺贝尔生理学或医学奖。

链接

三羧酸循环在线粒体内进行，反应过程如下：

（1）柠檬酸的生成：柠檬酸合成酶催化乙酰 CoA 的乙酰基与草酰乙酸缩合成柠檬酸，放出 HSCoA，此反应不可逆。反应所需的能量来自乙酰 CoA 中的高能硫酯键的水解。

（2）异柠檬酸的生成：在顺乌头酸酶催化下，柠檬酸脱水生成顺乌头酸，后者再水解生成异柠檬酸，此反应可逆。

（3）异柠檬酸氧化脱羧：异柠檬酸在异柠檬酸脱氢酶催化下脱氢、脱羧生成 α-酮戊二酸，脱下的氢由 NAD^+ 接受，反应不可逆。

（4）α-酮戊二酸氧化脱羧：α-酮戊二酸在 α-酮戊二酸脱氢酶系催化下，脱氢、脱羧转化为琥珀酰 CoA。其反应过程与丙酮酸的氧化脱羧反应类同，酶系也由 3 个酶组成。反应不可逆。

（5）琥珀酸的形成：琥珀酰 CoA 含有高能硫酯键，在琥珀酸硫激酶催化下将其能量转移给 GDP 生成 GTP，其本身转变为琥珀酸，生成的 GTP 再将其高能磷酸键转移给 ADP 生成 ATP，此步反应可逆。这是三羧酸循环唯一经底物水平磷酸化生成高能化合物的反应。

（6）琥珀酸脱氢生成延胡索酸：琥珀酸在琥珀酸脱氢酶催化下生成延胡索酸，受氢体 FAD，反应可逆。

（7）延胡索酸加水生成苹果酸：延胡索酸酶催化的可逆反应。

（8）草酰乙酸的再生成：苹果酸在苹果酸脱氢酶的催化下，生成草酰乙酸，脱下的氢由 NAD^+ 接受。再生的草酰乙酸可以第二次进入三羧酸循环（图 7-2）。

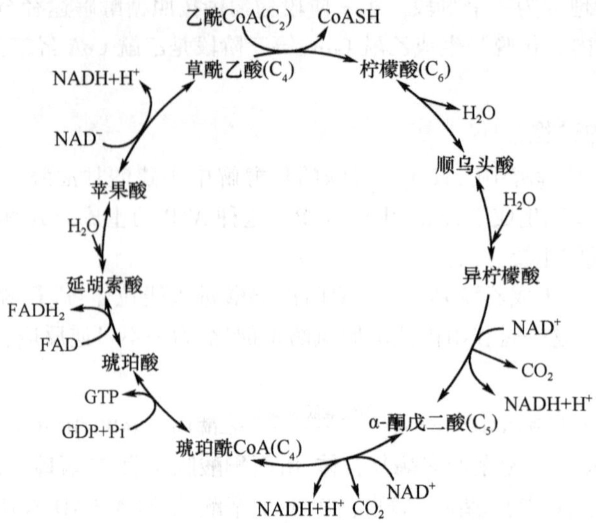

图 7-2 三羧酸循环

三羧酸循环的特点:①循环是在线粒体进行的。②循环的目的是氧化乙酰 CoA 的乙酰基。③每循环一次包括 4 次脱氢、2 次脱羧、1 次底物水平磷酸化:其中 3 次脱氢受氢体为 NAD^+,生成 3 个 $NADH+H^+$;1 次脱氢受氢体为 FAD 生成 $FADH_2$。④每循环 1 次净生成 12 分子 ATP。⑤1 分子葡萄糖经有氧氧化生成 2 分子乙酰 CoA,2 分子乙酰 CoA 进入三羧酸循环和氧化磷酸化生成 24 分子 ATP。

三羧酸循环严格需氧,NADH 与 $FADH_2$ 进入氧化呼吸反应被氧化,使 NAD^+ 和 FAD 再生,保证循环继续进行;三羧酸循环与其他代谢途径相联系,为保证循环的进行必须不断补充草酰乙酸,草酰乙酸的补充在体内是由丙酮酸羧化生成的;三羧酸循环是不可逆反应,限速酶是柠檬酸合成酶、异柠檬酸脱氢酶、α-酮戊二酸脱氢酶系,保证循环单向进行。

(三) 糖有氧氧化和三羧酸循环的生理意义

1. 糖的有氧氧化是人体最重要的供能途径　1 分子葡萄糖经有氧氧化净生成 38(或 36)分子的 ATP,而糖酵解从葡萄糖开始仅生成 2 分子的 ATP,前者是后者的 19 倍,其中 24 分子由三羧酸循环产生。因此,在一定生理条件下,许多组织细胞皆从糖的有氧氧化获得能量。其产能情况见表 7-1。

表 7-1　1 分子葡萄糖经有氧氧化生成 ATP 分子数

反应	生成 ATP 数(38)
葡萄糖→6-磷酸葡萄糖	−1
6-磷酸果糖→1,6-二磷酸果糖	−1
3-磷酸甘油醛脱氢生成的 $NADH+H^+$ 氧化	+3×2
1,3-二磷酸甘油酸→3-磷酸甘油酸	+1×2
磷酸烯醇式丙酮酸→丙酮酸	+1×2
丙酮酸→乙酰 CoA 生成的 $NADH+H^+$	+3×2
乙酰 CoA→CO_2+H_2O	+12×2

2. 三羧酸循环是糖、脂肪、蛋白质在体内彻底氧化的共同途径　三大营养物质糖、脂肪、蛋白质分解代谢之后,均可生成乙酰 CoA 或三羧酸循环的中间产物如草酰乙酸、α-酮戊二酸等,经三羧酸循环彻底氧化生成 H_2O、CO_2 并生成大量 ATP。

3. 三羧酸循环是三大物质联系的枢纽　糖分解代谢产生的丙酮酸、α-酮戊二酸、草酰乙酸等可通过联合脱氨基逆行(见氨基酸代谢)分别转变成丙氨酸、谷氨酸和天冬氨酸;同样,这些氨基酸也可脱氨基后生成相应的α-酮酸进入三羧酸循环彻底氧化；脂肪分解产生甘油和脂肪酸，前者可转变成磷酸二羟丙酮，后者可生成乙酰 CoA，它们均可进入三羧酸循环氧化供能，故三羧酸循环是糖、脂肪、氨基酸互变的枢纽。糖的有氧氧化与糖酵解的比较见表 7-2。

表 7-2　糖的有氧氧化与糖酵解比较

项目	有氧氧化	糖酵解
反应条件	有氧	无氧
反应部位	胞浆和线粒体	胞浆
反应过程	长	短
终产物	H_2O、CO_2	乳酸
$NADH+H^+$去路	进入电子传递链	用于乳酸生成
能量生成	多	少
能量生成方式	底物水平磷酸化及氧化磷酸化	底物水平磷酸化

三、磷酸戊糖途径

在肝、脂肪组织、泌乳期乳腺、肾上腺、红细胞等组织器官中，糖的分解代谢除了有氧氧化、糖酵解外还有磷酸戊糖途径（pentose phosphate pathway），该途径主要产生 5-磷酸核糖、NADPH 和 CO_2，而主要意义不是生成 ATP。整个反应过程在胞浆中进行。

（一）反应过程

磷酸戊糖途径从 6-磷酸葡萄糖开始，其反应过程比较复杂，大致分为两大阶段。

第一阶段：6-磷酸葡萄糖脱氢氧化生成 5-磷酸核酮糖和 2 分子 $NADPH+H^+$ 及 1 分子 CO_2。5-磷酸核酮糖在异构酶和差向酶作用下，转变为 5-磷酸木酮糖和 5-磷酸核糖。

第二阶段：3 分子磷酸戊糖经转酮醇酶和转醛醇酶的催化，最后生成 2 分子 6-磷酸果糖和 1 分子 3-磷酸甘油醛而进入糖酵解途径。因此，磷酸戊糖途径也称磷酸戊糖旁路（pentose phosphate shunt，图7-3）。

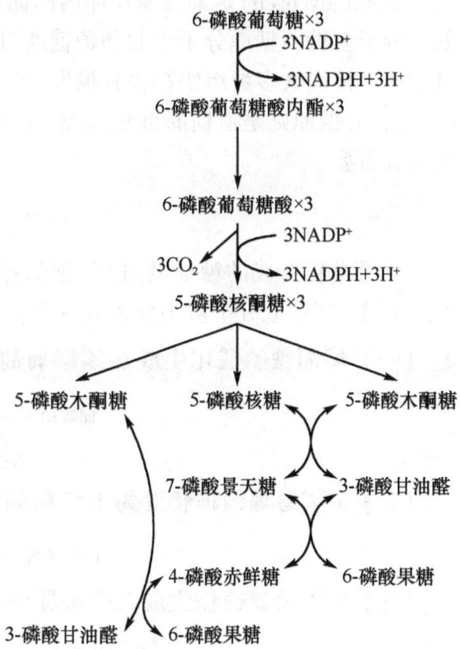

图 7-3　磷酸戊糖途径

6-磷酸葡萄糖可进入多条代谢途径。6-磷酸葡萄糖脱氢酶是磷酸戊糖途径的第一个酶，其活性决定 6-磷酸葡萄糖进入此途径的流量，为限速酶。其活性的快速调节，主要受 $NADPH/NADP^+$ 比例的影响。NADPH 对该酶有强烈的抑制作用。

（二）生理意义

1. 磷酸戊糖途径是体内利用葡萄糖生成 5-磷酸核糖的唯一途径，为体内核苷酸乃至核酸的生物合成提供了原料。

2. 磷酸戊糖途径提供细胞代谢所需的 NADPH　NADPH 的功能有：①作为脂肪酸、胆固醇、类固醇激素等物质生物合成过程中的供氢体，所以在合成脂肪酸、胆固醇比较旺盛的组织中，磷酸戊糖途径比较活跃。②NADPH 是谷胱甘肽（glutathione）还原酶的辅酶，对于维持细胞中还原型谷胱甘肽

(G-SH)的正常含量、保护含巯基的蛋白质或酶免受氧化剂的损害起重要作用，并可保护红细胞膜的稳定性和完整性。如有些人群（我国南方）的红细胞内缺乏6-磷酸葡萄糖脱氢酶，产生的NADPH不足，使谷胱甘肽难于维持还原状态，红细胞尤其是较老的红细胞易于破裂，发生溶血性黄疸。他们常在食用蚕豆后发病，故称蚕豆病。③NADPH是加单氧酶的辅酶，参与肝脏的生物转化反应。

案例 7-1 **蚕豆病**

概念：蚕豆病是一种6-磷酸葡萄糖脱氢酶(G-6-PD)缺乏所导致的疾病，表现为在遗传性6-磷酸葡萄糖脱氢酶(G-6-PD)缺陷的情况下，食用新鲜蚕豆后突然发生的急性血管内溶血。

机制：红细胞6-磷酸葡萄糖脱氢酶(G-6-PD)有遗传缺陷者在食用青鲜蚕豆或接触蚕豆花粉后皆会发生急性溶血性贫血症——蚕豆病，致病机制尚未十分明了。已知有遗传缺陷的敏感红细胞，因G-6-PD的缺陷不能提供足够的NADPH以维持还原型谷胱甘肽(G-SH)的还原性（抗氧化作用），在遇到蚕豆中某种因子后诱发了红细胞膜被氧化，产生溶血反应。G-6-PD有保护正常红细胞免遭氧化破坏的作用，新鲜蚕豆是很强的氧化剂，当G-6-PD缺乏时则红细胞被破坏而致病。

临床表现：早期有恶寒、微热、头晕、倦怠无力、食欲缺乏、腹痛，继之出现黄疸、贫血、血红蛋白尿，尿呈酱油色，此后体温升高，倦怠乏力加重，可持续3日左右。溶血性贫血出现的同时，还伴随呕吐、腹泻和腹痛加剧、肝脏肿大、肝功能异常，约50%患者脾大。严重病例可见昏迷、惊厥和急性肾衰竭，若急救不及时常于1~2日内死亡。多发生3岁以下的小男孩。

第3节 糖原的合成与分解

糖原(glycogen)是葡萄糖在体内的储存形式。糖原是以葡萄糖为单位聚合而成的具有分支的大分子多糖。糖原分子中的葡萄糖通过α-1,4-糖苷键相连构成直链，在分支处以α-1,6-糖苷键相连。体内大多数组织都含有糖原，其中以肝脏和肌肉中的含量最高。肌糖原主要供肌收缩的急需，肝糖原则是血糖的重要来源，保证空腹血糖浓度的恒定，对脑、红细胞等组织的能量供应尤为重要。

一、糖原的合成

由葡萄糖合成的糖原的过程，称为糖原的合成(glycogenesis)。实际上是葡萄糖加到糖原“引物”上，使糖原分子由小变大的过程。主要在肝脏和肌肉组织中进行。合成过程如下：

（一）葡萄糖磷酸化生成6-磷酸葡萄糖

$$\text{葡萄糖} \xrightarrow[\text{ATP} \to \text{ADP}]{\text{己糖激酶}} \text{6-磷酸葡萄糖}$$

（二）6-磷酸葡萄糖转变为1-磷酸葡萄糖

$$\text{6-磷酸葡萄糖} \xrightleftharpoons{\text{变位酶}} \text{1-磷酸葡萄糖}$$

（三）1-磷酸葡萄糖生成二磷酸尿苷葡萄糖(UDPG)

$$\text{1-磷酸葡萄糖+UTP} \xrightleftharpoons{\text{UDPG 焦磷酸化酶}} \text{UDPG+PPi}$$

（四）从UDPG合成糖原

在糖原“引物”的存在下，糖原合成酶催化UDPG中的葡萄糖转移至糖原引物分子上。

$$\text{UDPG+糖原“引物”}(G_n) \xrightarrow{\text{糖原合成酶}} \text{UDP+糖原}(G_{n+1})$$

新加入的葡萄糖残基以 α-1,4-糖苷键和糖原引物连接,每反应一次糖原引物上只增加一个葡萄糖单位。

糖原合成酶只能延长糖链,不能形成分支。当链长增至 12～18 个糖基时,分支酶就将链长约为 7 个葡萄糖残基的糖链转移至邻近糖链上,以 α-1,6-糖苷键连接,从而形成糖原分子的分支。糖原的分支不仅增加了糖原的水溶性,而且还增加了非还原端数目,有利于磷酸化酶分解糖原。

二、糖原的分解

肝糖原分解为葡萄糖的过程,称为糖原的分解。反应过程如下:

(一) 糖原在磷酸化酶的作用下分解为 1-磷酸葡萄糖

(二) 1-磷酸葡萄糖在变位酶催化下转变为 6-磷酸葡萄糖

1-磷酸葡萄糖 ⟷ 6-磷酸葡萄糖

(三) 6-磷酸葡萄糖在(肝)葡萄糖-6-磷酸酶作用下水解为葡萄糖

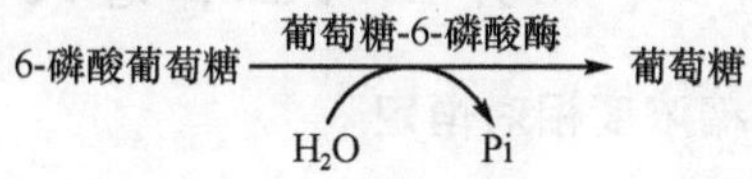

葡萄糖-6-磷酸酶只存在肝中,肌肉组织无此酶,所以只有肝糖原可以直接补充血糖,肌糖原不能直接分解为葡萄糖,它只能通过糖酵解生成乳酸,经血液到肝脏,再经糖异生作用合成葡萄糖或肝糖原,这是肌糖原间接补充血糖的途径(图 7-4)。

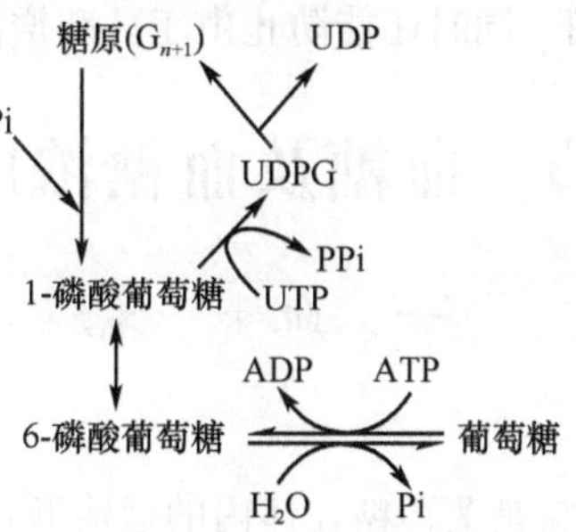

图 7-4　糖原合成与分解

第 4 节　糖异生作用

非糖物质(乳酸、丙酮酸、甘油、生糖氨基酸)转变为葡萄糖或糖原过程称为糖异生(gluconeogensis)。糖异生作用主要在肝脏,肾脏也进行一部分;长期饥饿时,肾脏的糖异生能力则大为增强。

一、糖异生途径

糖异生途径基本是糖酵解的逆过程。但糖酵解途径中由己糖激酶、磷酸果糖激酶、丙酮酸激酶所催化的 3 步反应不可逆,为糖异生的“能障”。糖异生时必须由其他反应和酶催化,才能绕过此“能障”生成葡萄糖。以丙酮酸为例说明糖异生途径。

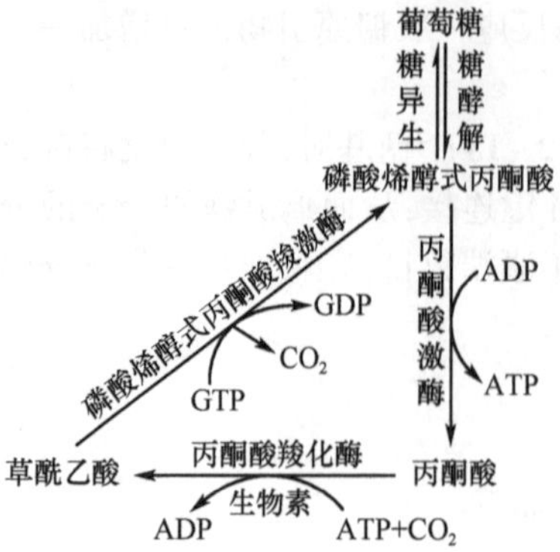

图 7-5 丙酮酸羧化支路

（一）丙酮酸羧化支路

丙酮酸不能直接逆转为磷酸烯醇式丙酮酸。但丙酮酸可以在丙酮酸羧化酶的催化下生成草酰乙酸，然后在磷酸烯醇式丙酮酸羧激酶催化下，草酰乙酸脱羧基并从 GTP 获得磷酸生成磷酸烯醇式丙酮酸，此过程称为丙酮酸羧化支路，是消耗能量的反应。乳酸和三羧酸循环中的成员在转变为糖时都需要通过这条支路（图 7-5）。

（二）1,6-二磷酸果糖转变为 6-磷酸果糖

果糖二磷酸酶催化 1,6-二磷酸果糖水解为 6-磷酸果糖。

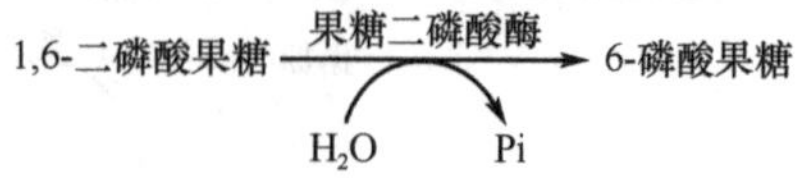

（三）6-磷酸葡萄糖转变葡萄糖

6-磷酸葡萄糖转变为葡萄糖由肝中葡萄糖-6-磷酸酶催化（见糖原的分解）。

二、糖异生的生理意义

（一）维持空腹、饥饿时血糖浓度相对恒定

肝糖原维持血糖浓度最多不超过 12h，由此可见糖异生作用的重要性。

（二）有利于乳酸的利用

在剧烈运动或肌肉缺氧时，糖酵解加强，肌糖原产生大量乳酸，通过血液循环运至肝脏，经糖异生作用转变为糖原或葡萄糖。同时还能防止由于乳酸增高引起酸中毒。

第 5 节 血糖及血糖浓度的调节

一、血 糖

（一）概念

血液中的葡萄糖称为血糖，它是葡萄糖在体内的运输形式。血糖浓度下降时影响全身各组织的生理功能。因此，血糖浓度保持恒定，才能保证各组织的正常生理功能。

正常人空腹时，血糖浓度为 3.9～6.1mmol/L（葡萄糖氧化酶法）。饭后稍有升高，2h 恢复正常，一般不超过“肾糖阈”（8.89～10.0mmol/L）。

（二）血糖的来源和去路

血糖的来源：食物中糖类消化吸收是主要来源；肝糖原的分解；糖异生作用。后两者是空腹血糖的主要来源。血糖的去路：进入细胞内氧化供能；在肝、肌肉内合成糖原；转变为其他非糖物质，如脂肪、非必需氨基酸等；转变为其他糖和糖的衍生物，如核糖、氨基多糖等。

二、血糖浓度的调节

人体血糖浓度之所以能够保持恒定，是因为机体内有精细调节机制控制着血糖的稳定。血糖浓度受三级水平即器官水平、激素水平和神经系统的调节。

（一）器官水平的调节

肝脏是调节血糖的重要器官。它通过糖原的合成、糖原的分解和糖异生作用来调节血糖浓度。

(二) 激素水平的调节

调节血糖的激素有两大类:即降糖激素和升糖激素。这两类激素作用机制是通过诱导合成、激活、抑制糖代谢途径的关键酶或限速酶的活性或含量来调节血糖浓度(表7-3)。

表7-3 激素对血糖浓度的调节

降低血糖的激素	作 用	升高血糖的激素	作 用
胰岛素	促进葡萄糖进入肌肉、脂肪等组织细胞	肾上腺素	促进肝糖原分解
			促进肌糖原酵解
	加速葡萄糖在肝、肌肉内合成糖原		促进糖异生作用
		胰高血糖素	抑制肝糖原合成,促进肝糖原分解
	促进糖的有氧氧化		促进糖异生作用
	促进糖转变为脂肪	糖皮质激素	促进糖异生作用
	抑制糖异生作用		促进肝外组织蛋白质分解,生成氨基酸

(三) 神经系统的调节

实验证明,当交感神经兴奋,肾上腺素分泌增加,促进肝糖原分解、肌糖原酵解和糖异生作用,使血糖升高。当迷走神经兴奋,胰岛素分泌增加,使血糖降低。

案例7-2

某患者,男性,50岁。口渴、多饮、多食3年,加重10天,入院。体格检查:体温36.5°C,脉搏89次/分,呼吸22次/分,血压120/80mmHg,心、肺无异常。实验室检查:空腹血糖8.9mmol/L,尿常规示糖(+),酮体(-),蛋白质(-)。

问题:

1. 初步诊断患者为何种疾病?依据是什么?
2. 出现糖尿病典型症状的机制是什么?

三、糖代谢障碍

(一) 高血糖和糖尿病

空腹时血糖浓度持续高于7.28mmol/L称为高血糖(hyperglycemia)。当血糖浓度超过肾糖阈时,一部分葡萄糖从尿中排出,称为糖尿。

正常人偶尔也出现高血糖和糖尿。当一次摄入大量糖类食物或情绪激动时可引起一过性高血糖和糖尿。但只是暂时的,且空腹血糖正常,属于生理性高血糖。病理性的高血糖和糖尿常见于糖尿病。

糖尿病的分型

严格地讲,糖尿病分为四种类型:1型糖尿病、2型糖尿病、特殊类型糖尿病、妊娠糖尿病。我们平时比较关注的是1型和2型糖尿病。我国糖尿病患者中主要是2型,这型糖尿病的特点是遗传易感性强,症状上通常不出现酮症酸中毒,体重下降不明显。在治疗上不一定用胰岛素来治疗,但并不是不用胰岛素,它不用胰岛素来维持生命。但是很多糖尿病患者如果不用胰岛素来治疗,血糖控制不好,就有并发症出现。

链 接

（二）低血糖

空腹血糖低于3.9mmol/L称为低血糖(hypoglycemia)。脑组织对低血糖很敏感，血糖低时可出现头晕、倦怠无力、心悸等，严重时可出现昏迷，称为低血糖休克。如不及时给病人静脉补充葡萄糖，可导致死亡。

小结

糖在体内最主要的生理功能是供应能量。糖的分解代谢途径包括无氧氧化、有氧氧化和磷酸戊糖途径。其中有氧氧化是葡萄糖分解代谢的主要方式。

糖原是葡萄糖的储存形式。在体内主要有肝糖原和肌糖原，肝糖原可以分解为葡萄糖，补充血糖浓度。肌糖原不能直接分解为葡萄糖。糖异生作用是由非糖物质转变为糖原或葡萄糖的过程，主要在肝脏进行。

血液中的葡萄糖称为血糖。血糖水平之所以相对恒定，是机体通过器官水平、激素水平、神经系统三方面的调节来维持的。当调节机制发生障碍时，则导致糖代谢异常，表现为高血糖和低血糖。

目标检测

一、名词解释

1. 无氧氧化 2. 有氧氧化 3. 三羧酸循环 4. 糖原 5. 糖异生 6. 血糖 7. 高血糖 8. 低血糖

二、填空

1. 糖在体内分解途径有________、________、________三条，正常生理情况下主要靠________供能，缺氧时________加强。
2. 磷酸戊糖途径的反应在________中进行，主要生成________和________。
3. 血糖的正常浓度为________。肝细胞主要通过________、________、________调节血糖浓度恒定。
4. 糖酵解过程中的限速酶是________、________、________。
5. 因肝脏含有________，故能使糖原分解成葡萄糖，而肌肉中缺乏此酶，故肌糖原分解增强时，生成________增多。
6. 糖异生的主要器官是________，其次是________。糖异生的主要原料为________、________和________。
7. 三羧酸循环是由________与________缩合成柠檬酸开始，每循环一次有________次脱氢、________脱羧和________底物水平磷酸化，共生成________分子ATP。

三、选择题

A型题

1. 糖类最主要的生理功能是(　　)
   A. 提供能量　B. 细胞膜组分
   C. 软骨的基质　D. 信息传递作用
   E. 免疫作用
2. 关于糖酵解途径的叙述错误的是(　　)
   A. 是体内葡萄糖氧化分解的重要途径
   B. 全过程在胞液中进行
   C. 该途径中有ATP的生成
   D. 是葡萄糖生成丙酮酸的过程
   E. 只有在无氧条件下葡萄糖氧化才有此过程
3. 下列哪个酶在糖酵解和糖异生中都起作用(　　)
   A. 丙酮酸激酶　B. 3-磷酸甘油醛脱氢酶
   C. 果糖二磷酸酶　D. 己糖激酶
   E. 葡萄糖-6-磷酸酶
4. 下列哪个激素可使血糖浓度下降(　　)
   A. 肾上腺素　B. 胰高血糖素
   C. 生长素　D. 糖皮质激素
   E. 胰岛素
5. 糖原的1分子葡萄糖残基无氧酵解时净生成几个ATP(　　)
   A. 1个　B. 2个
   C. 3个　D. 4个

E. 5个

6. 丙酮酸脱氢酶系的辅助因子没有( )
   A. FAD　B. TPP
   C. NAD^+　D. CoASH
   E. 生物素
7. 1分子葡萄糖在体内进行有氧氧化,彻底氧化生成二氧化碳和水,同时生成( )
   A. 2或3分子ATP　B. 12或15分子ATP
   C. 6或8分子ATP　D. 4或6分子ATP
   E. 36或38分子ATP
8. 合成糖原时,葡萄糖的直接供体是( )
   A. 1-磷酸葡萄糖　B. 6-磷酸葡萄糖
   C. CDP葡萄糖　D. UDP葡萄糖
   E. GDP葡萄糖
9. 人体生理活动的直接供能物质是( )
   A. ATP　B. GTP
   C. 脂肪　D. 葡萄糖
   E. 磷酸

X型题

10. 三羧酸循环过程的限速酶是( )
   A. α-酮戊二酸脱氢酶系
   B. 柠檬酸合成酶
   C. 异柠檬酸脱氢酶
   D. 丙酮酸脱氢酶
   E. 琥珀酸脱氢酶
11. 血糖的来源有( )
   A. 糖异生　B. 糖原合成
   C. 糖原分解　D. 淀粉消化吸收
   E. 磷酸戊糖途径
12. 糖酵解的意义有( )
   A. 是一种快速的供能方式
   B. 是机体主要的供能方式
   C. 是某些特殊组织细胞的供能方式
   D. 是某些病理情况下的供能方式
   E. 是糖的主要分解方式

四、简答题

1. 简述糖的生理功能。
2. 简述糖酵解的生理意义。
3. 糖酵解和有氧氧化有何不同?
4. 简述三羧酸循环的特点和生理意义。
5. 简述磷酸戊糖途径的生理意义。
6. 比较肝糖原与肌糖原分解的不同点。
7. 叙述糖异生的概念、合成部位、合成原料以及生理意义。
8. 简述血糖的来源与去路。

(张玉环)

第8章 脂类代谢

学习目标

1. 理解脂类的生理功能
2. 掌握甘油三酯的分解代谢及酮体的生成和利用
3. 理解磷脂和胆固醇代谢
4. 掌握血脂的组成及血浆脂蛋白的分类和功能

案例 8-1

某男性患者,56 岁,发病 2 周前饮食好,口渴多饮,夜尿次数多,因恶心、呕吐、嗜睡、呼吸深快就诊。呼气有水果味,经检查:血乙酰乙酸、β-羟丁酸水平异常升高,血糖显著升高,尿糖强阳性,尿酮体强阳性。

诊断:糖尿病酮症酸中毒

分析:空腹血糖持续性升高是诊断糖尿病的主要指标。正常人尿中不应查到尿糖和酮体。酮体是脂肪代谢的产物。酮体堆积于血液中,引发酮症酸中毒,临床上出现恶心、呕吐、呼吸深快、嗜睡等表现,此症是晚期严重糖尿病危重的合并症,需紧急救治。

问题:

1. 请回答酮体的正常代谢及其生理意义。
2. 请回答严重糖尿病患者导致酮症酸中毒的生化机制。
3. 请回答酮症酸中毒的防治原则。

第1节 概 述

脂类是脂肪和类脂的总称。按有机化学的定义,脂类是指由脂肪酸和醇脱水形成的酯及其衍生物。它是一类不溶于水而易溶于乙醚、氯仿等有机溶剂,并能为机体利用的有机化合物。脂类广泛存在于自然界,是动、植物体内的重要组成成分,也是人体的重要营养素。

一、脂类在体内的分布、分类

体内的脂类分为脂肪和类脂两大类。正常人每日食物中的脂类主要是脂肪,占到 90% 以上,除此以外还有少量的磷脂、胆固醇、胆固醇酯等类脂及一些游离脂肪酸。脂类消化吸收的主要部位在小肠上段。在小肠中脂类在胆汁酸盐的乳化作用下,形成细小的微团,并在消化道各种酯酶的作用下水解生成甘油一酯、脂肪酸、胆固醇及溶血磷脂等,它们再与胆汁酸盐形成更小的微粒,被小肠黏膜细胞吸收,再经淋巴系统进入体内。

脂肪在人体内主要分布于皮下组织、大网膜、肠系膜和肾脏周围等部位,这些储存脂肪的组织又称脂库。体内脂肪的含量常受营养状况、能量消耗等因素的影响而变动,故又称为“可变脂”。

类脂主要存在于细胞膜、脑组织和神经髓鞘中,包括胆固醇、胆固醇酯、磷脂、糖脂等,约占体重的 5%。类脂在体内处于不断更新之中,但总量却相对恒定,故又称“固定脂”或“基本脂”。

二、脂类的生理功能

脂类因其组成和存在部位的不同,而具有不同的生理功用和效能,主要有以下几点。

(一)体内重要的储能和供能物质

储存能量和供给能量是脂肪的主要生理功能。因脂肪是疏水性物质,在体内储存时不结合水分,储存1g脂肪所占体积只是等量糖原的1/4,故脂肪是体内最主要的储能物质,且是高效浓缩的储能形式。1g脂肪完全氧化所释放的能量约为38kJ,是1g糖或蛋白质氧化释放能量的一倍多。人体正常生命活动所消耗的能量中,20%~30%是由脂类提供的,在禁食或饥饿等情况下,脂肪分解氧化提供的能量达到90%以上,所以脂肪是体内重要的供能物质。

(二)细胞的必要组成成分

类脂是体内细胞膜性结构的基本原料。细胞的各种膜性结构,如细胞膜、核膜、线粒体膜、内质网膜等,主要是由磷脂、胆固醇等类脂与蛋白质构成的。磷脂、胆固醇还是神经髓鞘的重要成分,对维持神经兴奋的正常传导起到重要作用。

(三)转变为多种重要的生理活性物质

人体内的脂类可转变生成多种具有重要生理功能的活性物质。脂类分子中的不饱和脂肪酸,如二十碳四烯酸(花生四烯酸)可转变生成前列腺素等具有广泛生理作用的激素。胆固醇可转变生成胆汁酸、维生素 D_3、肾上腺皮质激素和性激素等具有重要生理功能的物质。

(四)具有乳化食物、保持体温、保护内脏等作用

脂类物质可以与消化液中的胆汁酸盐混合,起到乳化食物的作用,促进脂肪和脂溶性维生素的消化和吸收。此外,由于脂肪不易导热,且有弹性,故还有保持体温、缓冲机械冲击、保护脏器和固定内脏的作用。

(五)提供必需脂肪酸

构成脂类的脂肪酸有饱和脂肪酸和不饱和脂肪酸两类。不饱和脂肪酸有多种,其中十八碳二烯酸(亚油酸)、十八碳三烯酸(亚麻酸)和二十碳四烯酸(花生四烯酸)三种是人体不能合成的,必须由食物供给,故称为必需脂肪酸。不饱和脂肪酸主要存在于植物油中,故从营养学的角度,植物性脂肪要比动物性脂肪的营养价值高。

必需脂肪酸的功用

必需脂肪酸是磷脂的必要成分,缺乏时会引起磷脂合成障碍,从而影响生物膜结构的更新。必需脂肪酸还可促进胆固醇转变为胆汁酸盐,阻止胆固醇在动脉壁上的堆积,对防止动脉粥样硬化有一定的作用。

链接

第2节 甘油三酯的代谢

一、甘油三酯的概况

脂肪是由1分子甘油和3分子脂肪酸脱水缩合而形成的酯,故称甘油三酯(TG),其结构通式为:

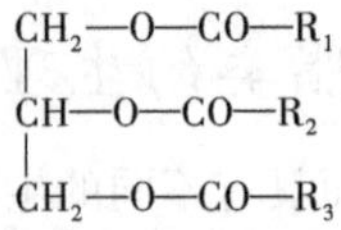

通式中 R_1、R_2、R_3 为脂肪酸的烃链，它们可以相同，也可以不同，相同的称单纯甘油酯，不同的则成混合甘油酯。关于脂肪酸，它是一条长的烃链（R—）和一个羧基（—COOH）组成的羧酸。天然脂肪酸碳原子数大多数为偶数，依据其烃链上是否含有双键而分为饱和脂肪酸和不饱和脂肪酸（表 8-1）。

表 8-1 常见重要脂肪酸

类型	俗名	缩写符号	分子式	熔点/℃
饱和脂肪酸	月桂酸	12:0	$C_{11}H_{23}COOH$	44
	豆蔻酸	14:0	$C_{13}H_{27}COOH$	54
	软脂酸	16:0	$C_{15}H_{31}COOH$	63
	硬脂酸	18:0	$C_{17}H_{35}COOH$	70
	花生酸	20:0	$C_{19}H_{39}COOH$	76.5
不饱和脂肪酸	油酸	18:1△9	$CH_3(CH_2)_7CH{=}CH(CH_2)_7COOH$	13.4
	亚油酸	18:2△9,12	$CH_3(CH_2)_4CH{=}CHCH_2CH{=}CH(CH_2)_7COOH$	-5
	亚麻酸	18:3△9,12,15	$CH_3CH_2CH{=}CHCH_2CH{=}CHCH_2CH{=}CH(CH_2)_7COOH$	-11
	花生四烯酸	20:4△5,8,11,14	$CH_3(CH_2)_4CH{=}CHCH_2CH{=}CHCH_2CH{=}CHCH_2CH{=}CH(CH_2)_3COOH$	-50

甘油三酯的代谢可分为外源性和内源性两条途径。外源性途径指食物中的甘油三酯在小肠内水解成脂肪酸和甘油一酯、甘油二酯后由肠黏膜吸收入细胞，再合成甘油三酯并与其他脂质形成乳糜微粒（CM），通过淋巴系统入血。乳糜微粒中的甘油三酯在脂蛋白脂肪酶（LPL）作用下水解为甘油和游离脂肪酸（FFA），被细胞利用或储存。内源性代谢途径指乳糜微粒水解产物被肝脏吸收，其衍生物和一些新组分合成极低密度脂蛋白（VLDL），极低密度脂蛋白分泌到血液后被脂蛋白脂肪酶水解，其中部分直接被肝吸收、分解，另一部分继续水解，最后生成低密度脂蛋白（LDL）。

甘油三酯是人体内含量最多的脂类，大部分组织均可以利用甘油三酯分解产物供给能量，同时肝脏、脂肪、小肠黏膜等组织还可以进行甘油三酯的合成，并在脂肪组织中储存。

二、甘油三酯的分解代谢

（一）甘油三酯的水解

甘油三酯是体内的重要储能物质。当机体需要时，储存在脂肪组织中的甘油三酯，被脂肪酶逐步水解为游离脂肪酸（FFA）和甘油并释放入血液，被其他组织氧化利用，这一过程称为脂肪动员。

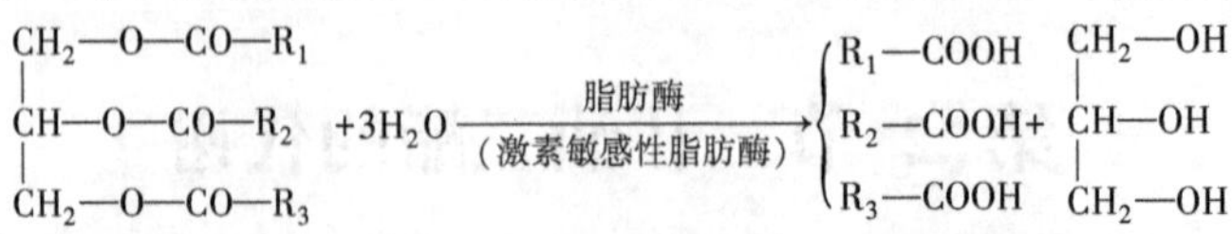

甘油三脂 脂肪酸 甘油

在脂肪动员中所需的脂肪酶中，有甘油三酯脂肪酶、甘油二酯脂肪酶和甘油一酯脂肪酶三种，其中甘油三酯脂肪酶起了决定性的作用，它是甘油三酯分解的限速酶，其活性受到肾上腺素、去甲肾上腺素和胰高血糖素的调控，故又把甘油三酯脂肪酶称为激素敏感性脂肪酶（HSL），把促进甘油三酯水解的激素称为脂解激素。在禁食、饥饿或交感神经兴奋时，这三种激素的分泌增加并使它激活，促进脂肪动员。相反，胰岛素等则使其活性抑制，具有对抗脂肪动员的作用，故又把胰岛素称为抗脂解激素。

> **脂肪动员与减肥**
>
> 脂肪主要以甘油三酯（TG）的形式储存在脂肪组织内。对于减肥瘦身来说，主要是将脂肪组织内的甘油三酯动员起来用于供能，才能达到理想的效果。如果一个人脂肪动员的能力较低，就更容易产生肥胖，或者更不容易减肥。
>
> 脂肪动员可以通过几种途径刺激：心理应激和精神紧张、中低强度的体力活动、药物以及特殊食物刺激等。在众多的脂肪动员途径中，运动方式无疑是促进脂肪动员最好、最安全的途径。一些特定的食物也能促进脂肪动员，如茶（茶多酚、咖啡因）、咖啡、辣椒等，但同时伴有心搏加速、血压升高等反应，因此，需慎重使用。
>
> 链接

（二）甘油的氧化分解与转化

甘油三酯水解生成的甘油，可进一步氧化分解。其反应过程如下：

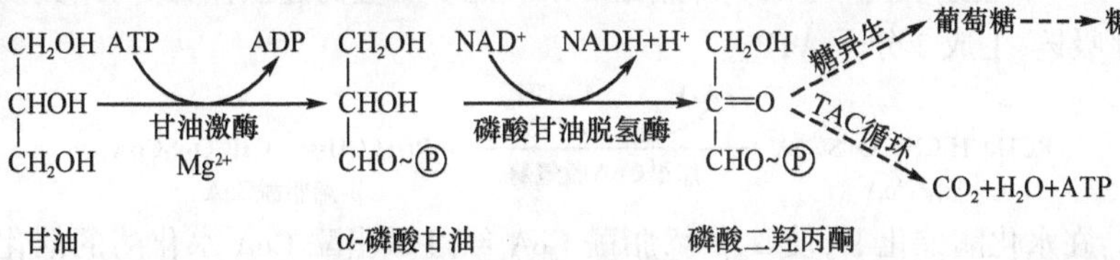

甘油在甘油激酶的作用下，利用 ATP 供给的磷酸根生成 α-磷酸甘油，经磷酸甘油脱氢酶的作用生成磷酸二羟丙酮。磷酸二羟丙酮是糖酵解途径的一个中间产物，可沿酵解途径生成丙酮酸，丙酮酸氧化脱羧进入三羧酸循环，彻底氧化成 CO_2 和 H_2O，同时释放能量。磷酸二羟丙酮也可在肝脏中沿糖异生途径生成葡萄糖或糖原。1mol 甘油彻底氧化分解，可净生成 22mol ATP。

（三）脂肪酸的氧化分解

脂肪酸是甘油三酯在体内氧化供能的最主要物质。在体内，除了脑组织和成熟红细胞外，大多数组织都能利用脂肪酸氧化供能，其中以肝和肌肉组织最为活跃。因体内的脂肪酸有饱和脂肪酸和不饱和脂肪酸之分，它们有着不同的氧化分解方式，下面仅介绍饱和脂肪酸的 β-氧化过程，它是生物体普遍存在的主要的方式。其过程包括活化转运、β-氧化、乙酰 CoA 彻底氧化三个阶段。

1. 脂肪酸的活化与转运　脂肪酸的化学性质较稳定，氧化分解前需先转变成活泼的脂酰 CoA，此过程称为脂肪酸的活化。脂肪酸的活化在线粒体外的胞液中进行，即在 ATP 和 Mg^{2+} 的参与下，脂肪酸在脂酰 CoA 合成酶的催化下，与辅酶 A 结合生成含高能硫脂键的脂酰 CoA。反应如下：

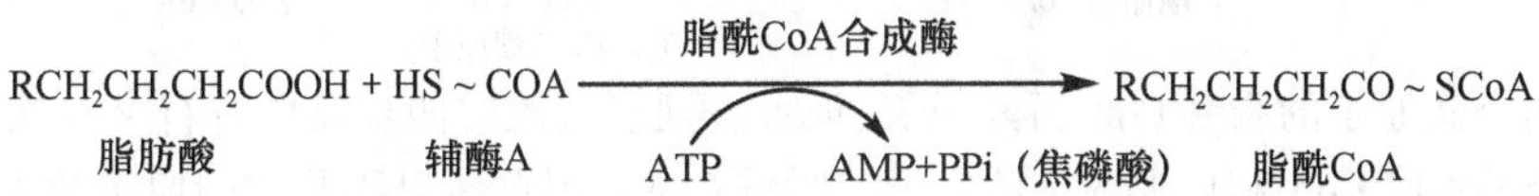

此反应过程中，ATP 经两次去磷酸化生成了 AMP，相当于消耗 2 分子 ATP。脂酰 CoA 氧化分解的酶都存在于线粒体基质内。活化的脂酰 CoA 自身不能穿过线粒体内膜进入线粒体内，需靠一定载体来运载，这种载体就是肉毒碱。其转运过程是：在线粒体内膜的外侧，在肉毒碱脂酰转移酶Ⅰ的催化下，脂酰 CoA 与肉毒碱形成脂酰肉毒碱，脂酰肉毒碱转到线粒体内膜的内侧，再经肉毒碱脂酰转移酶Ⅱ催化，将脂酰基运至线粒体基质中重新生成脂酰 CoA（图 8-1）。

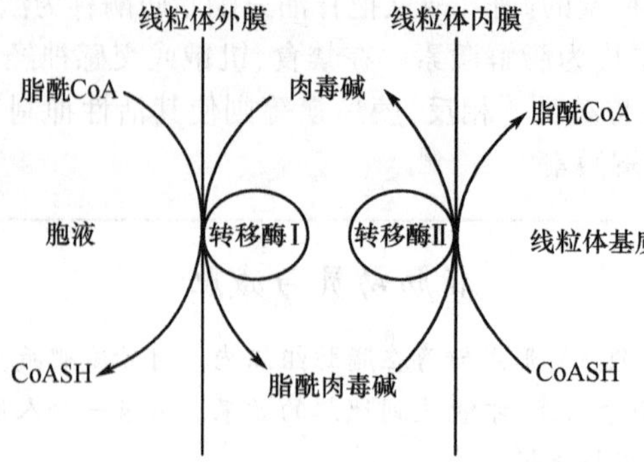

图 8-1 脂酰 CoA 的转运过程

2. 脂酰 CoA 的β-氧化降解 脂酰 CoA 进入线粒体基质后，在线粒体氧化酶系的催化下逐步氧化降解。因脂酰 CoA 降解过程中的氧化反应均发生在β-碳原子上，故称为β-氧化。脂酰 CoA 每进行一次β-氧化需要经过脱氢、加水、再脱氢、硫解四步反应，最后生成 1 分子乙酰 CoA 和少 2 个碳原子的脂酰 CoA。具体反应过程如下：

（1）脱氢：进入线粒体的脂酰 CoA，经脂酰 CoA 脱氢酶（辅基为 FAD）催化，其α-碳原子和β-碳原子各脱去一个氢原子，生成α，β-烯脂酰 CoA。此步反应的递氢体为 FAD，其携带的 2H 进入 FAD 氧化呼吸链，生成 2 分子 ATP。

（2）加水：在水化酶催化下，使α，β-烯脂酰 CoA 经过烯脂酰 CoA 水化酶的催化，加水生成β-羟脂酰 CoA。

（3）再脱氢：β-羟脂酰 CoA 在羟脂酰 CoA 脱氢酶的催化下，β 位脱去两个氢原子变成β-酮脂酰 CoA。此步反应的递氢体为 NAD^+，其携带的 2H 进入 NADH 氧化呼吸链，生成 3 分子 ATP。

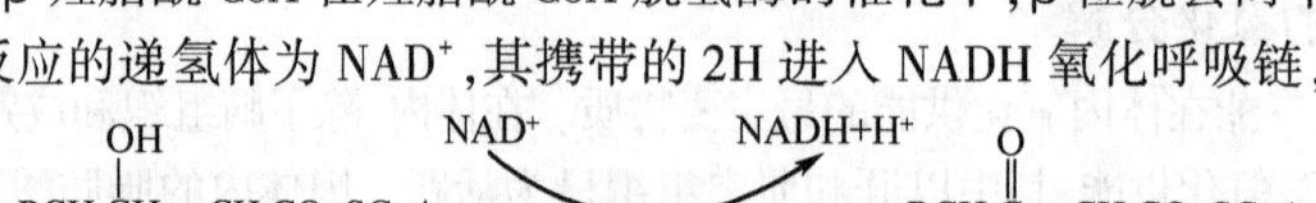

（4）硫解：β-酮脂酰 CoA 在硫解酶作用下，由 1 分子 HS～CoA 参与，α 与β-碳原子间断裂，切去两个碳原子，生成 1 分子乙酰 CoA 和比原来少两个碳原子的脂酰 CoA。

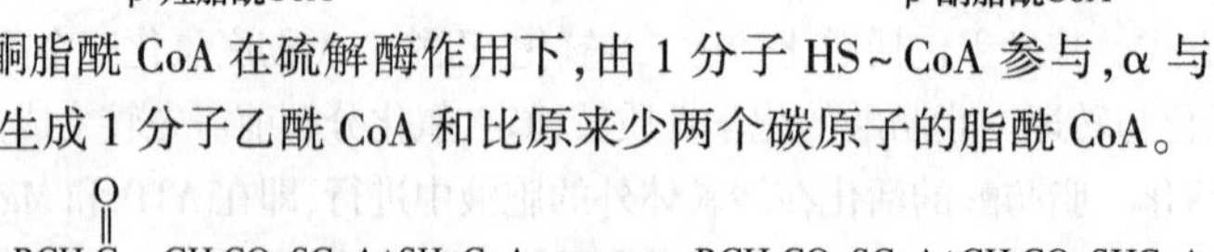

少了两个碳原子的脂酰 CoA 再经脱氢、加水、再脱氢、硫解四步反应进行又一次的β-氧化，又生成 1 分子乙酰 CoA 和再少两个碳原子的脂酰 CoA。因自然界脂肪酸碳原子数大多为偶数，所以长链脂酰 CoA 通过如此循环式地重复进行β-氧化，最终可降解为多个乙酰 CoA。

3. 乙酰 CoA 彻底氧化 β-氧化产生的乙酰 CoA，最终与其他代谢过程产生的乙酰 CoA 一样，进入三羧酸循环被彻底氧化，生成 CO_2 和 H_2O，并释放能量。脂肪酸氧化整个反应过程见图 8-2。

4. 脂肪酸氧化分解过程生成 ATP 的计算 脂肪酸氧化是生物体能量的重要来源。脂肪酸含碳原子数不同，氧化分解所产生的能量也不一样。现以 16 碳的软脂酸（$C_{15}H_{31}COOH$）为例，计

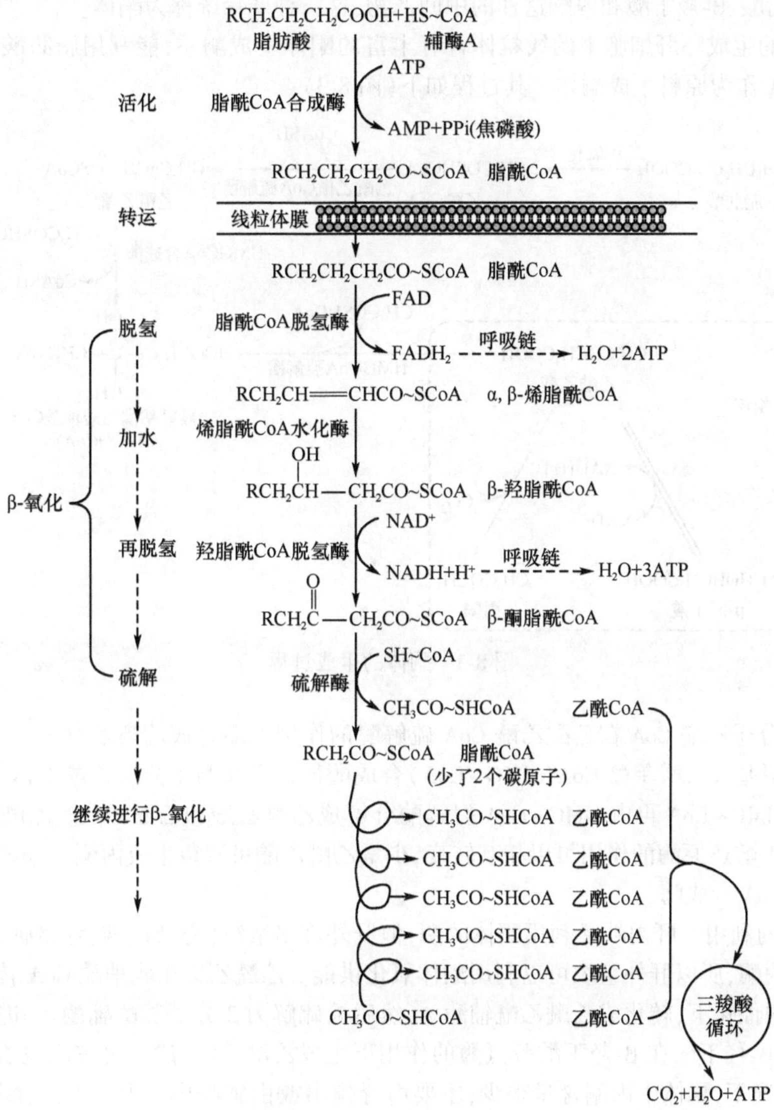

图8-2 脂肪酸氧化全过程

算净产生 ATP 的数量。

1 分子软脂酸共经过 7 次上述的 β-氧化循环，将软脂酸转变为 8 分子乙酰 CoA，并产生 7 分子 $FADH_2$ 和 7 分子 $NADH+H^+$。由前面所学生物氧化知识可知，每 1 分子 $FADH_2$ 进入呼吸链，生成 2 分子 ATP；每 1 分子 $NADH+H^+$ 进入呼吸链，生成 3 分子 ATP。因此，软脂酸 β-氧化降解过程中脱下的氢经呼吸链共产生 ATP 的数量是：$2\times7+3\times7=35$ 分子 ATP。每 1 分子乙酰 CoA 进入三羧酶循环，可产生 12 分子 ATP。因此，经 β-氧化降解所产生的 8 分子乙酰 CoA 彻底分解，共产生 $12\times8=96$ 分子 ATP。另外，软脂酸在活化时消耗了两个高能键，相当于消耗了 2 分子 ATP。因此，1 分子软脂酸完全氧化时可净生成 $2\times7+3\times7+12\times8-2=129$ 分子 ATP。由上述可知，一个饱和脂肪酸（C_{2n}）通过 β-氧化分解生成的 ATP 的量，可用如下通式来表示：$(n-1)\times5+12n-2$ 。

（四）酮体的生成与利用

脂肪酸在心肌、骨骼肌等组织中能彻底氧化成 CO_2 和 H_2O，但在肝脏中氧化却很不完全，经常生成乙酰乙酸、β-羟丁酸和丙酮这样的中间产物，这三种产物统称为酮体。

1. 酮体的生成　肝细胞中的线粒体含有丰富的酮体生成酶系，能利用脂肪酸经 β-氧化生成的乙酰 CoA 作为原料生成酮体。其过程如下（图 8-3）：

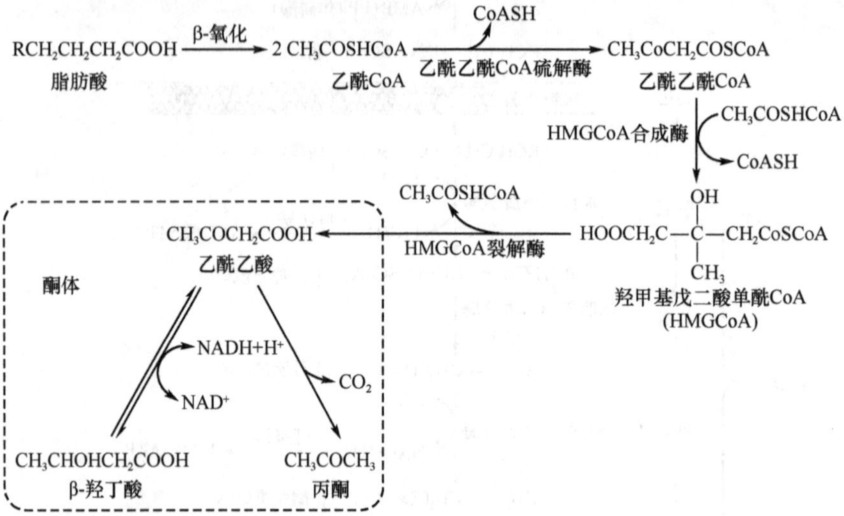

图 8-3　酮体的生成过程

首先，2 分子乙酰 CoA 在乙酰乙酰 CoA 硫解酶的作用下缩合成乙酰乙酰 CoA；接着乙酰乙酰 CoA 在羟甲基戊二酸单酰 CoA（HMG～CoA）合成酶催化下又与 1 分子乙酰 CoA 缩合成 HMG～CoA；然后 HMG～CoA 再由 HMG～CoA 裂解酶分解成乙酰乙酸和乙酰 CoA。乙酰乙酸与 β-羟丁酸在 β-羟丁酸还原酶的作用可以相互转变，少量乙酰乙酸可脱羧生成丙酮。酮体生成的限速酶是 HMG～CoA 合成酶。

2. 酮体的利用　肝内缺乏利用酮体的酶，但肝外许多组织（心、肾、脑、骨骼肌）有活力很强的利用酮体的酶，所以肝外组织可以利用酮体氧化供能。乙酰乙酸在琥珀酰 CoA 转移酶或乙酰乙酸硫激酶的催化下，转化成乙酰乙酰辅酶 A，然后被硫解为 2 分子乙酰辅酶 A，进入三羧酸循环彻底氧化；β-羟丁酸在 β-羟丁酸脱氢酶的作用下生成乙酰乙酸，然后再按乙酰乙酸途径进行氧化；正常情况下，酮体中丙酮含量很少，主要由肾排出或由肺呼出。由上可知，酮体代谢的特点是“肝内生酮，肝外利用”（图 8-4）。

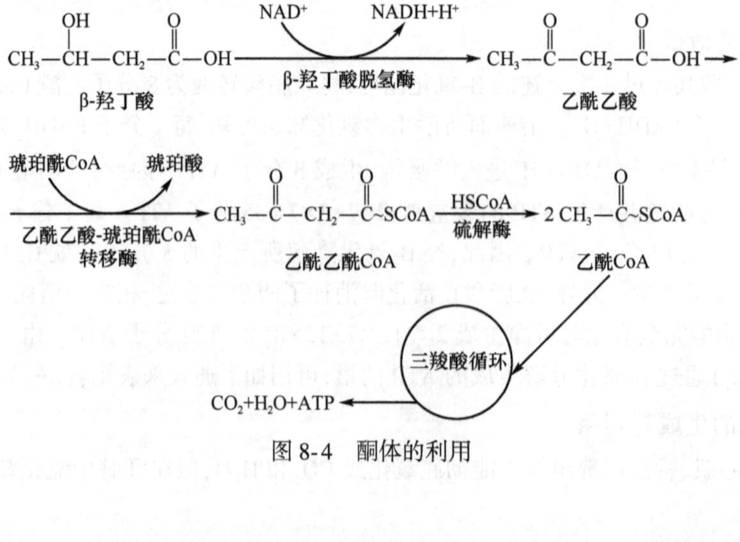

图 8-4　酮体的利用

3. 酮体生成的生理意义

(1) 酮体是脂肪酸在肝脏中氧化分解时产生的正常中间代谢物，是肝脏输出能源的一种形式。当饥饿时，血糖浓度可降低20%~30%，而血浆脂肪酸和酮体的浓度则可分别提高5倍和20倍。机体可以优先利用酮体以节约葡萄糖，从而满足如大脑等组织对葡萄糖的需要。在饥饿48h后，大脑可利用酮体代替其所需葡萄糖量的约25%~75%。

(2) 酮体易溶于水，分子小，能通过肌肉毛细血管壁和血-脑屏障，长链脂肪酸不能透过血-脑屏障，因此，适合于在肌肉和脑组织利用。

(3) 酮体在血浆中含量过多时可导致代谢性酸中毒。在正常情况下，肝脏生成的酮体能随血液循环迅速被大脑、肌肉等肝外组织所利用，血中酮体含量很少。但当机体缺糖（长期饥饿）或糖不能被利用（严重糖尿病）时，脂肪动员加强，酮体生成增加。酮体生成超过肝外组织利用的能力，引起血酮增高，产生酮血症，并随尿排出，引起酮尿。丙酮可从呼吸道随呼吸挥发，可闻到酮味（烂苹果的气味）。而酮体中的乙酰乙酸和β-羟丁酸都是酸性物质，故血中酮体升高可引发代谢性酸中毒，又称酮症酸中毒。

三、甘油三酯的合成代谢

人体内的甘油三酯除来自食物的脂肪外，还可从糖转变而来。肝脏和脂肪组织是体内合成脂肪最活跃的组织。甘油三酯合成的原料是α-磷酸甘油和脂酰CoA，它的合成包括三个方面：①α-磷酸甘油的生成。②脂肪酸的合成。③α-磷酸甘油与脂酰CoA合成甘油三酯。

（一）α-磷酸甘油的来源

甘油三酯合成所需要的α-磷酸甘油主要来自两个途径：

1. 由糖代谢提供　糖代谢的中间产物磷酸二羟丙酮经α-磷酸甘油脱氢酶催化，还原生成α-磷酸甘油。

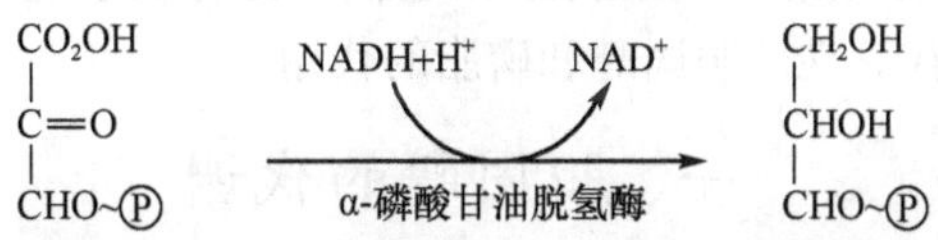

磷酸二羟丙酮　　α-磷酸甘油

2. 由甘油三酯分解代谢所产生　甘油三酯降解所产生的甘油，可在甘油激酶的作用下，与ATP作用生成α-磷酸甘油。

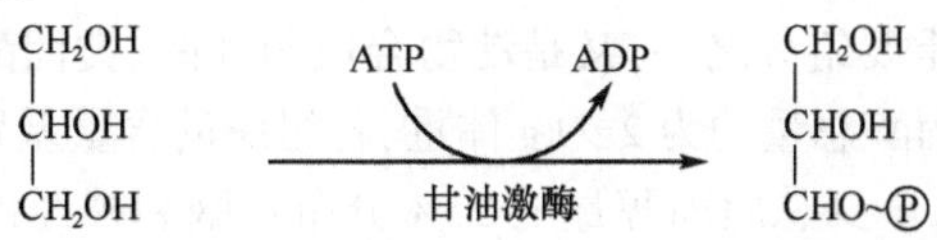

甘油　　α-磷酸甘油

（二）脂肪酸的来源

人体内的脂肪酸一方面可来自食物中的脂肪类，另一方面也能在体内合成。体内合成脂肪酸的直接原料是乙酰CoA，因此，凡是能够生成乙酰CoA的物质都是脂肪酸合成的碳源。糖就是主要的碳源。糖转变为脂肪酸并进而合成甘油三酯，这是体内储存能源的一个过程。在肝脏和脂肪组织中，糖转变为脂肪是经常进行的，这是因为糖是日常膳食中的主要成分，特别是食物所供给的能量超过人体的耗用需要时，糖代谢所产生的乙酰CoA可大量转变为脂酰CoA，进而合成脂肪储存，故多吃糖容易引起发胖。乙酰CoA在合成脂酰CoA的过程中有很多还原（加氢）反应，所需要的氢是由还原型辅酶Ⅱ（$NADPH+H^+$）提供的，而$NADPH+H^+$主要靠磷酸戊糖途径供给。通常的脂肪酸可以在体内由乙酰CoA合成，但必需脂肪酸不能在体内合成，需由食物供给。

（三）甘油三酯的合成

体内甘油三酯的合成并不是脂肪水解的逆过程，而是由1分子α-磷酸甘油与3分子脂酰CoA通过酯化反应逐步合成的。

1. α-磷酸甘油在脂酰转移酶的催化下，与2分子脂酰CoA共同作用，生成磷脂酸。
2. 磷脂酸在磷脂酸磷酸酶的作用下，脱去磷酸后生成甘油二酯。
3. 甘油二酯与另一分子脂酰CoA缩合成甘油三酯。反应过程见图8-5。

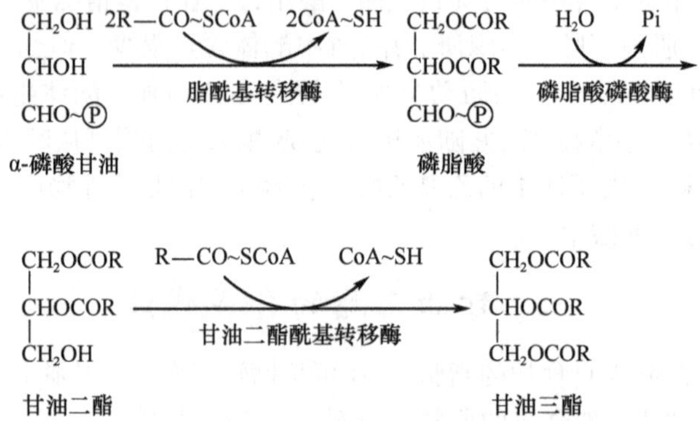

图8-5 甘油三酯的合成过程

第3节 类脂的代谢

类脂包括磷脂、糖脂、胆固醇和胆固醇酯等，它们广泛存在于生物体内，并具有重要的生理功能。这一节着重讨论有代表性的胆固醇和磷脂的代谢。

一、胆固醇的代谢

胆固醇是动物体中最重要的一种以环戊烷多氢菲为母核的固醇类化合物，最早从动物胆石中分离得到，故得此名。胆固醇在体内主要以游离型（胆固醇）和酯型（胆固醇酯）两种形式存在。

胆固醇既是细胞膜的重要组分之一，又是动物合成胆汁酸、类固醇激素和维生素D_3等生理活性物质的前体。人体胆固醇总量约为2g/kg体重，各组织的含量差别很大。例如，肾上腺含胆固醇特别高，约为100g/kg；全身总胆固醇量的25%分布在脑和神经组织；内脏所含胆固醇多在新鲜组织质量的0.2%~0.4%之间，肝脏稍高；骨骼组织中含量很少，约在质量的0.1%。人体内的胆固醇可来自动物性食物（植物性食物不含胆固醇），也可来自体内合成。

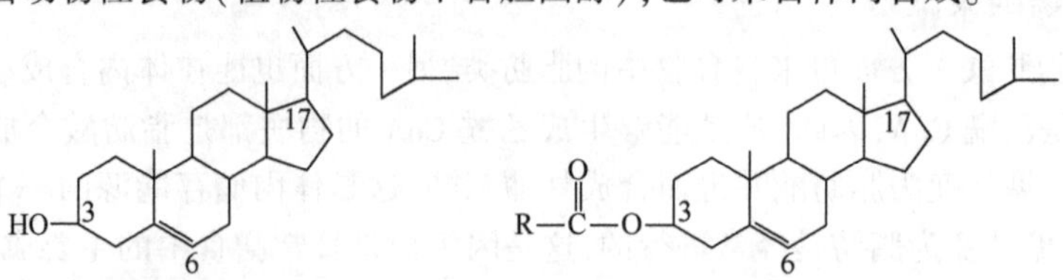

胆固醇　　　　胆固醇酯

（一）胆固醇的合成

1. 合成部位　体内各种组织除大脑和成熟红细胞外，均有合成胆固醇的能力，但各组织合成胆固醇的能力有很大的差别；肝脏是合成胆固醇能力最强的器官，合成量约占全身合成总量的 70%~80%；其次是小肠，约占 10%；肾脏中胆固醇含量虽高，但自身合成的速度很慢。胆固醇合成酶系存在于胞液及内质网膜上，因此，胆固醇的合成主要在细胞胞液及内质网中进行。

2. 合成原料　同位素示踪实验证明，合成胆固醇的基本原料是乙酰 CoA，可从糖、脂肪、蛋白质分解产生的乙酰 CoA 获得，它为胆固醇的合成提供碳原子骨架。合成过程中还需要NADPH+H^+提供氢原子，ATP 供给能量。每合成 1 分子胆固醇需 18 分子乙酰 CoA，36 分子 ATP 及 16 分子 NADPH+H^+。乙酰 CoA 及 ATP 大多来自糖的有氧氧化，而 NADPH+H^+则主要来自磷酸戊糖途径。

3. 合成基本过程　胆固醇合成过程非常复杂，有近 30 步酶促反应，大致可划分为 3 个阶段。

（1）羟甲基戊二酸（MVA）的合成：在胞液中，2 分子乙酰 CoA 在乙酰乙酰硫解酶的催化下缩合成乙酰乙酰 CoA；然后在羟甲基戊二酸单酰 CoA（HMG~CoA）合成酶的催化下再与 1 分子乙酰 CoA 缩合生成 HMG~CoA。HMG~CoA 是合成胆固醇及酮体的重要中间产物。在线粒体中，HMG~CoA 裂解后生成酮体，而在胞液中生成的 HMG~CoA 则在内质网 HMG~CoA 还原酶的催化下，由 NADPH+H^+供氢，还原生成羟甲基戊二酸（MVA）。HMG~CoA 还原酶是合成胆固醇的限速酶，这步反应是合成胆固醇的限速反应。

（2）鲨烯的合成：MVA 经脱羧、磷酸化反应，成为活泼的异戊烯焦磷酸，再继续相互缩合，增长碳链，生成 30 碳的多烯烃——鲨烯。

（3）胆固醇的合成：鲨烯再由载体蛋白携带，从胞液进入内质网，在一系列酶的催化下，先环化成羊毛脂固醇，最后转变为胆固醇（图 8-6）。

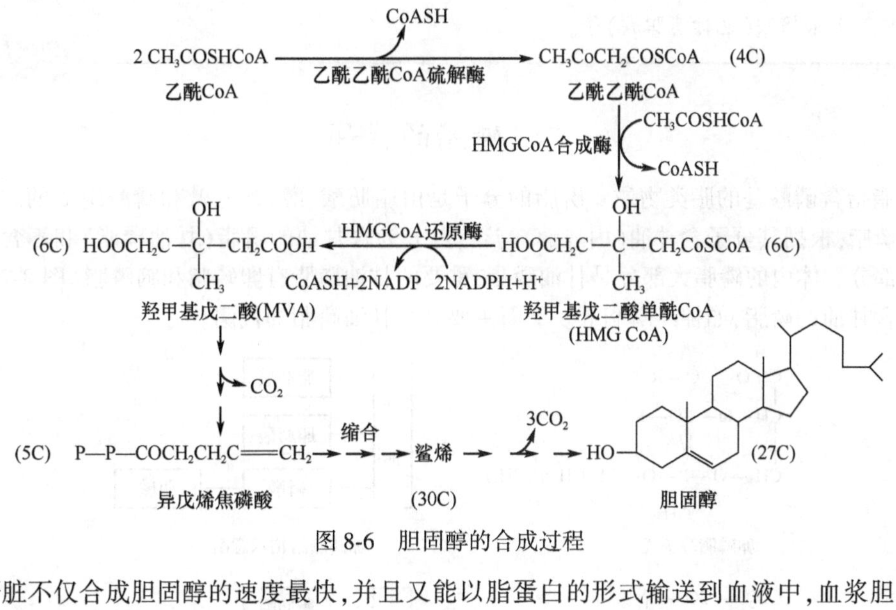

图 8-6　胆固醇的合成过程

肝脏不仅合成胆固醇的速度最快，并且又能以脂蛋白的形式输送到血液中，血浆胆固醇大部分来自肝脏，肝外组织合成的胆固醇一般很少进入血液。在血浆脂蛋白分子内的游离胆固醇可以通过卵磷脂-胆固醇酰基转移酶的作用，接受卵磷脂分子上的脂酰基形成胆固醇酯。卵磷脂-胆固醇酰基转移酶是在肝中合成的，所以当肝细胞病变时，此酶活性降低，致使血浆胆固醇的酯化程度降低，故临床上可根据血清胆固醇的含量来推测肝脏功能的损害程度。

（二）胆固醇在体内的转化与排泄

1. 胆固醇的转化　胆固醇在体内不能彻底分解为水和二氧化碳，虽是有机物但不能作为能量物质。胆固醇除构成生物膜和参加血浆脂蛋白组成外，还可以转变成许多具有重要生理功能的类固醇物质。

(1) 转变成胆汁酸:体内约75%~80%的胆固醇可在肝脏中转变为胆酸,胆酸与甘氨酸或牛磺酸结合成甘氨胆酸或牛磺胆酸,统称为胆汁酸。胆汁酸以钠盐或钾盐形式存在,称为胆汁酸盐。由肝细胞分泌入胆道系统,是促进脂类消化和吸收的重要因素。

(2) 转变成类固醇激素:类固醇激素包括肾上腺皮质激素和性激素。胆固醇在肾上腺皮质内可转变成肾上腺皮质激素,在性腺内可转变成性激素。

(3) 转变成维生素 D_3:胆固醇在肠黏膜细胞内经脱氢反应生成7-脱氢胆固醇,经血液循环到达皮肤,在皮下经紫外线照射进一步转化成维生素 D_3。

2. 胆固醇的排泄 体内大部分胆固醇在肝脏内转变为胆汁酸,随胆汁排出。进入肠腔的胆汁酸盐,少部分随粪便排出,大部分又被肠黏膜上皮细胞重吸收,经门静脉返回肝脏,即所谓胆汁酸盐的"肠肝循环"。一部分胆固醇在肠道细菌作用下还原为类固醇,随粪便排出。

> **胆固醇代谢与动脉粥样硬化**
>
> 胆固醇虽然在体内有着重要的生理功能,但如果血浆中胆固醇浓度过高将对机体造成不良影响。经过众多的临床观察表明,高胆固醇血症是导致冠心病的最危险因素之一。这是因为血浆胆固醇增高时,胆固醇将沉积于动脉管壁,引起动脉粥样硬化,使动脉管壁变厚、管腔狭小、弹性减弱,进而导致高血压和冠心病。因此,控制血浆胆固醇水平被列为预防冠心病的一种有效措施。
>
> 根据胆固醇的代谢特点,对高胆固醇血症者可通过限制胆固醇的摄入、多运动、多食高纤维素食物等方法来降低血浆胆固醇。同时,可通过服用降胆固醇的药物来降低血中胆固醇含量,如洛伐他丁、考来烯胺(也称消胆胺)等。
>
> 链 接

二、磷脂的代谢

磷脂指含磷酸基的脂类物质。磷脂的分子是由脂肪酸、醇、含氮碱和磷酸组成的。人体内有多种磷脂,根据其分子含甘油(丙三醇)与否,可分为含甘油的磷脂(甘油磷脂)和不含甘油的磷脂两部分。体内的磷脂大部分是甘油磷脂,重要的甘油磷脂有卵磷脂和脑磷脂(图8-7);少部分是不含甘油的磷脂,如神经磷脂等。下面主要介绍甘油磷脂的代谢。

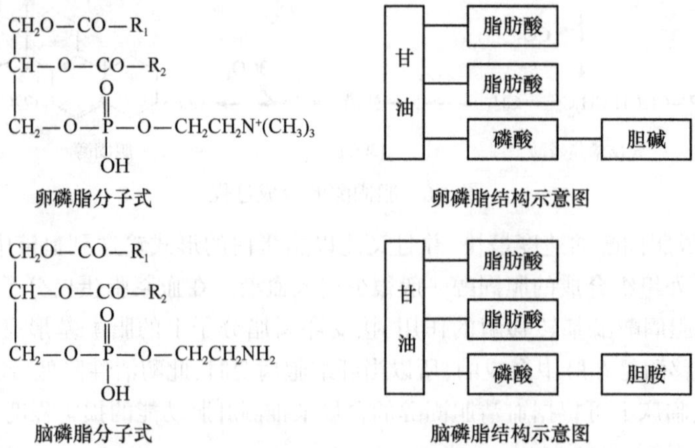

图8-7 卵磷脂和脑磷脂分子式与分子结构示意图

(一) 甘油磷脂的合成

1. 合成部位　合成磷脂的酶系分布在全身各组织细胞内质网内,因此,全身各组织器官均可能合成甘油磷脂,其中肝脏是合成磷脂最活跃的器官,血液中的磷脂主要来自肝脏。

2. 合成的原料及辅因子　磷脂合成的原料是 α-磷酸甘油、脂酰 CoA 和含氮碱(胆碱、乙醇胺等)。值得注意的是结合在甘油 β 位上的脂肪酸为不饱和脂酸,必须从食物摄取。胆碱可由食物供给,亦可由丝氨酸及甲硫氨酸在体内合成。合成过程中除需 ATP 提供能量外,还需 CTP 参加。CTP 在磷脂合成中特别重要,它为合成 CDP-乙醇胺、CDP-胆碱及 CDP-甘油二酯等活化中间体所必需。

3. 合成的基本过程　就从丝氨酸通过脱羧作用生成乙醇胺和胆碱开始讨论,分 3 个步骤生成。

(1) 乙醇胺或胆碱与 ATP 在激酶作用下,生成磷酸乙醇胺或磷酸胆碱。

(2) 磷酸乙醇胺或磷酸胆碱与 CTP 在转移酶的作用下,生成中间产物胞苷二磷酸乙醇胺(CDP-乙醇胺)或胞苷二磷酸胆碱(CDP-胆碱)。

(3) CDP-乙醇胺或 CDP-胆碱与甘油二酯作用生成磷脂酰乙醇胺(脑磷脂)或磷脂酰胆碱(卵磷脂)。脑磷脂可接受 *S*-腺苷蛋氨酸提供的—CH_3 而转化成卵磷脂(图 8-8)。

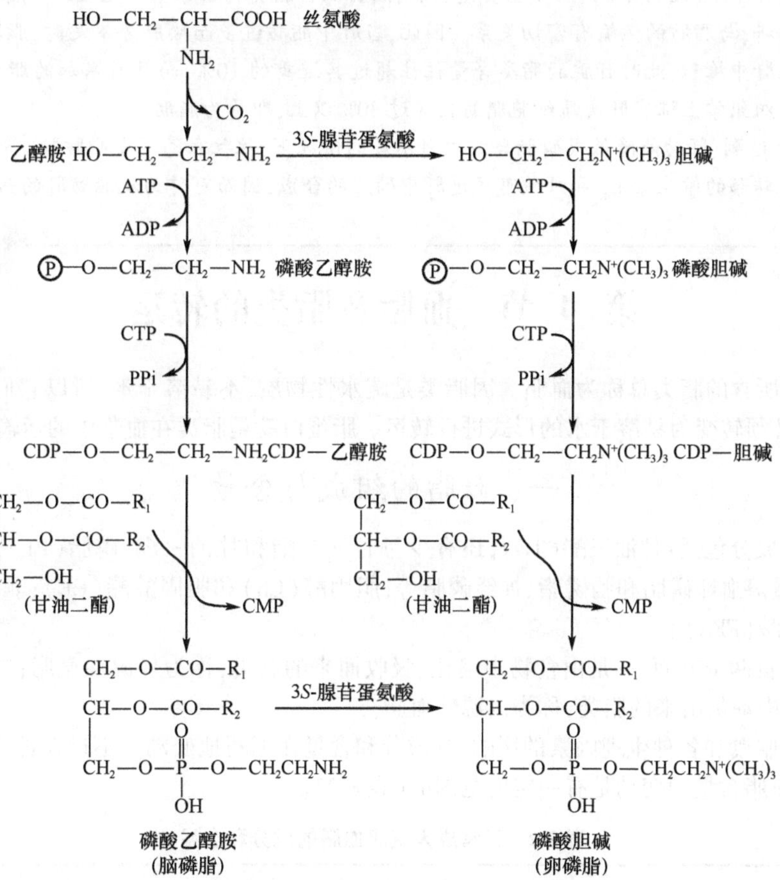

图 8-8　甘油磷脂合成过程

(二) 甘油磷脂的分解

体内的甘油磷脂也处于不断分解之中。甘油磷脂的分解,首先通过多种酶的作用分解为甘油、脂肪酸、磷酸和含氮碱，然后各种成分再进一步分解或参加其他物质的合成代谢。现以卵磷脂为例，表示磷脂的分解基本情况如下：

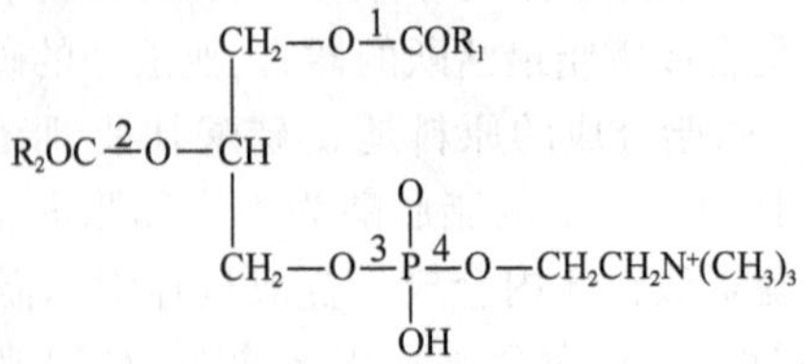

如上所示，卵磷脂酶A作用于“2”处，使β位上的不饱和脂肪酸脱下，形成溶血卵磷脂；卵磷脂酶作用于“1”“2”两处，使α、β位上的脂肪酸脱去，生成磷酸甘油胆碱；甘油磷酸酶作用于“3”处，使磷酸与甘油解离；胆碱磷酸酶作用于“4”处，使磷酸与胆碱分离。

有些毒蛇的毒液中含有卵磷脂酶A，这些毒液进入人体，可引起大量卵磷脂转变为溶血卵磷脂，从而导致大量红细胞破裂。

磷脂与脂肪肝

肝脏在脂肪代谢中起着特别重要的作用，如进行脂肪酸的氧化和酮体的生成等。但其本身所含的脂类并不多（约为4%），其中主要是磷脂，脂肪仅占脂类的四分之一左右。磷脂是合成脂蛋白的重要原料，与脂肪的运输有密切关系。因此，当肝中脂肪过多而磷脂又不足时，脂肪便不能顺利运出而在肝中堆积，此时肝脏的脂类含量往往超过其湿重的10%，而且所增加的脂类几乎全是脂肪。如果组织学上证实肝实质细胞脂肪化超过30%以上，即称为脂肪肝。

在营养过剩、肝功能降低或磷脂合成原料不足的情况下，往往容易引发脂肪肝。胆碱、蛋氨酸及参与甲基转移的维生素B_{12}和叶酸可促进肝中磷脂的合成，因而可作为抗脂肪肝的药物。

链 接

第4节 血脂及脂类的转运

血浆中所含的脂类总称为血脂。因脂类是疏水性物质，不易溶于水，所以它们在血液中输送的时候，必须转变为易溶于水的形式进行转运。脂蛋白就是脂类在血浆中的运输形式。

一、血脂的组成与含量

血脂的成分包括：甘油三酯（TG），还有少量甘油二酯和甘油一酯；磷脂（PL），主要是卵磷脂，还有少量溶血卵磷脂和脑磷脂、神经磷脂等；胆固醇（Ch）和胆固醇酯（CE）；非酯化脂肪酸，即游离脂肪酸（FFA）。

血脂来自两个方面：一是由食物中消化、吸收而来的脂类，称为外源性血脂；二是由肝脏合成或从组织中动员出来的脂类，称为内源性血脂。

血脂受膳食和各种生理因素的影响，其成分和含量在不断地变动。不过在神经和各种激素的调节下，血脂含量的变动是有一定的范围的（表8-2）。

表8-2 正常成人空腹血脂的成分和含量

组成	含量（均值）	
	（mg/dL）	（mmol/L）
总脂	400~700（500）	
甘油三酯	10~150（100）	0.11~1.69（1.13）

续表

组成	含量(均值)	
	(mg/dL)	(mmol/L)
总胆固醇	100~250(200)	2.59~6.47(5.17)
胆固醇酯	70~200(145)	1.81~5.17(3.75)
游离胆固醇	40~70(55)	1.03~1.81(1.42)
总磷脂	150~250(200)	48.44~80.73(64.58)
卵磷脂	50~200(100)	16.1~64.6(32.3)
神经磷脂	50~130(70)	16.1~42.0(22.6)
脑磷脂	15~35(20)	4.8~13.0(6.4)
游离脂肪酸	5~20(5)	

二、血浆脂蛋白

血浆中的脂类不是以自由状态存在,而是与蛋白质(载脂蛋白)结合成脂类-蛋白质复合物,称为血浆脂蛋白。它是脂类在血中运输的重要形式。

(一)血浆脂蛋白的组成

血浆脂蛋白主要由蛋白质、甘油三酯、磷脂、胆固醇及其酯组成。各类脂蛋白都含有这四类成分,但其组成比例及含量却大不相同。由于组成成分比例的不同,血浆脂蛋白有多种,它们在体内的合成部位和生理功能也不尽相同。

(二)血浆脂蛋白的分类

分离血浆脂蛋白的方法有二,即电泳分离法和超速离心法。

1. 电泳法　脂蛋白电泳分离法的原理和蛋白质电泳分离法基本相同。一般常用滤纸、醋酸纤维素膜、琼脂糖或聚丙烯酰胺凝胶作为电泳支持物。根据不同脂蛋白的表面电荷不同,在电场中具不同的迁移率,按其在电场中移动的快慢,可将脂蛋白分为α-脂蛋白、前β-脂蛋白、β-脂蛋白及乳糜微粒(CM)四类(图8-9)。

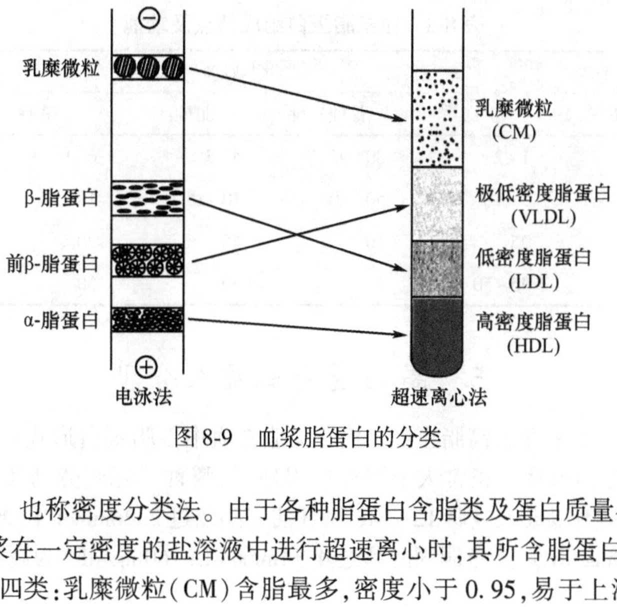

图8-9　血浆脂蛋白的分类

2. 超速离心法　也称密度分类法。由于各种脂蛋白含脂类及蛋白质量各不相同,因而其密度亦各不相同。血浆在一定密度的盐溶液中进行超速离心时,其所含脂蛋白即因密度不同而漂浮或沉降,据此分为四类:乳糜微粒(CM)含脂最多,密度小于0.95,易于上浮;其余的按密度依次为极低密度脂蛋白(VLDL)、低密度脂蛋白(LDL)和高密度脂蛋白(HDL);分别相当于电泳分离的CM、前β-脂蛋白、β-脂蛋白及α-脂蛋白四类(图8-9)。

(三)血浆脂蛋白的组成特点及功能

各类血浆脂蛋白的组成成分与它们的功能关系非常密切。

1. 乳糜微粒(CM) CM是由小肠黏膜上皮细胞合成的,含有大量甘油三酯,而蛋白质含量甚少,颗粒大而密度很小。CM中的甘油三酯主要来自食物中的脂肪,它的主要生理功能是转运外源性甘油三酯(将食物脂肪运到体内)。进餐后(尤其进食大量脂肪后),血液多呈乳浊样外观,这是由于此时血浆中出现大量CM的缘故。当血液流经脂肪组织及肝脏等器官时,经存在于毛细血管壁的脂蛋白脂酶(LPL)的作用,CM中的甘油三酯被水解成脂肪酸和甘油并为组织摄取利用或储存,血浆逐渐澄清,这一过程叫做血浆脂肪的廓清作用。这一作用进行很快,所以正常人空腹时血浆几乎检查不出CM。由于CM的密度小,因此,若将血液(血浆)置于4℃冰箱中过夜,CM便向上漂浮,形成乳白色的乳酪层。这是临床上检病理性CM存在的简便方法。

2. 极低密度脂蛋白(VLDL) VLDL是由肝细胞合成的,主要的组成成分也是甘油三酯,但甘油三酯的来源和CM不同。但与CM一样,VLDL在血液循环中也受到LPL的作用,不断水解脱脂,水解出来的脂肪酸和甘油被肝外组织细胞摄取利用。VLDL中的甘油三酯的脂肪酸来自糖在肝细胞转变成的脂肪酸和由脂库动员出来的脂肪酸,部分来自CM的甘油三酯在肝中水解生成的脂肪酸。所以,VLDL是转运内源性脂肪的脂蛋白(将肝合成的脂肪运到肝外)。

3. 低密度脂蛋白(LDL) 是在血浆中由VLDL转变而来的,它是正常空腹时血浆中主要的脂蛋白。LDL含有大量胆固醇酯和胆固醇。LDL在肝外组织能与细胞膜上的LDL受体结合而进入细胞内,被溶酶体分解释出胆固醇被细胞利用。一般认为LDL的主要生理功用是将肝合成的胆固醇运到肝外。

4. 高密度脂蛋白(HDL) 主要由肝细胞合成,是颗粒最小的一类脂蛋白,其组成中除蛋白质含量最多外,磷脂和游离胆固醇的含量也很多,而甘油三酯的含量很少。HDL进入血液循环后,在血浆中的卵磷脂-胆固醇脂酰转移酶(LCAT)的催化下,胆固醇与卵磷脂作用生成胆固醇酯。一般认为HDL的作用是将肝外的胆固醇运到肝内。

超速离心法命名的各类血浆脂蛋白组成特点及功能见表8-3。

表8-3 血浆脂蛋白组成特点及功能

分类		化学组成/%				主要功能
电泳法	密度法	蛋白质	甘油三酯	胆固醇	磷脂	
乳糜微粒	CM	1~2	80~95	4~5	6~9	转运外源性脂肪
前β-脂蛋白	VLDL	5~10	50~70	10~15	10~15	转运内源性脂肪
β-脂蛋白	LDL	25	10	45	20	转运胆固醇到肝外
α-脂蛋白	HDL	45~50	5	20	30	转运胆固醇到肝内

三、高脂蛋白血症及分型

血脂高于正常人上限即为高脂血症。由于血脂在血中以脂蛋白形式运输,实际上高脂血症也可以认为是高脂蛋白血症。正常人上限标准因地区、膳食、年龄、劳动状况、职业以及测定方法不同而有差异。一般以成人空腹12~14h血甘油三酯超过2.26mmol/L(200mg/dL)、胆固醇超过6.21mmol/L(240mg/dL),儿童胆固醇超过4.14mmol/L(160mg/dL)为高脂血症标准。

小结

脂类包括脂肪和类脂,脂肪是主要储能物质。甘油三酯经激素敏感脂肪酶催化分解为甘油及脂肪酸,并运送到全身各组织利用。脂肪酸经活化为脂酰 CoA 后运至线粒体进行β-氧化,每次β-氧化,脂酰 CoA 需经过脱氢、加水、再脱氢及硫解四步反应,经重复β-氧化,脂酰 CoA 完全降解成乙酰 CoA,并进入三羧酸循环彻底氧化供能。酮体是脂肪酸在肝生成的乙酰乙酸、β-羟丁酸和丙酮三种产物,它是肝脏向肝外组织输出能源的重要形式。酮体在体内积累过多会引起酮症酸中毒。体内的类脂主要为胆固醇和磷脂,它们都是组成生物膜的重要成分。胆固醇主要在肝以乙酰 CoA 为原料合成,关键酶为 HMG~CoA 还原酶。胆固醇在体内可转化成多种重要活性物质。血浆中的脂类称为血脂,以血浆脂蛋白的形式在血中运输。血浆脂蛋白分为 CM、VLDL、LDL 和 HDL 四种,它们的生理功能均与血中脂类的运输有关。

目标检测

一、名词解释

1. 脂肪动员 2. 酮体 3. 血浆脂蛋白 4. 血脂 5. β-氧化

二、填空题

1. 脂肪动员中________、________、________、________、________为脂解激素;________为抗脂解激素。
2. 脂肪酸β-氧化是在________进行的,其连续反应的过程为________、________、________和________。
3. 肝不能利用酮体是因为肝脏缺乏________和________酶。
4. 参与胆固醇合成的供氢体是________,主要来自________。
5. 血浆中的 LDL 是由________转变生成的,主要转运________。

三、选择题

A 型题

1. 激素敏感脂肪酶是( )
   A. 脂蛋白脂肪酶 B. 甘油三酯脂肪酶
   C. 甘油一酯脂肪酶 D. 胰脂酶
   E. 甘油二酯脂肪酶
2. 关于酮体的叙述正确的是( )
   A. 是脂肪酸在肝中大量分解产生的异常中间产物,可造成酮症酸中毒
   B. 各组织细胞均可利用乙酰 CoA 合成酮体,但以肝为主
   C. 酮体只能在肝内生成,肝外利用
   D. 酮体氧化的关键酶是乙酰乙酸转硫酶
   E. 合成酮体的关键酶是 HMG~CoA 还原酶
3. 脂肪酸β-氧化、酮体生成及胆固醇合成的共同中间产物是( )
   A. 乙酰 CoA B. 乙酰乙酰 CoA
   C. HMG~CoA D. 乙酰乙酸
   E. 甲基二羟戊酸
4. 合成胆固醇的限速酶是( )
   A. HMG~CoA 裂解酶
   B. HMG~CoA 合成酶
   C. 乙酰 CoA 羧化酶
   D. HMG~CoA 还原酶
   E. HMG~CoA 合成酶和裂解酶
5. 胆固醇不能转化为( )
   A. 胆汁酸 B. 肾上腺皮质激素
   C. 胆红素 D. 维生素 D_3
   E. 性激素
6. 将肝外的胆固醇向肝内运输的是( )
   A. CM B. VLDL
   C. HDL D. LDL
   E. 以上都不是
7. 26 个碳原子的饱和脂肪酸需经多少次β-氧化才能完全分解为乙酰 CoA ( )
   A. 26 次 B. 13 次
   C. 12 次 D. 8 次
   E. 14 次
8. 下列哪种磷脂中含有胆碱( )
   A. 卵磷脂 B. 脑磷脂
   C. 磷脂酸 D. 溶血磷脂
   E. 以上都是
9. 正常人空腹血中主要的脂蛋白是( )
   A. CM B. VLDL

C. LDL　　D. HDL

E. 以上都不是

10. 下列与脂肪酸β-氧化无关的酶是(　　)

A. 脂酰 CoA 脱氢酶

B. β-羟脂酰 CoA 脱氢酶

C. β-酮脂酰 CoA 硫解酶

D. 烯脂酰 CoA 水化酶

E. β-酮脂酰 CoA 转移酶

B 型题

11～14 题共用备选答案

A. CDP-胆碱　　B. 乙酰 CoA

C. NADPH　　D. 肉毒碱

E. 脂酰 CoA

11. 脂酰 CoA 进入线粒体的载体是(　　)

12. 磷脂酰胆碱合成需要的是(　　)

13. 合成酮体的原料是(　　)

14. 能进行β-氧化的是(　　)

X 型题

15. 酮体包括(　　)

A. 乙酰乙酸　　B. β-羟丁酸

C. 丙酮酸　　D. γ-氨基丁酸

E. 乙酰辅酶 A

16. 能产生乙酰 CoA 的物质有(　　)

A. 葡萄糖　　B. 脂肪

C. 酮体　　D. 氨基酸

E. 以上都不是

17. 合成酮体与合成胆固醇的共同点是(　　)

A. 以乙酰 CoA 为原料

B. 中间产物有乙酰乙酰 CoA、HMG～CoA

C. 需 HMG～CoA 还原酶

D. 需 HMG～CoA 合成酶

E. 以上都是

18. 脂酰基从胞液进入线粒体需要下列哪些物质及酶(　　)

A. 肉毒碱　　B. 肉毒碱脂酰转移酶Ⅰ

C. 钠泵　　D. 肉毒碱脂酰转移酶Ⅱ

E. 以上都不是

19. 血浆脂蛋白的组成有(　　)

A. 甘油三酯　　B. 胆固醇

C. 磷脂　　D. 载脂蛋白

E. 脂肪酸

20. 肝特有的功能有(　　)

A. 合成酮体　　B. 合成尿素

C. 合成脂肪　　D. 合成各种脂蛋白

E. 胆固醇转变为胆汁酸

四、简答题

1. 胆固醇在体内可转变为哪些重要物质？

2. 简述酮体代谢的特点及意义。

五、论述题

1. 血浆脂蛋白如何分类？分哪几类？各有何生理功能？

2. 试述 1 分子硬脂酸在体内彻底氧化分解的过程，并计算其产生的 ATP 数。

（黄厚泽　方　敏）

第9章 蛋白质分解代谢

学习目标

1. 掌握氨基酸的脱氨基作用
2. 熟悉蛋白质的生理功能和需要量
3. 掌握氨的代谢
4. 熟悉氨基酸的脱羧基作用
5. 了解氨基酸的代谢概况以及氨基酸、糖和脂肪在代谢上的联系

蛋白质是生命的物质基础,氨基酸是蛋白质的基本组成单位,蛋白质的合成与核酸代谢密切相关,将于下一章介绍。本章主要阐述蛋白质的营养作用及氨基酸的代谢。

第1节 蛋白质的营养作用

一、蛋白质的生理功能

蛋白质属营养必需物质,其营养作用是糖、脂肪等其他营养物质所不能替代的。提高食物蛋白的营养价值,对于保证机体组织细胞的正常代谢及生理功能具有重要作用。

(一) 合成组织蛋白,维持组织的生长、发育、更新和损伤后的修复

婴幼儿童及青少年必须摄入足量的蛋白质才能保证其正常的生长发育;成人必须摄入足量的蛋白质才能维持组织蛋白的更新;组织损伤时更需要从食物蛋白中获得修补的原料。

(二) 合成生理活性物质,参与催化、运输、代谢调节等过程

酶、多肽激素、核酸、抗体、血红蛋白、神经递质等的合成和更新都需要氨基酸作为原料。缺乏蛋白质供应则酶活性下降、机体容易疲劳,抗体合成不足则机体抵抗力下降。

(三) 为机体提供能量

每克蛋白质在体内氧化分解释放能量16.7kJ,正常人体每日所需能量约10%~15%来自蛋白质的分解。一般条件下,蛋白质的这一功能可由糖和脂肪替代。

二、蛋白质的需要量

人体必须经常补充足够质量的蛋白质才能维持正常的生理活动,但蛋白质的摄入量也并非越多越好。人体对蛋白质的需要量可以根据氮平衡试验来确定。

(一) 氮平衡

测定机体每天由食物摄取的氮量和由粪便(主要是未消化的食物蛋白质)、尿及汗液(以尿素及铵盐形式存在)排出的氮量,以反映体内蛋白质代谢概况的方法称为氮平衡试验,简称氮平衡。

氮平衡有三种情况:

1. 总氮平衡　人体每日摄入的氮量等于排出的氮量,称为总氮平衡,表示组织蛋白质分解量与合成量处于平衡状态,常见于健康成人。

2. 正氮平衡　人体每日摄入的氮量大于排出的氮量,称为正氮平衡,表示组织蛋白质合成量大于分解量。婴幼儿、青少年、孕妇、乳母、恢复期病人属于此种情况。

3. 负氮平衡　人体每日摄入的氮量小于排出的氮量，称为负氮平衡，表示组织蛋白质分解量大于合成量。常见于长期饥饿或消耗性疾病病人。

（二）蛋白质需要量

氮平衡试验表明，体重为60kg的成年男子不进食蛋白质时，每天最低分解约20g蛋白质。由于食物蛋白质与人体蛋白质的组成有差异，食物蛋白质不能全部被利用，故成人蛋白质每天最低需要30~50g。我国营养学会推荐成人最低蛋白质需要量为80g/d。儿童、孕妇、乳母、恢复期病人、消耗性疾病与手术后病人等，每日蛋白质供给量按体重计应高于正常成人，一岁以内婴幼儿，按体重计应高于成人2~3倍。

体内不能储存过多蛋白质，满足组织蛋白质合成后，剩余蛋白质要转变为含氮废物排出或分解供能。因此，适当增加蛋白质摄入量有利于健康，但进食过多可增加肝、肾功能负荷。对于肝、肾功能不全的患者，蛋白质供应量应该适当控制。

（三）蛋白质的营养价值

1. 必需氨基酸　组成蛋白质的20种氨基酸中有8种氨基酸不能自身合成，必需依赖食物供给，称为必需氨基酸。它们是亮氨酸、异亮氨酸、赖氨酸、蛋氨酸、苯丙氨酸、苏氨酸、色氨酸和缬氨酸。其余12种氨基酸人体能自身合成，不必依赖食物供给，称为非必需氨基酸。

2. 决定食物蛋白质营养价值的因素　食物蛋白质的营养价值的高低取决于其所含有必需氨基酸的种类、数量和比例。食物蛋白质所含必需氨基酸的种类与比例愈接近人体蛋白质，其营养价值愈高。动物蛋白质的营养价值一般高于植物蛋白。

3. 蛋白质互补作用　将营养价值较低的蛋白质混合食用，可以相互补充必需氨基酸，从而提高营养价值的作用称为蛋白质互补作用。例如，豆类蛋白质含赖氨酸较多而含色氨酸较少，谷类蛋白质含赖氨酸较少而含色氨酸较多，两者混合食用即可提高营养价值。为了提高蛋白质的营养作用，提倡食物品种多样化，并根据食物特性进行合理搭配。

复方氨基酸溶液在临床应用中的问题

复方氨基酸溶液作为静脉营养药物在临床上越来越广泛地被采用，它能为病人提供机体合成蛋白质的原料——氨基酸。大多选用人乳蛋白质内必需氨基酸配成，故在人体内转化为蛋白质的效率较高，能有效地改善负氮平衡。适用于营养不良性水肿（低蛋白血症）、营养不良、不能经口摄取营养的危重患者等。禁用于肝昏迷、严重肾功能障碍或高氮血症、氨基酸代谢障碍、严重酸中毒等。

链接

第2节　氨基酸代谢

一、氨基酸代谢概况

食物蛋白质经消化而吸收的氨基酸（外源性）与体内组织蛋白质降解产生及合成的非必需氨基酸（内源性）混合在一起，分布在细胞内液和细胞外液中，共同组成氨基酸代谢库。

氨基酸代谢库中的氨基酸主要用于合成组织蛋白，合成多种具有生理活性的含氮化合物，小部分进行分解代谢，正常情况下代谢库中氨基酸的来源与去路保持动态平衡。代谢库中氨基酸的主要来源是食物蛋白质的消化吸收，最主要的去路是合成机体的组织蛋白质；分解代谢的主要途径是脱氨基作用（图9-1）。

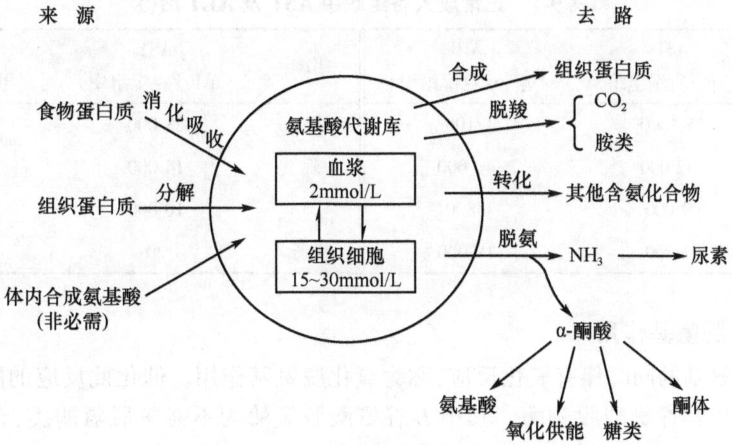

图9-1　氨基酸代谢概况

二、氨基酸的脱氨基作用

氨基酸脱氨基的方式主要有转氨基、氧化脱氨基、联合脱氨基及非氧化脱氨基(嘌呤核苷酸循环)等。其中联合脱氨基最为重要。

(一) 转氨基作用

转氨基作用指在转氨酶(又称氨基转移酶)催化下α-氨基酸与α-酮酸之间进行氨基和酮基的相互交换,分别生成相应的α-酮酸和氨基酸的过程。

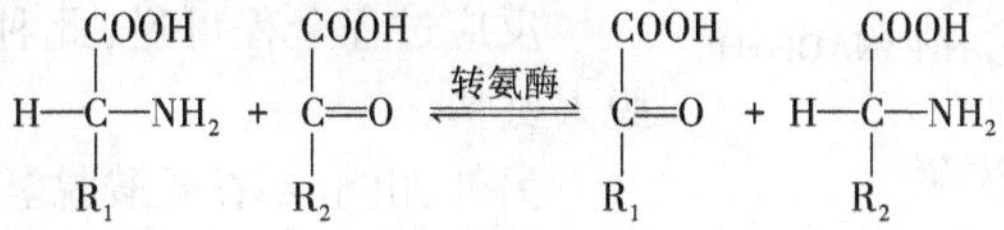

氨基转移酶的种类多,特异性强。除赖氨酸、脯氨酸和羟脯氨酸外,其余均有自己相应的转氨酶。

转氨基反应为可逆反应,既是体内氨基酸分解代谢过程,也是机体合成非必需氨基酸的重要途径。转氨基作用的结果并没有生成游离的氨基,其氨基只是从一个分子转移到另一个分子上。

体内较重要的转氨酶有两种。一种是丙氨基酸氨基转移酶(alanine aminotransferase, ALT),又称谷丙转氨酶(GPT),最为重要。催化反应如下:

$$\text{丙氨酸}+\alpha\text{-酮戊二酸} \xrightleftharpoons{\text{ALT}} \text{丙酮酸}+\text{谷氨酸}$$

另一种是天冬氨酸氨基转移酶(aspartate aminotransferase, AST),又称谷草转氨酶(GOT)。催化反应如下:

$$\text{天冬氨酸}+\alpha\text{-酮戊二酸} \xrightleftharpoons{\text{AST}} \text{草酰乙酸}+\text{谷氨酸}$$

氨基转移酶属于胞内酶,广泛分布于各种组织细胞中,但在含量上有所差异(表9-1)。

正常情况下,血清中氨基转移酶的活性较低,只有当组织细胞受损,如细胞膜通透性增加或细胞破坏,大量氨基转移酶释放入血,血清中相应酶活性则明显升高。如急性肝炎时血清ALT活性显著升高;心肌梗死时血清AST明显升高。值得指出的是:血清氨基转移酶活性测定特异性较差,只作为某些疾病的协助诊断和预后测评指标之一。

表 9-1 正常成人各组织中 AST 及 ALT 活性

组织	AST（单位/克湿组织）	ALT（单位/克湿组织）	组织	AST（单位/克湿组织）	ALT（单位/克湿组织）
心	156 000	7100	胰腺	28 000	2000
肝	142 000	44 000	脾	14 000	1200
骨骼肌	99 000	4800	肺	10 000	700
肾	91 000	19 000	血清	20	16

（二）氧化脱氨基作用

氨基酸脱氨基的同时伴有氧化反应，称为氧化脱氨基作用。催化此反应的酶有两大类：即氨基酸氧化酶和 *L*-谷氨酸脱氢酶。其中 *L*-谷氨酸脱氢酶为不需氧脱氢酶类，辅酶为 NAD^+ 或 $NADP^+$，最为重要。肝、肾、脑等组织中广泛存在，活性较强。只能催化 *L*-谷氨酸氧化脱氨，生成 α-酮戊二酸和 NH_3，并不能解决其他氨基酸的脱氨基问题。

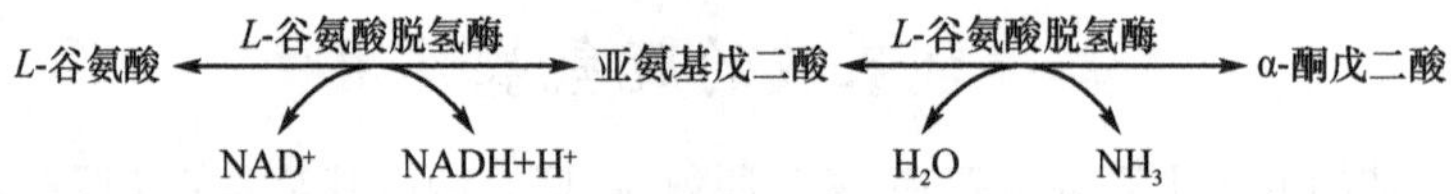

（三）联合脱氨基作用

联合脱氨基作用是体内氨基酸脱氨基的重要方式。*L*-氨基酸先与 α-酮戊二酸经转氨基作用生成相应的酮酸及谷氨酸，谷氨酸经谷氨酸脱氢酶作用重新生成 α-酮戊二酸，同时释放氨，这种转氨基作用与氧化脱氨基作用联合进行，称为联合脱氨基作用（图 9-2）。

图 9-2 联合脱氨基

反应过程全程可逆，此种方式能使大部分氨基酸脱去氨基。

另外，由于 *L*-谷氨酸脱氢酶分布的局限性，骨骼肌和心肌中则以另一种联合脱氨基的方式进行，即嘌呤核苷酸循环（图 9-3）。

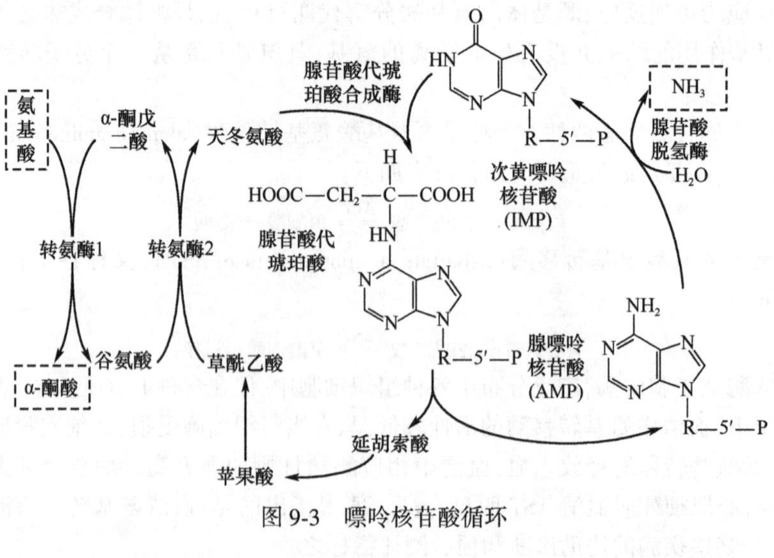

图 9-3 嘌呤核苷酸循环

此循环有两次转氨基作用。第一次是 *L*-氨基酸的氨基在相应转氨酶催化下，将氨基转移到

α-酮戊二酸分子,生成谷氨酸;第二次是谷氨酸在 AST 的催化下将氨基酸转移到草酰乙酸分子,生成天冬氨酸。参与该循环的嘌呤核苷酸有两种,次黄嘌呤核苷酸(IMP)和腺嘌呤核苷酸。天冬氨酸在腺苷酸代琥珀酸合成酶的催化下与 IMP 反应生成腺苷酸代琥珀酸。后者在裂解酶的催化下释放出延胡索酸并生成腺嘌呤核苷酸(AMP),AMP 在腺苷酸脱氨酶的催化下释放出游离氨并转化为 IMP,参与下次循环。该循环为不可逆反应。

三、氨基酸的脱羧基作用

部分氨基酸在体内可通过脱羧基作用生成相应的胺,这些胺类具有重要的生理功能。催化这些反应的是氨基酸脱羧酶,其辅酶为磷酸吡哆醛。体内广泛存在胺氧化酶,能将过多的胺氧化成醛,进一步氧化成酸而与糖、脂肪的分解代谢相衔接。从而避免胺类在体内蓄积。胺氧化酶在肝中活性最强,与肝脏的生物转化功能密切相关。

(一)组胺的生成

组胺是由组氨酸在组氨酸脱羧酶的催化下脱去羧基而生成的。

$$L\text{-组氨酸} \xrightarrow{\text{组氨酸脱羧酶}} \text{组胺} + CO_2$$

组氨酸脱羧酶广泛分布于脑、肺、乳腺、肝、肌肉、胃黏膜、结缔组织等肥大细胞内。故这些组织中产生的组胺,主要储存在肥大细胞中。组胺是一种作用强烈的血管扩张剂,并能增强毛细血管的通透性。创伤性休克、过敏反应或炎症病变部位可因肥大细胞释放大量组胺,引起血管扩张、血压下降及水肿等临床表现。组胺还能刺激胃黏膜细胞分泌胃蛋白酶及胃酸。

食鱼与组胺中毒

一名主妇一日烹制香煎马鲛鱼,将剩下的马鲛鱼放入冰箱保存一夜,次日将鱼肉加热后食用。谁知刚吃完一条鱼,就出现口舌发麻、脸发热并发红、呼吸不畅、胸闷、头晕等症状。由家人送至医院。医生诊断为"高组胺鱼类中毒"。

高组胺鱼类中毒主要是由于进食某些保存不当而被细菌污染的海鱼,引起类似过敏的食物中毒。这些海鱼为青皮红肉类鱼,主要有鲭鱼、金枪鱼、鲐鱼、马鲛鱼等品种。这类海鱼含组氨酸量较高,当储存环境温度偏高且时间过长、鱼体不新鲜时,含脱羧酶的细菌作用能使肉中的组氨酸脱羧基形成组胺。

为预防组胺中毒,食用鲜、咸的青皮红肉类鱼时,烹调前应去内脏、洗净,切段后用水浸泡几小时,宜红烧或清蒸,不宜油煎或油炸。烹调时放醋,可以使组胺含量下降。在腌制咸鱼时,原料需新鲜及腌透,否则,食后也可能引起中毒。

链 接

(二)γ-氨基丁酸的生成

γ-氨基丁酸(γ-aminobutyric acid,GABA)是由谷氨酸脱羧而产生。催化此反应的酶为谷氨酸脱羧酶。脑、肾组织中此酶活性很高,故脑中 γ-氨基丁酸的含量较高。

$$L\text{-谷氨酸} \xrightarrow{L\text{-谷氨酸脱羧酶}} \gamma\text{-氨基丁酸} + CO_2$$

γ-氨基丁酸属抑制性神经递质,主要通过抑制突触传导而发挥效应。因为氨基酸脱羧酶的辅酶为磷酸吡哆醛,故临床上服用维生素 B_6 以提高谷氨酸脱羧酶的活性,增加 γ-氨基丁酸的生成,抑制呕吐中枢而达到止吐的疗效。

(三)5-羟色胺的生成

5-羟色胺(5-hydroxytryptamine,5-HT)是由色氨酸在色氨酸羟化酶和 5-羟色氨酸脱羧酶的协同作用下产生的。5-羟色胺在大脑皮质和神经轴突中含量很高，作为神经递质，具有抑制作用；在外周能使平滑肌兴奋，对外周血管具有强烈的收缩作用。

$$\text{色氨酸}\xrightarrow{\text{色氨酸羟化酶}}\text{5-羟色氨酸}\xrightarrow{\text{5-羟色氨酸脱羧酶}}\text{5-羟色胺}+CO_2$$

5-羟色胺主要在单胺氧化酶的催化下而逐步分解，最终生成5-羟吲哚乙酸，由尿排出。临床研究发现，类癌患者尿中5-羟吲哚乙酸浓度明显增高，对其进行检测可协助类癌诊断。

四、α-酮酸的代谢

氨基酸脱氨基作用后生成的α-酮酸主要有三种代谢途径。

（一）合成非必需氨基酸

α-酮酸重新氨基化生成相应的α-氨基酸。例如，丙酮酸、草酰乙酸、α-酮戊二酸分别转变成丙氨酸、天冬氨酸、谷氨酸。

（二）转化为糖和脂类

α-酮酸在体内可转变为糖及脂类。根据α-酮酸在体内转变的产物，可将氨基酸分为3类（表9-2）。能转变为糖的氨基酸称为生糖氨基酸；能转变为酮体的氨基酸称为生酮氨基酸；既能转变为糖，又能转变成酮体者称为生糖兼生酮氨基酸。

表9-2　氨基酸的分类

氨基酸类别	氨基酸名称
生糖氨基酸	甘氨酸、丝氨酸、缬氨酸、组氨酸、精氨酸、半胱氨酸、脯氨酸、羟脯氨酸、丙氨酸、谷氨酸、谷氨酰胺、天冬氨酸、天冬酰胺、甲硫氨酸
生酮氨基酸	亮氨酸、赖氨酸
生糖兼生酮氨基酸	异亮氨酸、苯丙氨酸、酪氨酸、苏氨酸、色氨酸

（三）氧化供能

α-酮酸在体内可以通过三羧酸循环及生物氧化作用彻底氧化成CO_2及H_2O，同时释放能量。正常情况下，蛋白质供能仅占食物总热量的10%～15%，只有在长期饥饿等特殊情况下，蛋白质分解供能才可能增加。

第3节　氨的代谢

体内物质代谢过程中产生的氨及肠道吸收的氨入血形成血氨。正常人血浆中氨的浓度低于0.06mmol/L。脑组织对氨尤为敏感，当血氨浓度升高，引起脑功能紊乱，称为氨中毒。机体通过一系列调节机制，维持血氨浓度在正常水平。

一、体内氨的来源

体内氨的来源可分为内源性和外源性两大类。

（一）内源性氨

各种含氮化合物（氨基酸、胺类、碱基等）在体内分解代谢产生的氨称为内源性氨。其中以氨基酸脱氨基作用产生的氨为主要来源。肾远曲小管上皮细胞产生的氨在某种条件下也可进入血液，成为血氨的一种来源。当尿液pH升高时，氨的吸收增多，引起血氨升高，因此，临床上对肝硬化产生腹水的病人不宜使用碱性利尿药，以防止血氨升高。

（二）外源性氨

没有被消化的蛋白质和没有被吸收的氨基酸在肠道细菌作用下分解释放的氨、肠道尿素经过细菌脲酶水解产生的氨称为外源性氨。肠道中氨的吸收状况与肠道pH有关。当pH低时（酸性环境），NH_3与H^+结合生成NH_4^+，难于被吸收而随粪便排出体外；当pH高时（碱性环境），吸收增加。临床上对高血氨的病人可用弱酸性透析液（如稀醋酸液、稀释的乳酸液）作结肠透析，而禁止用碱性肥皂水灌肠。目的是加速氨的排泄，减少氨的吸收。

二、体内氨的去路

体内氨的去路有合成尿素、合成谷氨酰胺、合成非必需氨基酸及其他含氮化合物。

（一）合成尿素

体内氨最主要的去路是在肝脏中合成尿素。尿中以尿素氮的形式排出的氮量占机体氮排出总量的80%～90%。

尿素为中性、无毒、水溶性强的小分子物质，易于运输和从肾脏中排出。肝脏合成尿素的途径是鸟氨酸循环。其代谢过程简述如下：

1. 氨基甲酰磷酸的合成　在Mg^{2+}、ATP及*N*-乙酰谷氨酸存在的条件下，肝细胞线粒体内的氨基甲酰磷酸合成酶Ⅰ利用NH_3、CO_2，结合一分子水，合成含高能磷酸键的活泼的氨基甲酰磷酸。

$$CO_2+HN_3+H_2O+2ATP \xrightarrow[\text{AGA}, Mg^{2+}]{\text{氨基甲酰磷酸合成酶Ⅰ}} \text{氨基甲酰磷酸}$$

氨基甲酰磷酸合成酶Ⅰ是一种变构酶，反应为不可逆过程。

2. 瓜氨基酸的合成　氨基甲酰磷酸与鸟氨酸在鸟氨酸氨基甲酰转移酶催化下生成瓜氨酸。

$$\text{鸟氨酸}+\text{氨基甲酰磷酸} \xrightarrow{\text{鸟氨酸氨基甲酰转移酶}} \text{瓜氨酸}+Pi$$

此反应仍在线粒体中进行，为不可逆反应。

3. 精氨酸的合成　在线粒体中生成的瓜氨酸穿过线粒体膜进入胞液，在精氨酸代琥珀酸合成酶的催化下，与天冬氨酸反应生成精氨酸代琥珀酸。反应由ATP供能。后者经精氨酸代琥珀酸裂解酶催化，裂解成精氨酸及延胡索酸。

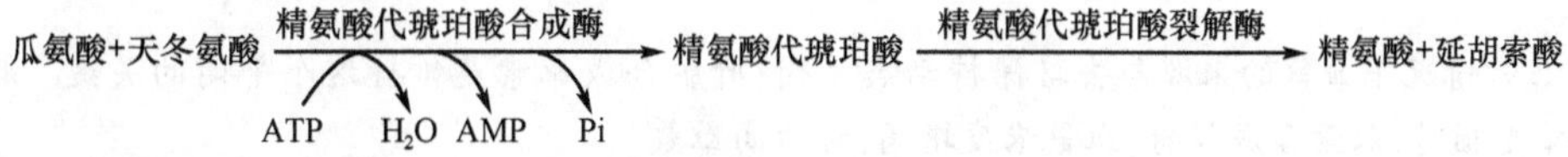

延胡索酸经加水、脱氢反应步骤，转变成草酰乙酸。后者在AST催化下接受谷氨酸分子上的氨基重新生成天冬氨酸，参与下一次循环。由此可知，多种氨基酸的氨基通过转氨基作用，均可以天冬氨酸的形式参与尿素的合成。

4. 尿素的生成　胞液中的精氨酸酶可催化精氨酸生成尿素和鸟氨酸，后者通过线粒体内膜上的载体转运再次进入线粒体，进入下一次循环。尿素作为代谢终产物被排出体外（图9-4）。

$$\text{精氨酸}+H_2O \xrightarrow{\text{精氨酸酶}} \text{鸟氨酸}+\text{尿素}$$

尿素合成的总反应归结为：

$$2NH_3+CO_2+3ATP+3H_2O \longrightarrow \begin{array}{c} NH_2 \\ | \\ C{=}O \\ | \\ NH_2 \end{array} +2ADP+AMP+4Pi$$

（二）合成谷氨酰胺

脑、肌肉中产生的NH_3，在谷氨酰胺合成酶催化下结合到谷氨酸分子上，生成谷氨酰胺而进

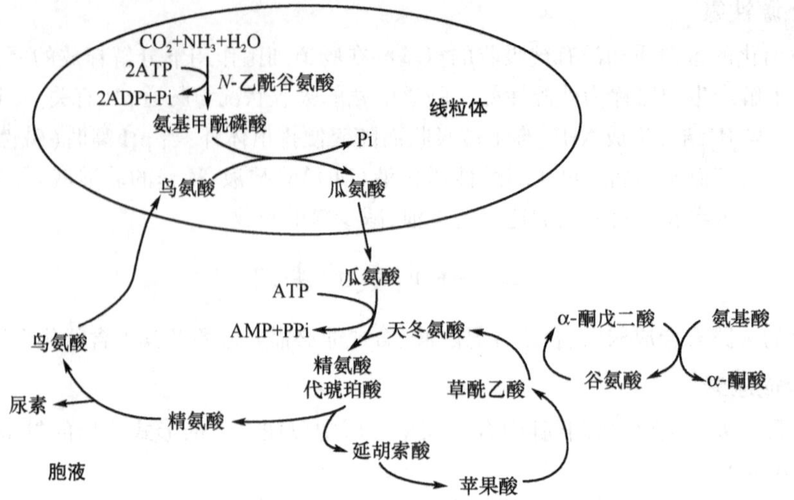

图 9-4 鸟氨酸循环

入血液转运。到达肾后以 NH_4^+ 的形式从尿中排出。

$$\text{谷氨酸}+NH_3+ATP \xrightarrow[Mg^{2+}]{\text{谷氨酰胺合成酶}} \text{谷胺酰胺}+ADP+Pi$$

合成谷氨酰胺是耗能的可逆过程。在脑组织细胞中，NH_3 也可与 α-酮戊二酸结合形成谷氨酸，后者参与谷氨酰胺的合成，成为脑组织解氨毒的重要方式。谷氨酰胺还为体内合成其他含氮化合物提供氮源，故谷氨酰胺不仅是 NH_3 的运输形式，还是体内 NH_3 的储存和解毒方式。临床上对氨中毒的病人可口服或输入谷氨酸盐，以降低氨的浓度。

（三）合成非必需氨基酸及其他含氮化合物

氨可与 α-酮戊二酸结合生成谷氨酸，谷氨酸与其他 α-酮酸进行转氨基作用生成非必需氨基酸。氨还可以参与嘌呤及嘧啶等化合物的合成。

高血氨与肝昏迷

正常情况下血氨的来源与去路保持动态平衡，肝脏合成尿素是维持这个平衡的关键。肝功能严重受损时，尿素合成障碍，血氨浓度增高，称为高血氨。

正常时，氨进入脑组织与 α-酮戊二酸结合生成谷氨酸，氨可进一步与谷氨酸结合生成谷氨酰胺。高血氨时，脑中氨增高，脑中 α-酮戊二酸消耗过多，导致三羧酸循环减弱，脑组织 ATP 生成减少，出现功能障碍导致肝昏迷。上述为肝昏迷的"氨中毒学说"。

严重肝病患者控制食物蛋白质的摄入，是防治肝昏迷的重要措施之一。

链接

第 4 节 个别氨基酸的代谢

一、一碳单位的代谢

（一）一碳单位的概念

一碳单位指某些氨基酸分解代谢过程中产生的只含有一个碳原子的基团，也称为一碳基团。例如：甲基（$-CH_3$）、甲烯基（$-CH_2-$，亚甲基）、甲炔基（$=CH-$，次甲基）、甲酰基

(—CHO)及亚氨甲基(—CH ═NH)等。一碳单位主要来源于甘氨酸、丝氨酸、组氨酸及色氨酸代谢。一碳单位不能独立存在,必须由载体携带、转运才能参与代谢。

(二) 一碳单位的载体

一碳单位的载体为四氢叶酸(FH_4)。FH_4由叶酸加氢还原而成。

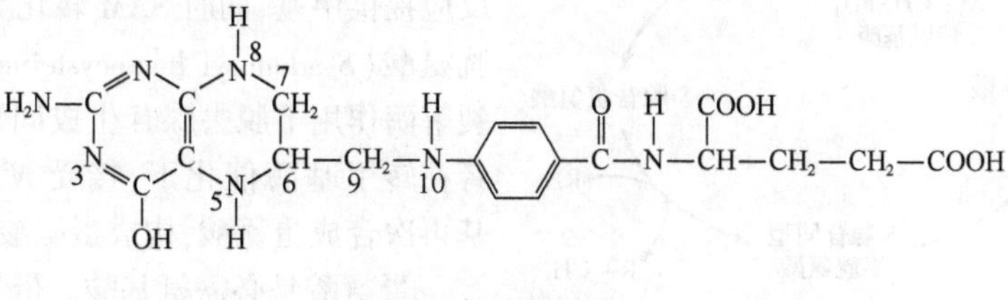

5,6,7,8-四氢叶酸(FH_4)

FH_4分子上第5和10位氮(N^5、N^{10})是携带一碳单位的部位。常见的有N^5-甲基四氢叶酸(N^5—CH_3-FH_4);N^5,N^{10}-甲烯四氢叶酸(N^5,N^{10}—CH_2—FH_4);N^{10}-甲酰四氢叶酸(N^{10}—CHO-FH_4)等。

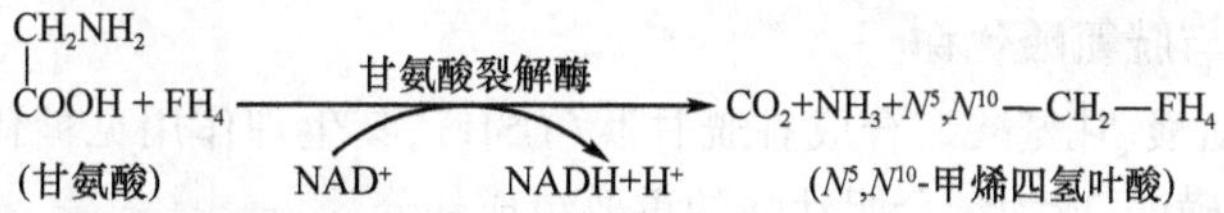

(三) 一碳单位的生成及相互转变

FH_4分子上不同形式的一碳单位中,除N^5-甲基四氢叶酸外,其余均可在适当条件通过氧化还原反应相互转化(图9-5)。

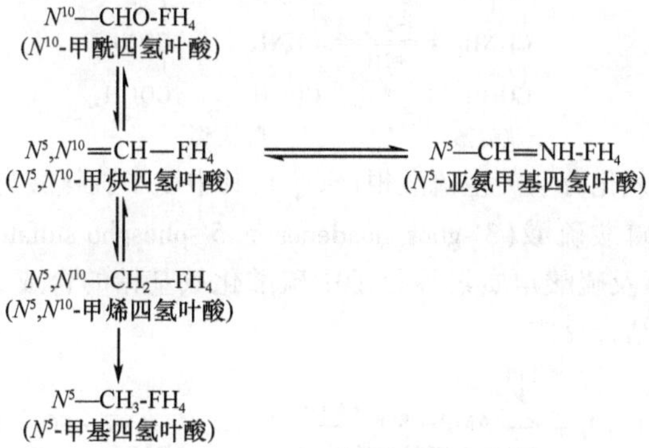

图9-5 一碳单位的相互转变

(四) 一碳单位代谢的生理意义

一碳单位是机体细胞合成嘌呤及嘧啶的原料之一,在核酸生物合成中具有重要意义。例如,N^{10}—CHO-FH_4、N^5,N^{10}═CH—FH_4分别提供嘌呤核苷酸的C_2、C_8;N^5,N^{10}—CH—FH_4提供脱氧胸苷酸的甲基等。FH_4缺乏时,一碳单位代谢障碍,嘌呤核苷酸和嘧啶核苷酸合成障碍,DNA和RNA生物合成受到影响,导致细胞增殖、分化、成熟受阻,临床典型病例是巨幼红细胞性贫血。

一碳单位代谢联系了氨基酸代谢与核酸代谢。N^5—CH_3-FH_4把—CH_3传递给同型半胱氨酸生成蛋氨酸,后者转化为活性*S*-腺苷蛋氨酸,参与体内的多种甲基化反应。

二、含硫氨基酸的代谢

体内含硫氨基酸主要有蛋氨酸(甲硫氨酸)、半胱氨酸和胱氨酸三种。其中蛋氨酸为必需氨基酸,半胱氨酸可由蛋氨酸转化生成,胱氨酸由两个半胱氨酸缩合而成。

(一)蛋氨酸代谢

蛋氨酸在蛋氨酸腺苷转移酶催化下,接受 ATP 提供的腺苷生成 S-腺苷蛋氨酸(S-adenosyl methionine,SAM)。SAM 为活性蛋氨酸,是体内甲基供体。转甲基酶催化 SAM 为体内甲基化反应提供甲基,同时 SAM 转化为 S-腺苷同型半胱氨酸(S-adenosyl homocysteine,SAH),SAH 在裂解酶作用下脱去腺苷生成同型半胱氨酸。后者在转甲基酶催化下,接受 N^5—CH_3-FH_4 的甲基再次合成蛋氨酸,构成蛋氨酸循环(图 9-6)。

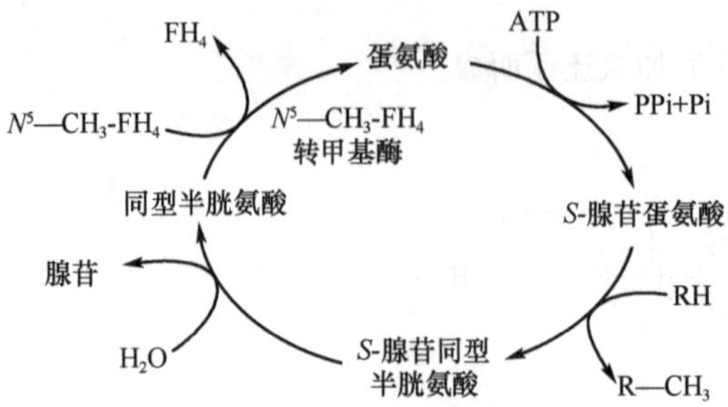

图 9-6 蛋氨酸循环

蛋氨酸是必需氨基酸。蛋氨酸循环的意义就在于其他氨基酸参与一碳单位代谢,通过 N^5—CH_3-FH_4 供给甲基合成蛋氨酸,再由 SAM 提供甲基生成重要的生物活性物质,如肾上腺素、肉毒碱、肌酸、胆碱等,在保障甲基化反应不断进行的同时,不减少蛋氨酸的量。

(二)半胱氨酸与胱氨酸代谢

半胱氨酸与谷氨酸、甘氨酸缩合成谷胱甘肽(GSH),其生理作用见糖代谢章节。半胱氨酸经氧化、脱羧生成牛磺酸,成为结合胆汁酸的重要组成部分。

半胱氨酸含有巯基(—SH),是某些酶的必需基团,对维持酶活性具有重要意义。两分子半胱氨酸缩合形成胱氨酸。胱氨酸含二硫键(—S—S—),对维持蛋白质分子的空间构象具有十分重要的作用。

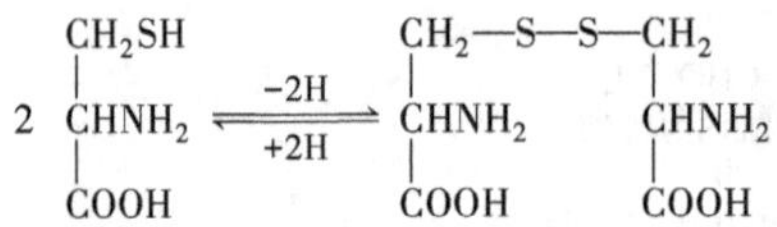

半胱氨酸 胱氨酸

含硫氨基酸在体内氧化分解产生硫酸根(SO_4^{2-}),其中以半胱氨酸为主。硫酸根经过 ATP 活化生成 3′-磷酸腺苷-5′-磷酸硫酸(3′-ghosphoadenosine-5′-phospho-sulfate,PAPS)。PAPS 化学性质活泼,参与硫酸软骨素及硫酸角质素等分子中硫酸化氨基糖的合成,以及在肝脏生物转化作用中作为硫酸供体参与结合反应。

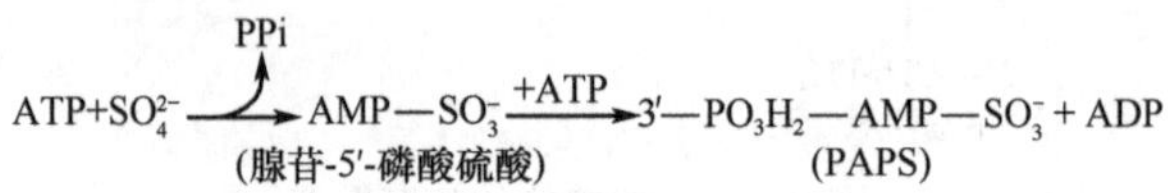

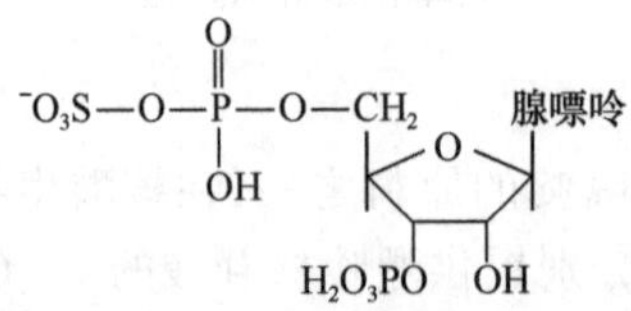

(PAPS 结构)

案例 9-1

某患者,男 10 岁,皮肤乳白色,毛发淡黄。瞳孔淡红,虹膜淡红或浅灰,视网膜无色素,伴有眼球震颤、畏光、视力下降。

问题:

1. 初步诊断为什么病?
2. 阐述其发病机制。

三、芳香族氨基酸的代谢

芳香族氨基酸包括苯丙氨酸、酪氨酸和色氨酸。

（一）苯丙氨酸代谢

苯丙氨酸是必需氨基酸。正常情况下，苯丙氨酸羟化酶催化大部分苯丙氨酸生成酪氨酸。

极少数苯丙氨酸脱氨生成苯丙酮酸。先天性缺乏苯丙氨酸羟化酶的患者，体内苯丙氨酸的脱氨基作用增强，生成大量的苯丙酮酸，引起苯丙酮酸尿症。苯丙酮酸对神经系统有毒性，致儿童神经系统发育障碍。

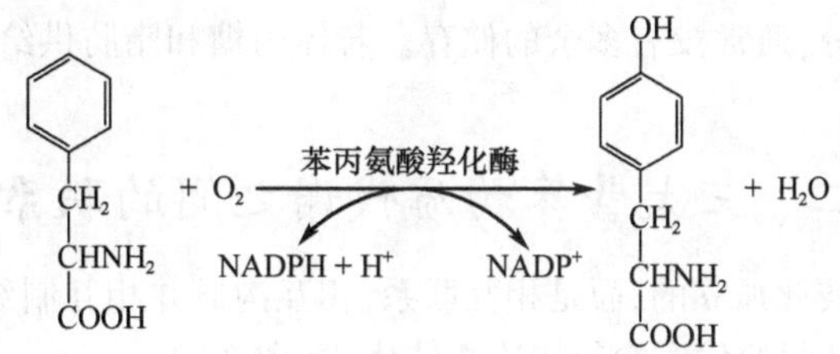

（二）酪氨酸代谢

酪氨酸在体内可转化为多种物质（图9-7）。

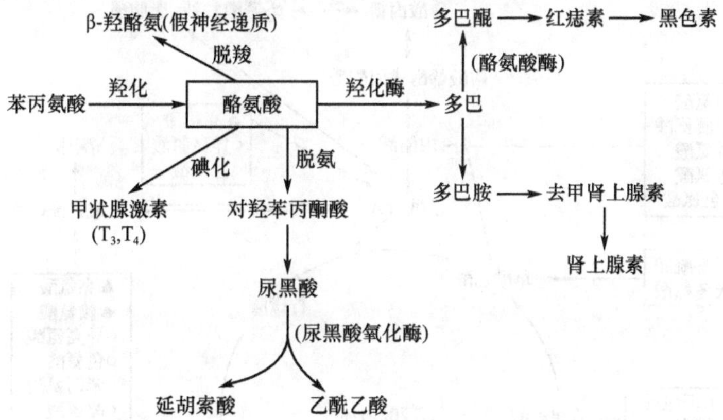

图9-7　酪氨酸代谢

甲状腺素是酪氨酸的碘化衍生物。由甲状球蛋白分子中的酪氨酸残基碘化生成。

酪氨酸酶催化多巴脱氢生成多巴醌，最终转化为黑色素，成为毛发、皮肤及眼球的色素。先天性缺乏酪氨酸酶，导致白化病。

多巴胺、去甲肾上腺素和肾上腺素三者合称为儿茶酚胺，均为神经递质。酪氨酸羟化酶是儿茶酚胺合成的限速酶。

（三）色氨酸的代谢

色氨酸是人体必需氨基酸。大多数食物蛋白中其含量都很少，机体对其摄取少，分解也少，除参加蛋白质合成外，可进行脱羧生成5-羟色胺，可分解生成丙酮酸和乙酰辅酶A（属于生糖兼生酮氨基酸）。色氨酸还可转变成维生素PP，但合成量很少，不足以满足机体需要。

第5节 氨基酸、糖和脂肪在代谢上的联系

一、三大营养物质在能量代谢上的联系

糖、脂肪和蛋白质在体内都能氧化分解供给能量，其供能作用可以互相替代，并相互制约。

乙酰辅酶A是糖、脂肪和蛋白质分解代谢的共同中间产物，三羧酸循环是糖、脂肪和蛋白质彻底氧化的共同途径，释放的能量均以ATP的形式供生命活动应用。由于糖、脂肪和蛋白质分解代谢有共同的通路，所以其中某一供能物质的分解代谢占优势，常能抑制其他供能物质降解，以节约能源物质。一般生理状况下，人体以糖和脂肪供能为主，并尽量节约蛋白质，因为蛋白质是组成细胞的最重要成分，通常没有多余的储存。若体内糖和脂肪供给不足，体内能量匮乏，蛋白质分解代谢才增强。

二、三大营养物质代谢之间的联系

体内物质代谢不是彼此孤立的，而是相互联系、相互沟通并相互制约的。糖、脂肪和蛋白质通过共同的中间产物和共同的代谢途径构成整体代谢(图9-8)。

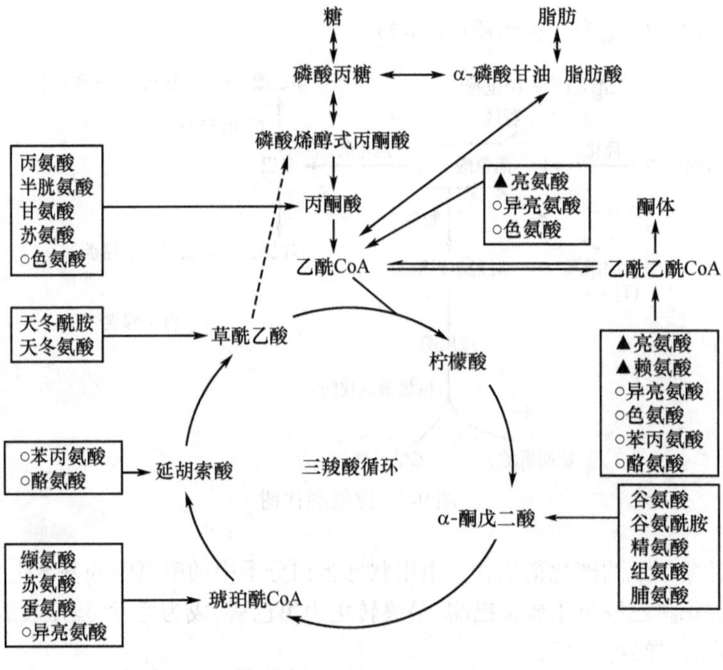

图9-8 氨基酸、糖和脂肪在代谢上的联系

○表示生酮兼生糖氨基酸；▲表示生酮氨基酸

(一) 糖和脂肪在代谢上的联系

糖可以转变成脂肪。当摄入的糖量超过体内能量消耗时，糖代谢生成的乙酰辅酶A、NADPH与α-磷酸甘油等合成脂肪，并储存于脂肪组织。这就是摄取不含脂肪的高糖膳食能引起肥胖及血甘油三酯升高的原因。然而，脂肪只有甘油部分可以转变为糖，其余大部分不能在体内转变为糖。

（二）糖与氨基酸在代谢上的联系

糖代谢的一些中间产物，如丙酮酸、α-酮戊二酸、草酰乙酸等可经氨基化转变为非必需氨基酸。应该指出，糖转变为氨基酸只能提供α-酮酸，氨基则只能由氨基酸通过氨基移换作用提供，所以糖转变为氨基酸并不能增加体内氨基酸的数量，只能协调某些氨基酸之间的比例。

大多数氨基酸经脱氨基作用能生成相应的α-酮酸，这些中间代谢物可异生为糖。如丙酮酸、草酰乙酸和α-酮戊二酸等转变为糖（图9-8）。

（三）脂类与氨基酸在代谢上的联系

脂类不能转变为氨基酸，仅甘油部分通过生成磷酸甘油醛可转变为糖代谢的中间产物，转变为某些非必需氨基酸。而氨基酸无论是生糖、生酮（亮、赖）或生糖兼生酮氨基酸（异亮、苯丙、色、苏、酪），分解后均生成乙酰辅酶A，再经还原缩合反应合成脂肪酸，进而合成脂肪，即蛋白质可转变为脂肪。乙酰辅酶A也可合成胆固醇以满足机体需要。此外，丝氨酸、甲硫氨酸也可作为合成磷脂的原料。

小结

蛋白质是人体重要的营养素，具有维持组织细胞生长、更新、修复，合成重要的活性物质，提供能量等功能。氨基酸是蛋白质的基本组成单位。有8种氨基酸人体不能合成，必须由食物提供，称为必需氨基酸。食物蛋白质的营养价值高低取决于其所含有必需氨基酸的种类、数量和比例。将营养价值较低的蛋白质混合食用，可以相互补充必需氨基酸，从而提高营养价值的作用，称为蛋白质互补作用。

蛋白质食物经过消化吸收的氨基酸是体内氨基酸的根本来源，主要去路是合成组织蛋白质。氨基酸的主要分解代谢是脱氨基和脱羧基作用，脱氨基的方式有转氨基作用、氧化脱氨基作用、联合脱氨基作用和嘌呤核苷酸循环。催化氨基转移的酶称转氨酶，具有临床意义的是ALT和AST。体内氨主要来自氨基酸的脱氨基作用及肠道食物蛋白质的腐败产生的氨。体内氨的主要去路是在肝脏合成尿素。氨基酸脱羧基所产生的胺类物质具有重要的生理作用。一碳单位是某些氨基酸（如甘氨酸、丝氨酸等）在体内分解代谢过程中产生的只含一个碳原子的活性有机基团，功能是参与核酸和蛋白质的生物合成。体内苯丙氨酸经羟化生成酪氨酸。酪氨酸可转化甲状腺素、儿茶酚胺、黑色素等。

糖、脂肪、蛋白质在代谢上密切相关，在供应能量上可互相代替、互相制约，但不能完全相互转变。各代谢途径可通过共同中间产物互相联系和转化。

目标检测

一、名词解释

1. 必需氨基酸　2. 氮平衡　3. 蛋白质的互补作用
4. 转氨基作用　5. 一碳单位

二、填空题

1. 食物蛋白质的营养价值的高低取决于其所含有必需氨基酸的________、________、________。
2. 体内的四种氨基酸脱氨基作用为________、________、________、________和________。
3. 体内氨的来源主要是________、________和肾脏生成的氨。氨的主要去路是________、________、________。
4. 一碳单位的载体为________。

三、选择题

A 型题

1. 下列哪组氨基酸均是人类的必需氨基酸？(　　)
   A. 赖氨酸、苯丙氨酸、色氨酸、酪氨酸
   B. 蛋氨酸、苯丙氨酸、缬氨酸、酪氨酸
   C. 缬氨酸、赖氨酸、组氨酸、色氨酸
   D. 亮氨酸、异亮氨酸、苏氨酸、赖氨酸
2. 肌肉中氨基酸脱氨基的主要方式是(　　)

A. 转氨基作用 B. 氧化脱氨基作用
C. 联合脱氨基作用 D. 嘌呤核苷酸循环

3. 体内氨的主要来源是( )
A. 肾脏的谷氨酰胺脱氨作用
B. 氨基酸脱氨基作用
C. 尿素的肠肝循环
D. 肠道细菌腐败作用所产生的氨被吸收

4. 下列哪项是氨的主要去路( )
A. 合成尿素
B. 生成谷氨酰胺
C. 合成非必需氨基酸
D. 以游离形式直接由尿排出

5. 氨中毒的最主要原因是( )
A. 肠道氨吸收过多
B. 氨基酸分解增强
C. 肾功能衰竭,排出障碍
D. 肝功能损伤,影响尿素合成

6. 白化病是由于先天缺乏( )
A. 色氨酸羟化酶 B. 酪氨酸酶
C. 苯丙氨酸羟化酶 D. 色氨酸羟化酶

X 型题

7. 下列哪些氨基酸是人体的必需氨基酸( )
A. 赖氨酸 B. 苏氨酸
C. 亮氨酸 D. 酪氨酸

8. 氨基酸代谢库中游离氨基酸的去路为( )
A. 合成组织蛋白
B. 脱氨基作用
C. 参与含氮物质的生成
D. 转化为糖、脂肪等物质

四、问答题

1. 简述蛋白质的生理功能。
2. 简述体内氨的来源和去路。
3. 体内氨基酸脱氨基有哪几种方式?

(秦丽华)

第10章 核酸代谢和蛋白质的生物合成

学习目标

1. 理解核苷酸的合成途径及其主要分解终产物
2. 掌握DNA复制的概念及特点
3. 理解反转录、转录
4. 理解翻译的概念及三种RNA在蛋白质生物合成中的作用
5. 了解蛋白质生物合成的过程以及抗生素对该过程的影响

核酸是生物遗传的物质基础,蛋白质是生命现象的体现者。通过核酸代谢与蛋白质的生物合成,实现了生物信息的传递与表达。

第1节 核酸的代谢

一、核苷酸代谢

核苷酸是核酸的基本组成单位,人体内的核苷酸主要由机体细胞自身合成,故不是营养必需物质。

案例10-1 **核苷酸代谢与疾病**

临床上常见患者出现足趾关节疼痛和尿路结石,实验室检查血尿酸浓度增高,进食肉类食物过多时病情加重,应用别嘌醇治疗可使症状缓解。

问题:

1. 此患者所患何病?
2. 发病机制是什么?
3. 别嘌呤醇的药用机制是什么?

(一)核苷酸的合成代谢

核苷酸的合成有两条途径:①利用磷酸核糖、氨基酸、一碳单位及CO_2等简单物质为原料,经过一系列酶促反应合成嘌呤或嘧啶核苷酸的过程,称为从头合成途径,是体内核苷酸的主要合成途径。②直接利用体内游离的碱基或其核苷为原料,经简单反应过程合成核苷酸的过程,称为补救合成途径。

1. 嘌呤核苷酸的合成代谢

(1)嘌呤核苷酸的从头合成:基本原料为5-磷酸核糖、甘氨酸、谷氨酰胺、天冬氨酸、一碳单位和CO_2(图10-1)。

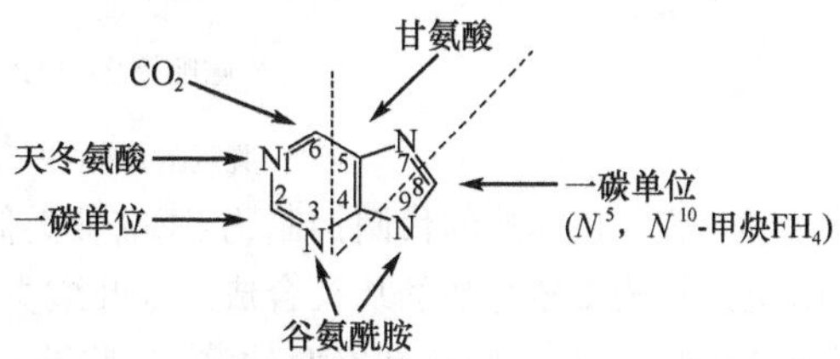

图10-1 嘌呤环从头合成的元素来源

嘌呤核苷酸的合成代谢主要在肝脏、小肠黏膜和胸腺的胞液中进行,过程较为复杂,合成特点是在5-磷酸核糖-1-焦磷酸(PRPP)的基础上逐步结合以上原料，合成次黄嘌呤核苷酸(IMP)，然后由IMP再分别转变为AMP和GMP。

(2) 嘌呤核苷酸的补救合成：此途径主要在脑、骨髓等缺乏从头合成酶系的组织器官中进行，故对于脑和骨髓等组织器官非常重要；合成过程较为简单，消耗能量少。参与嘌呤核苷酸补救合成的酶主要有腺嘌呤磷酸核糖转移酶(APRT)、次黄嘌呤-鸟嘌呤磷酸核糖转移酶(HGPRT)、腺苷激酶。主要的补救合成反应如下：

$$腺嘌呤+PRPP \xrightarrow{APRT} AMP+PPi$$

$$次黄嘌呤+PRPP \xrightarrow{HGPRT} IMP+PPi$$

$$鸟嘌呤+PRPP \xrightarrow{HGPRT} GMP+PPi$$

$$腺嘌呤核苷+ATP \xrightarrow{腺苷激酶} AMP+ADP$$

自毁容貌症（Lesch-Nyhan综合征）

此病是一种性连锁缺陷，见于男性。表现为尿酸增高及神经异常：智力低下、共济失调、具攻击性和敌对性，患者常有咬伤自己嘴唇、手指、足趾等行为，大多死于儿童时代。原因是HGPRT基因缺陷导致次黄嘌呤-鸟嘌呤磷酸核糖转移酶完全缺失，补救合成途径受阻（脑、骨髓本就缺乏从头合成酶系）所致。

链接

(3) 核苷一磷酸、核苷二磷酸和核苷三磷酸之间的相互转化：

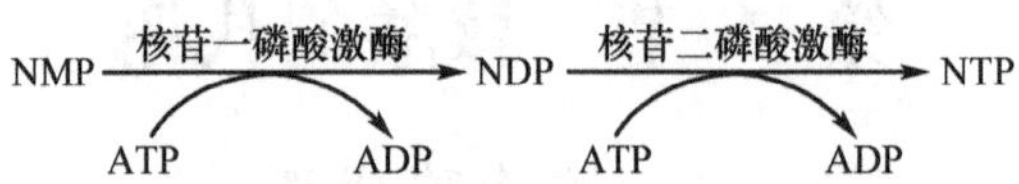

(N代表碱基)

(4) 嘌呤核苷酸的代谢抑制物：嘌呤核苷酸的代谢抑制物主要是嘌呤、氨基酸或叶酸等的类似物。它们主要以竞争性抑制方式干扰或阻断嘌呤核苷酸的合成，从而进一步阻止核酸及蛋白质的生物合成，临床上常用于抗肿瘤治疗。①嘌呤类似物主要有6-巯基嘌呤(6-MP)、6-巯鸟嘌呤、8-氮杂鸟嘌呤、2,6-二氨基嘌呤等。②氨基酸类似物氮杂丝氨酸与谷氨酰胺结构类似，可干扰嘌呤核苷酸的从头合成。③叶酸类似物有氨蝶呤、甲氨蝶呤等，能竞争性抑制二氢叶酸还原酶，阻断二氢叶酸及四氢叶酸的合成，影响一碳单位的代谢，抑制了嘌呤核苷酸的从头合成。

2. 嘧啶核苷酸的合成代谢

(1) 嘧啶核苷酸的从头合成：基本原料有谷氨酰胺、天冬氨酸、CO_2和5-磷酸核糖（图10-2）。合成途径在胞液中进行，反应特点与嘌呤核苷酸的从头合成途径不同，嘧啶核苷酸的合成是先合成嘧啶环，然后再与磷酸核糖相连而成。首先合成尿嘧啶核苷酸(UMP)，UMP再转化为UTP和CTP。

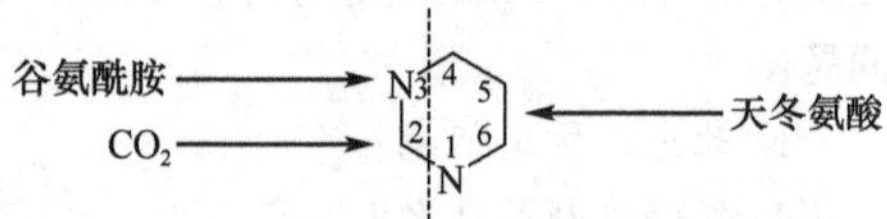

图10-2 嘧啶环从头合成的元素来源

(2) 嘧啶核苷酸的补救合成：嘧啶磷酸核糖转移酶是嘧啶核苷酸补救合成的主要酶，此酶能利用尿嘧啶(U)、胸腺嘧啶(T)和乳清酸作为底物，但对胞嘧啶(C)不起作用。尿苷激酶和胸苷激酶也是补救合成的酶。反应如下：

$$嘧啶+PRPP \xrightarrow{嘧啶磷酸核糖转移酶} 嘧啶核苷酸+PPi$$

$$尿嘧啶核苷+ATP \xrightarrow{尿苷激酶} UMP+ADP$$

$$脱氧胸苷+ATP \xrightarrow{胸苷激酶} dTMP+ADP$$

(3) 嘧啶核苷酸的代谢抑制物：①嘧啶类似物：氟尿嘧啶(5-Fu)。②氨基酸类似物：氮杂丝氨酸也抑制嘧啶核苷酸的从头合成。③叶酸类似物：氨蝶呤和甲氨蝶呤也可抑制dTMP的合成。④核苷类似物：阿糖胞苷和安西他滨（环胞苷）也是重要的抗癌药物。阿糖胞苷能抑制CDP还原成dCDP，影响DNA的合成。

3. 脱氧（核糖）核苷酸的生成　脱氧核糖核苷酸均是在核苷二磷酸(NDP)水平上还原生成，反应由核糖核苷酸还原酶催化。经过激酶的作用，dNDP 再生成三磷酸脱氧核苷。反应如下：

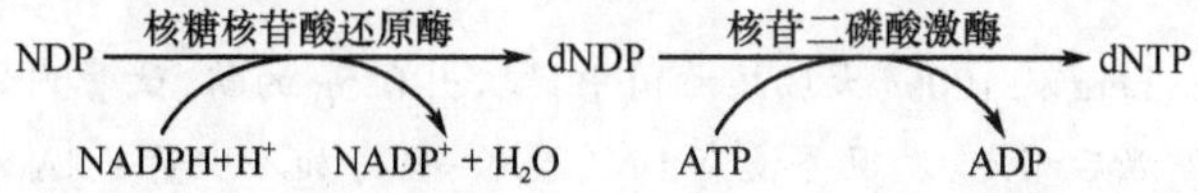

式中N代表A、G、C、U

（二）核苷酸的分解代谢

核苷酸由核苷酸水解酶水解掉磷酸生成核苷，核苷由核苷磷酸化酶催化生成自由碱基和 1-磷酸核糖，1-磷酸核糖转变为 5-磷酸核糖被再利用，碱基可用于补救合成，也可进一步分解。

1. 嘌呤核苷酸的分解代谢　主要在肝脏、小肠及肾脏中进行。嘌呤碱分解代谢的终产物是尿酸，经过肾随尿排出。

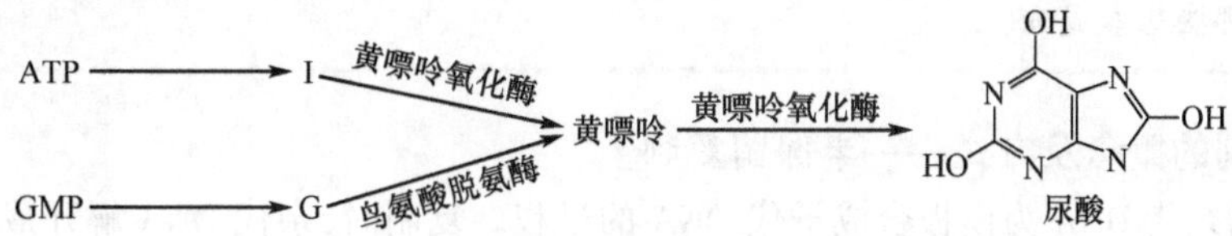

正常人血浆中尿酸含量男性 149～416μmol/L，女性 89～357μmol/L。某些原因可引起嘌呤核苷酸分解增强，导致血浆尿酸含量增高，尿酸的水溶性较差，尿酸盐晶体可沉积于关节、软组织及肾等处，导致关节炎、尿路结石及肾疾病，即痛风症。临床上常用别嘌醇治疗痛风症。别嘌醇与次黄嘌呤结构类似，可竞争性抑制黄嘌呤氧化酶，抑制尿酸的生成。

2. 嘧啶核苷酸的分解代谢　嘧啶碱的降解代谢主要在肝进行，降解代谢的产物均溶于水。体内胞嘧啶和尿嘧啶分解代谢的终产物是 NH_3、CO_2 和 β-丙氨酸，胸腺嘧啶分解代谢的终产物是 NH_3、CO_2 和 β-氨基异丁酸。β-丙氨酸和 β-氨基异丁酸可继续分解代谢，β-氨基异丁酸亦可随尿排出体外。

案例 10-1 分析：

①痛风症。②发病机制是由于嘌呤核苷酸分解增强，血浆尿酸含量增高，因尿酸水溶性较小，很容易析出结晶或形成结石，沉积于关节、软骨、软组织及肾等处，表现为关节炎症状或泌尿系统结石。肉类食物含核酸丰富，分解产生尿酸过多，故病情加重。③别嘌醇治疗机制是竞争性抑制作用。

二、DNA 的复制

遗传是生命的重要特征之一。在细胞水平，遗传的物质基础是染色质(体)，在分子水平，遗传信息的携带者是 DNA。基因是 DNA 分子中编码蛋白质或各种 RNA 的功能片段。少数 RNA 病毒不含 DNA，则其 RNA 是遗传信息的携带者。基因组是一个细胞或病毒颗粒所含全部遗传信息的总和。

中心法则：遗传信息的传递包括两个方面，一是基因的遗传，亲代通过 DNA 的复制将遗传信息传递给子代；二是基因的表达，就是基因转录及翻译的过程，即 DNA 通过转录将遗传信息传递给mRNA，mRNA 再通过翻译将遗传信息传递给蛋白质并由蛋白质表现各种遗传性状。1958 年，Crick 将上述遗传信息的传递方式，归纳为中心法则。1970 年，Temin 阐明了反转录机制，即以 RNA 为模板合成 DNA，称之为反转录或逆转录。这样，传统的中心法则得到了扩充(图 10-3)。

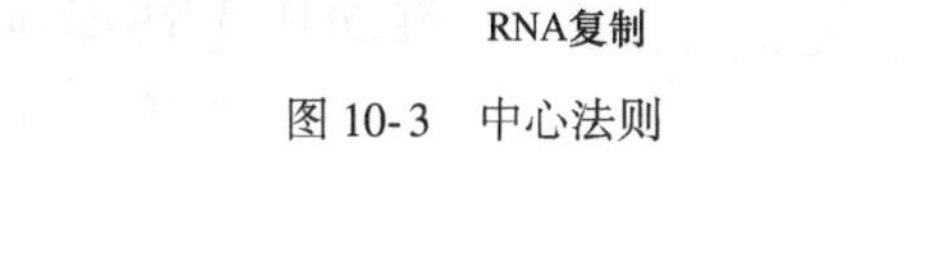

图 10-3　中心法则

案例 10-2

1. 1958 年,A. Kornberg 从 100kg 大肠埃希菌中提取出 0.5g 的酶,试管内实验证实:加有四种 dNTP、适量 Mg^{2+},经保温后测定,发现并没有 DNA 生长;当另加入少量 DNA 和引物并加入 ATP,再保温孵育,发现 DNA 含量增加了。且发现这些 DNA 的(A+T):(C+G)比值不是随意的,而是与加入的 DNA 相同。后将此酶命名为 DNA 聚合酶 Ⅰ。请思考:①事先放入四种 dNTP 起何作用?②为什么要加入少量 DNA?③加入 ATP 的作用是什么?并进一步思考:生物体内的 DNA 复制需要哪些物质?

2. 理论上讲,只要存在一分子的 DNA,就可最终进行基因检测。在法医学鉴定等实际工作中,一滴血、一根毛发或一个细胞已足以满足检测需要,但首先需进行 DNA 扩增即聚合酶链式反应(PCR),再进行分析如亲子鉴定等。根据 DNA 变性与复性及半保留复制的知识,思考 PCR 反应体系应有哪些基本成分?

(一) 复制的概念及方式——半保留复制

复制指以亲代 DNA 为模板合成子代 DNA 的过程。复制时,亲代 DNA 解开成两条单链,各自作为模板指导合成新的互补链。新合成的子代 DNA 与亲代 DNA 的碱基序列完全相同,其分子中一条链来自亲代,另一条链是新合成的,这种复制方式称为半保留复制。

(二) 参与复制的物质及作用

1. 模板　亲代 DNA 解链在局部形成两条单链作为模板。
2. 原料　又称底物,四种脱氧核苷三磷酸(dNTP),即 dATP、dGTP、dCTP、dTTP。
3. 引物　复制需要一小段 RNA 作引物,提供其 3′-OH 末端使 dNTP 依次聚合。
4. 能源　除原料本身是高能化合物外,复制还需 ATP 供能。
5. 酶类和蛋白因子　复制是在一系列酶和蛋白因子参与下的脱氧核苷酸聚合过程,主要包括解螺旋酶、拓扑异构酶、单链结合蛋白、引物酶、DNA 聚合酶和连接酶等。

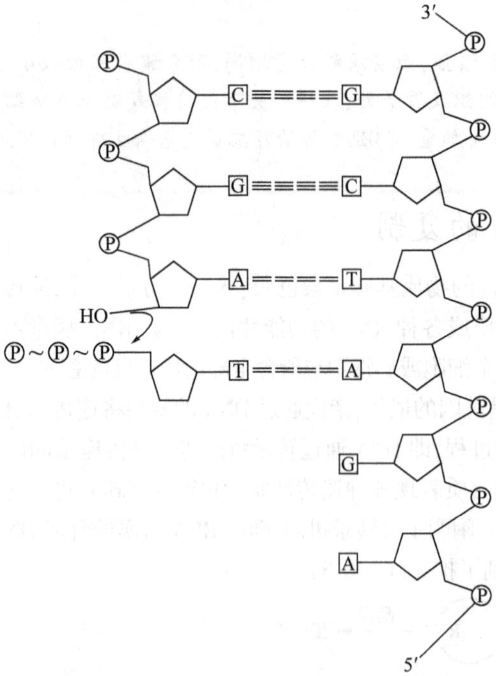

图 10-4　DNA 聚合酶的催化作用

(1) DNA 聚合酶:全称为依赖 DNA 的 DNA 聚合酶(DDDP)。现在已知的原核生物 DNA 聚合酶有三种,DNA 聚合酶 Ⅰ(简称 DNA-pol Ⅰ),DNA-pol Ⅱ,DNA-pol Ⅲ。DNA 聚合酶的主要作用是:① 5′→3′聚合作用:以 DNA 单链为模板,以小片段 RNA 为引物,以 dNTP 为底物,按碱基配对原则,从 5′→3′方向,在 RNA 引物的 3′-OH 末端上,逐个添加上 dNTP,使新链不断延长(图 10-4)。② 3′→5′外切酶活性:即从核酸链的 3′端把核苷酸水解下来。当 3′末端出现错配碱基时,识别和切除错配的碱基,并纠正错误,从而保证复制的忠实性。③ 5′→3′外切酶活性:即从核酸链的 5′端把核苷酸水解下来。

(2) 解螺旋酶也称解链酶:作用是利用 ATP 提供的能量使 DNA 双螺旋局部解开成单链,并能沿着模板随复制叉的伸展向前移动。

(3) 拓扑异构酶:复制时 DNA 局部解链造

成相邻部位过度拧紧变为正超螺旋，缠绕、打结（图10-5）。该酶对DNA分子的作用是既能水解又能连接磷酸二酯键，从而使DNA超螺旋松弛，克服扭结现象。

（4）单链结合蛋白（SSB）：又称DNA结合蛋白（DBP），可与解开的DNA单链进行可逆的结合，其作用有二：①防止DNA复性。②避免DNA单链模板被核酸酶水解。在复制中维持膜板处于单链状态并保护这种单链的完整。

（5）引物酶：本质是一种RNA聚合酶，它能在复制的起始位点，以NTP为原料，按照碱基互补原则（A-U，T-A，G-C），合成短片段RNA作引物。

（6）DNA连接酶：其功能是催化同一模板DNA链的两个DNA片段之间形成磷酸二酯键，从而连成完整的链。需要消耗ATP。实验证明，连接酶可连接碱基互补双链中的单链缺口，但不能连接独立的DNA单链或RNA单链的缺口（图10-6）。

DNA连接酶不仅在复制中起最后连接缺口的作用，而且在DNA损伤的修复、DNA重组及剪接中也起连接缺口的作用，是基因工程的重要工具酶之一。

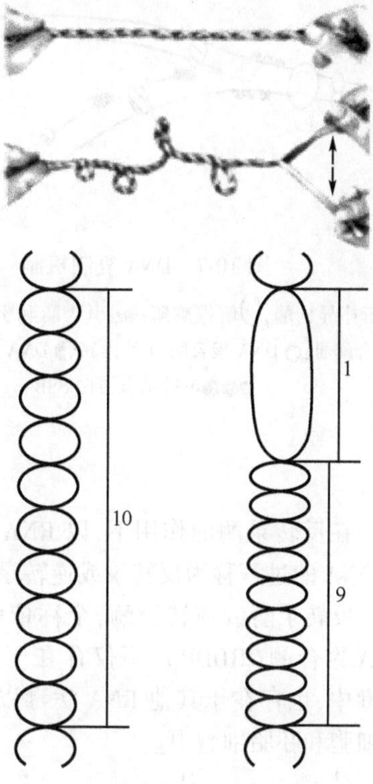

图10-5　复制过程正超螺旋的形成

超螺旋局部解开后，其下方9个螺旋被压缩

（三）复制的过程

以原核生物为例，DNA复制可分为起始、延长、终止三个阶段：

1. 起始　解螺旋酶和拓扑异构酶与DNA的复制起始部位结合，使双链解开；单链结合蛋白与该处解开的两条模板链结合，起到稳定和保护单链的作用。每个复制点的结构有如叉形，故称为复制叉。引物酶在起始点以单链为模板合成RNA引物（10~100个核苷酸）。

2. 延长　从RNA引物的3′末端开始，以两条模板链为指导，DNA-pol Ⅲ催化新的DNA不断合成，复制叉也不停地向前移行。其中，合成方向与复制叉解链方向相同并可连续合成的子链称为领头链或前导链；合成方向与复制叉解链方向相反并且是不连续合成的子链称为随从链或随后链。随从链的复制必须等待模板链解开至一定长度，才能合成引物并延长子链，这种过程周而复始，形成长度为1~2kb核苷酸的、不连续的DNA片段。1968年，日本生物化学家冈崎观察到DNA复制中的半不连续复制现象，后人又证实不连续片段只存在于随从链上，故把在DNA复制过程中，随从链上先合成的不连续的DNA片段称为冈崎片段。如此随从链便形成了一条“RNA引物-冈崎片段”相间排列的序列，因此，DNA复制是半保留半不连续模式。

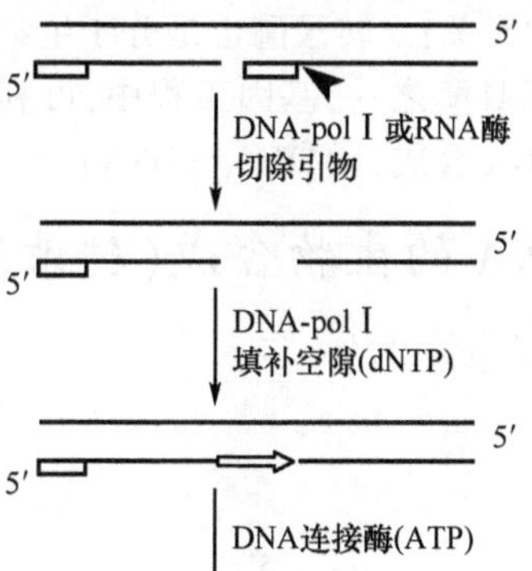

图10-6　DNA-pol Ⅰ和DNA连接酶的作用

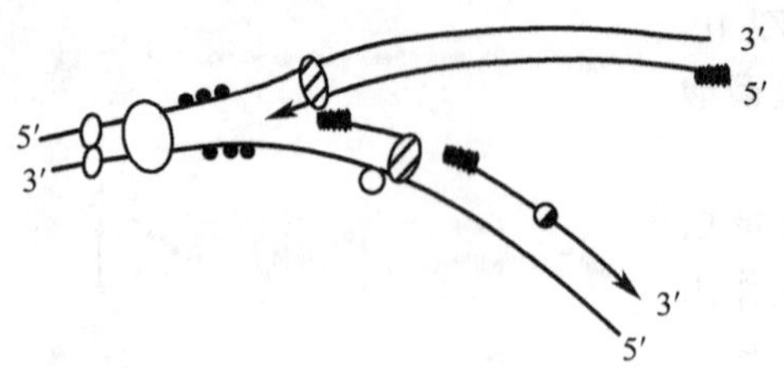

图 10-7 DNA 复制机制

拓扑异构酶；解螺旋酶；引物酶和引物；DNA 聚合酶Ⅲ；DNA 聚合酶Ⅰ(校读)；DNA 连接酶；单链结合蛋白 SSB

3. 终止 当冈崎片段延长至前一个 RNA 引物处时，由 DNA-pol Ⅰ（或 RNA 酶）切除 RNA 引物并延长 DNA 填补空隙，两个相邻的冈崎片段之间的缺口由连接酶连接，随从链被连接成为完整的长链。复制机制如图 10-7。

生物体内 DNA 复制的特点是：①半保留复制。②半不连续复制。按半保留复制的方式，亲代 DNA 中储存的遗传信息可准确无误地传递给子代，体现了遗传的忠实性和稳定性，是物种稳定的分子基础。

三、反 转 录

在反转录酶的作用下，以 RNA 为模板合成 DNA 的过程称为反转录或逆转录。

反转录酶或逆转录酶，全称依赖 RNA 的 DNA 聚合酶（RDDP），不仅存在于致癌 RNA 病毒中，也存在于其他 RNA 病毒以及人的正常细胞和胚胎细胞中。

> **案例 10-2 分析**：①原料。②模板。③供能。生物体内的 DNA 复制需要的物质（特别是各种酶类及蛋白因子）见正文。

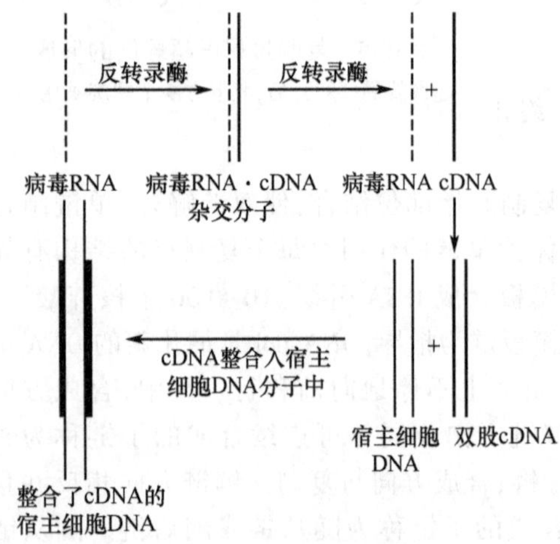

图 10-8 反转录作用示意图

反转录的过程是：以病毒 RNA 为模板，由反转录酶催化合成一条互补的 DNA 链称为互补 DNA（cDNA），形成 RNA-DNA 杂交分子；反转录酶继续催化杂交分子水解去掉 RNA，再以 cDNA 单链为模板，形成双链 cDNA；双链 cDNA 可以整合到宿主细胞 DNA 分子中，从而影响宿主细胞基因的表达（图 10-8）。

反转录酶存在于 RNA 病毒中，与细胞的恶性转化及进化有关；反转录酶也是分子生物学研究中常用的工具酶之一，基因工程中，可利用反转录酶经 mRNA 合成目的基因（cDNA）。

四、RNA 的生物合成（转录）

转录是 RNA 合成的主要方式，是基因表达的第一步，也是最关键的一步。

（一）转录的概念及方式

以 DNA 为模板合成 RNA 的过程称为转录。

DNA 链上并非全长都可以转录，而是 DNA 的某一基因区段可以转录；而在这一基因区段内只有一条链可以转录，DNA 双链中作为模板转录成 RNA 的链称为模板链，其互补链称为编码链。编码链的序列与转录出的 mRNA 序列基本相同，只是编码链上的 T 对应在 mRNA 上为 U，因为它们都与模板链互补，编码链由此得

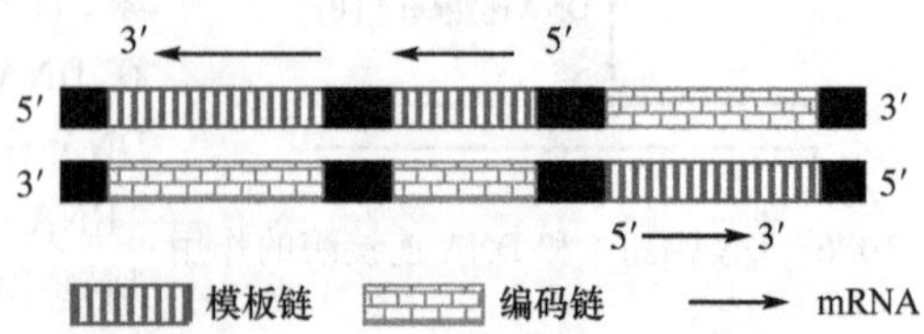

图 10-9 结构基因和不对称转录

名(图 10-9)。DNA 分子中包含许多基因,而各基因的模板链并非都在同一单链上,故称为不对称转录(图 10-10)。

编码链　5′ …ATG GCA CAT AGC GTC… 3′　(基因链)
模板链　3′ …TAC CGT GTA TCG CAG… 5′　DNA

↓转录

5′ …AUG GCA CAU AGC GUC… 3′　mRNA

↓翻译

N … 蛋-----丙-----组-----丝-----缬 … C　蛋白质

图 10-10　模板链、编码链、mRNA 与肽链的关系

转录与 DNA 复制有许多相似之处:都以 DNA 为模板;都由依赖于 DNA 的聚合酶催化核苷酸之间生成磷酸二酯键;方向都是 5′→3′;都遵循碱基配对规则;产物都是多聚核苷酸链,但又有以下区别(表 10-1)。

表 10-1　复制与转录的区别

项目	复制	转录
模板	DNA 中的两条链	DNA 中的模板链
原料	四种 dNTP	四种 NTP
聚合酶	DNA 聚合酶(DDDP)	RNA 聚合酶(DDRP)
引物	需要(RNA 引物)	不需要
产物	子代双链 DNA	mRNA,tRNA,rRNA
碱基配对	A-T,G-C	A-U,T-A,G-C
方式	半保留复制半不连续	不对称转录

(二) 参与转录的物质及作用

1. 模板　转录的模板是 DNA 双链中的模板链。

2. 原料　四种核苷三磷酸(NTP),即 ATP、GTP、CTP、UTP。

3. 转录酶　即 RNA 聚合酶(RNA-pol),全称依赖 DNA 的 RNA 聚合酶(DDRP)。该酶以 DNA 为模板,以 NTP 为底物,按碱基配对规则和 5′→3′方向,催化 RNA 的合成,并需 Mg^{2+}或 Mn^{2+}的参加,但不需要引物。原核生物的 RNA- pol 由四种亚基构成五聚体($\alpha_2\beta\beta'\sigma$)全酶,其中 σ-亚基能辨认起始位点,脱离了 σ-亚基后余下的部分($\alpha_2\beta\beta'$)称为核心酶,核心酶催化互补 RNA 链的延长。利福平可与核心酶结合而使其不能转变为全酶而失活,阻断转录,用于抗结核。

(三) 转录过程

转录的过程可分为三个阶段:起始、延长、终止。

1. 起始阶段　RNA-pol 靠 σ-亚基辨认起始位点(启动子)后,全酶与启动子结合,使 DNA 在此处打开双链约为 12 个碱基对,在模板指导下,RNA-pol 催化第一、二个 NTP 聚合成磷酸二酯键。可见,转录的起始就是生成起始复合物:由 RNA-pol 全酶、DNA 模板和刚生成的 RNA 二核苷酸组成。

$$转录起始复合物 = RNA\text{-}pol\ 全酶(\alpha_2\beta\beta'\sigma)\text{-}DNA\text{-}pppGpN\text{-}3'$$

2. 延长阶段　第一个磷酸二酯键生成后,σ-亚基脱落,核心酶结合在模板链上沿 3′→5′方向移动,进入延长阶段。σ-亚基则重新与核心酶结合,进行下一次转录。此时,核心酶、DNA 模

板和转录产物组成转录复合物，这一复合物被形象地称为转录泡。这一结构动态地在DNA模板上推进，前方的双链逐步解开，核心酶后方打开的双链重新缔合(图10-11)。

转录复合物=RNA-pol 核心酶($\alpha_2\beta\beta'$)-DNA-RNA

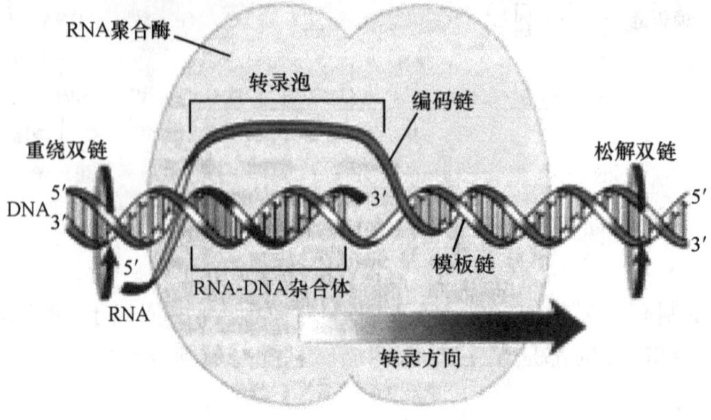

图10-11 转录的延长

(四) 终止阶段

当核心酶移行至DNA链的终止部位(终止子)时，ρ因子(终止因子)识别终止信号，转录便终止。RNA释出，核心酶也从DNA模板上脱落，与σ因子重新结合为全酶进行下一次转录。

(五) 转录后的修饰

转录生成的RNA称为初级转录产物，即RNA前体，需要经过一定程度的加工修饰才能成为具有生物活性的RNA分子。

复制是一种整体合成现象，即复制整个基因组；而信息传递从DNA到RNA则是零打碎敲：基因组内不同基因的转录各自独立，遗传信息从DNA的集中控制过渡到由小的RNA独立控制。

第2节 蛋白质的生物合成(翻译)

翻译指以mRNA为模板合成蛋白质的过程，是把mRNA中的碱基顺序破解为蛋白质中的氨基酸顺序，这是基因表达的第二步。参与蛋白质生物合成的物质除以20种氨基酸为原料外，还需要有各种RNA、酶类、蛋白质因子、无机离子、ATP、GTP等的参与。

一、RNA在蛋白质生物合成中的作用

(一) mRNA

mRNA是合成蛋白质的直接模板，其碱基顺序决定了蛋白质分子中的氨基酸排列顺序，将DNA的遗传信息传递给蛋白质，起着信使的作用。

4变成20——遗传密码的解读

遗传密码的破译是20世纪60年代分子生物学最辉煌的成就，经历了50年代的数学推理阶段和60年代的实验研究阶段。Nirenberg和Khorana因遗传密码的实验荣获1968年诺贝尔医学或生理学奖。

1953年提出DNA双螺旋结构模型，人们普遍接受了遗传语言是用4个字母(碱基或核苷酸)编写构成的概念。然而DNA中的核苷酸只有4种，而蛋白质中氨基酸却有20种，那么DNA是如何记载氨基酸排列的遗传信息呢？

Marshall W.Nirenberg
美国国立卫生研究院

Har Gobind Khorana
美国威斯康星大学

1954 年，理论物理学家 George Gamov 通过数学推理认为：每三个核苷酸为一个氨基酸编码，并有 64 种密码($4^3=64$)。

1961 年，Nirenberg 合成了 polyU(UUUUU…)作为模板，结果合成的肽链中氨基酸残基全部是"苯丙氨酸"。于是第一次确认了 UUU 是苯丙氨酸的密码子。随后，他们又分别确定了 AAA 是赖氨酸、CCC 是脯氨酸的密码子。

1964 年，Khorana 等应用有机化学和酶学技术，合成了已知核苷酸交替排列的 mRNA 序列，例如 CUCUCUCU…，从任一点开始合成的蛋白质是"亮-丝-亮-丝…"或是"丝-亮-丝-亮…"交替排列的多肽。如此至 1965 年破译了所有氨基酸的密码子。

链接

mRNA 分子中按 5′→3′的方向，每 3 个相邻的核苷酸组成一个三联体，决定一种氨基酸或其他信息，称为遗传密码。A、U、G、C 四种核苷酸共有 $4^3=64$ 个密码(表 10-2)。其中 61 个分别代表不同的氨基酸，AUG 不仅代表蛋氨酸，当位于 mRNA 的 5′端起始部位时，又可作为肽链合成的启动信号，故称起始密码；另有 3 个密码(UAA、UAG 和 UGA)不代表任何氨基酸，仅作为肽链合成的终止信号，称为终止密码，位于 mRNA 的 3′-端。

表 10-2 遗传密码表

第一碱基 (5′-端)	第二碱基 U	第二碱基 C	第二碱基 A	第二碱基 G	第三碱基 (3′-端)
U	UUU 苯丙	UCU 丝	UAU 酪	UGU 半	U
	UUC 苯丙	UCC 丝	UAC 酪	UGC 半	C
	UUA 亮	UCA 丝	UAA 终止	UGA 终止	A
	UUG 亮	UCG 丝	UAG 终止	UGG 色	G
C	CUU 亮	CCU 脯	CAU 组	CGU 精	U
	CUC 亮	CCC 脯	CAC 组	CGC 精	C
	CUA 亮	CCA 脯	CAA 谷胺	CGA 精	A
	CUG 亮	CCG 脯	CAG 谷胺	CGG 精	G
A	AUU 异亮	ACU 苏	AAU 天胺	AGU 丝	U
	AUC 异亮	ACC 苏	AAC 天胺	AGC 丝	C
	AUA 异亮	ACA 苏	AAA 赖	AGA 精	A
	*AUG 蛋	ACG 苏	AAG 赖	AGG 精	G
G	GUU 缬	GCU 丙	GAU 天	GGU 甘	U
	GUC 缬	ACC 丙	GAC 天	GGC 甘	C
	GUA 缬	GCA 丙	GAA 谷	GGA 甘	A
	GUG 缬	GCG 丙	GAG 谷	GGG 甘	G

* mRNA 起始部位的 AUG 为起始密码。

5′ … G C A C A U A G C G U C …3′ mRNA
N … 丙-----组-----丝-----缬 …C 蛋白质
缺失C后的密码读法:
5′ … G A C A U A G C G U C …3′ mRNA
N … 天-----异-----丙-----丝 …C 蛋白质

图 10-12 缺失引起框移突变

遗传密码具有下列特点：

1. 连续性和方向性 mRNA 中起始密码与终止密码之间的序列是编码序列，其序列不间断，须按 5′→3′方向、三个一组连续阅读。若基因损伤发生插入或缺失，就会造成框移突变(图 10-12)。

2. 简并性 除蛋氨酸和色氨酸只有一个密码外，其余氨基酸的密码均在两种以上，最多可达 6 种。这种同一种氨基酸具有多种密码的现象称为密码的简并性。编码同一氨基酸的几种密码称为同义密码。同义密码大多只是第三个碱基不同。这意味着第三位碱基发生突变时往往并不影响氨基酸的顺序，这对维持物种的稳定具有重要意义。

3. 摆动性 翻译过程中氨基酸的正确加入，依赖于 mRNA 上密码子与 tRNA 上反密码子的碱基配对(图 10-13)。密码子与反密码子配对的特点有二：一是方向相反；二是有时会出现不完全遵从碱基配对规则的情况，称为密码的摆动现象。这种现象更常见于密码子的第 3 位碱基与反密码子的第 1 位碱基之间，二者虽不严格互补，也能相互辨认。

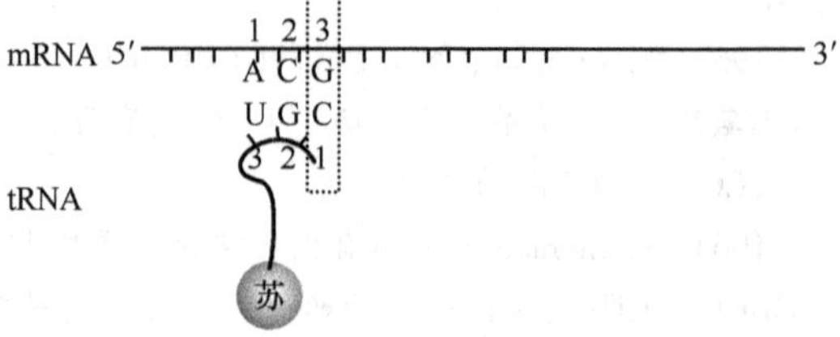

图 10-13 密码与反密码的摆动配对现象

4. 通用性 所有的生物物种都通用这套遗传密码。这一现象也是基因工程的基础，如可在大肠埃希菌中表达真核蛋白质。但动物细胞的线粒体、植物细胞的叶绿体的密码和这套“通用”密码有一些差别。

(二) tRNA

在蛋白质合成过程中，tRNA 起着运输氨基酸和接合器的作用。

L 形的 tRNA 有两个功能端：一端是氨基酸臂的 CCA-OH 3′端，能与氨基酸共价结合；另一端是反密码环顶端的反密码子，能识别 mRNA 模板上的密码子并与它配对结合，将所携带的氨基酸准确地运到指定位置合成肽链，tRNA 和氨基酸的结合是有特异性的(图 10-13)。

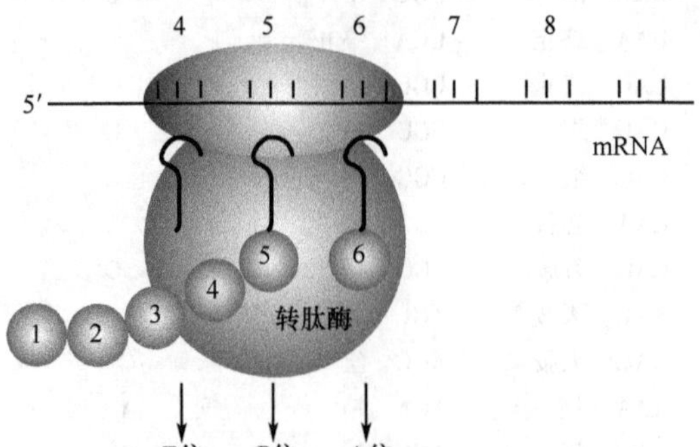

图 10-14 翻译中核糖体图解

(三) rRNA

rRNA 与多种蛋白质结合构成核糖体，是蛋白质生物合成的场所。各种细胞核糖体都由大小两个亚基组成，每个亚基又含不同的蛋白质和 rRNA，其中有些蛋白质就是参与翻译的酶和因子。①大亚基上具有转肽酶活性。②大小亚基间存在裂隙，是 mRNA 及 tRNA 的结合部位。③原核核糖体上有 3 个位点：靠 5′方向是空载 tRNA 占据的位置(E 位；排出位)；中间是结合肽酰-tRNA 的部位(P 位；给位)；靠 3′方向是结合氨基酰-tRNA 的部位(A 位；受位)(图 10-14)。

真核细胞的核糖体有两类：一类附着于内质网，主要参与合成分泌性蛋白质及膜蛋白(如肽类激素)；另一类游离在胞液中，主要参与合成细胞内固有性蛋白质。

另外，蛋白质生物合成所需酶类主要有氨基酰-tRNA 合成酶和转肽酶。氨基酰-tRNA 合成酶又称氨基酸活化酶，利用 ATP 释放的能量，催化 tRNA 氨基酸臂的 3′-端 CCA-OH，与氨基酸的羧基以酯键连接，使氨基酸活化，反应在胞质中进行：

$$\text{氨基酸}+\text{tRNA}+\text{ATP}\xrightarrow[\text{Mg}^{2+}]{\text{氨基酰-tRNA 合成酶}}\text{氨基酰-tRNA}+\text{AMP}+\text{PPi}$$

氨基酰-tRNA 合成酶具有绝对专一性，能高度特异地识别氨基酸、tRNA 两种底物，从而正确无误地完成氨基酰-tRNA 的合成。

转肽酶实际上是核糖体大亚基的蛋白质成分之一，作用是催化大亚基 P 位上肽酰-tRNA 的肽酰基转移到 A 位上氨基酰-tRNA 的氨基上，形成肽键，使肽链延长。

二、蛋白质生物合成过程

蛋白质的生物合成从 mRNA 上的起始密码(AUG)开始，按 5′→3′方向翻译阅读框架，直到终止密码，肽链合成方向是 N→C，全过程包括起始、延长、终止三个阶段，因其在核糖体上连续、循环地进行，故称(广义的)核糖体循环。这里介绍原核生物的翻译过程。

(一) 翻译起始

翻译的起始阶段指大亚基、小亚基、mRNA 和具有启动作用的氨基酰-tRNA，聚合为"翻译起始复合物"。需起始因子(IF-1、IF-2、IF-3)、GTP 及 Mg^{2+} 的参与，可分为四步(图 10-15)。

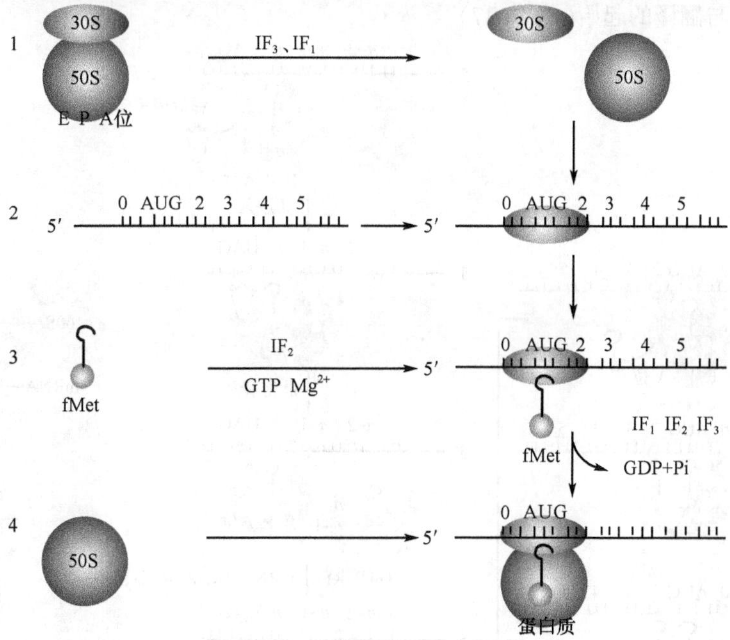

图 10-15　原核生物的翻译起始

1. 在 IF-1、IF-3 参与下，核糖体大、小亚基分开。
2. mRNA 与小亚基结合。
3. 甲酰蛋氨酰-tRNA(fMet-tRNA)识别起始密码 AUG 并与 mRNA 结合，需 IF-2、GTP 及 Mg^{2+} 的参与。
4. 核糖体大亚基结合，成为一个已准备好的"翻译起始复合物"。同时 GTP 水解供能，IF 脱离。此时，fMet-tRNA 与 mRNA 起始密码 AUG 结合，位于 P 位，A 位是空出的。

(二) 翻译延长

翻译延长分为三个步骤：进位、成肽、转位；每循环一次，肽链延长一个氨基酸，直至合成终止。需延长因子(EF)、GTP 及 Mg^{2+} 的参与(图 10-16)。

1. 进位　又称注册,指相应的氨基酰-tRNA 以其反密码与第二个密码结合进入 A 位。该反应需延长因子 T、GTP 以及 Mg^{2+}、K^{+} 的参与。

2. 成肽　在转肽酶的催化下,P 位上的 fMet-tRNA 中的甲酰蛋氨酰基转移到 A 位,与 A 位上的氨基酰结合形成第一个肽键。此时 A 位上是二肽酰-tRNA,P 位上是空载的 tRNA。该反应需 Mg^{2+}、K^{+} 的参与。

3. 转位　在转位酶的催化下,核糖体向 mRNA 3′方向相对移动一个密码的位置,结果是 A 位上的二肽酰-tRNA 进入 P 位,空载 tRNA 移至 E 位,A 位空出。此过程需 EF-G、GTP 和 Mg^{2+} 的参与。当下一个氨基酰-tRNA 进入 A 位时,E 位上的空载 tRNA 脱落。

同样,经过下一轮进位-成肽-转位,P 位形成三肽酰-tRNA,如此反复循环。因此,翻译的延长阶段也称狭义的核糖体循环,广义的核糖体循环指翻译全过程的循环。核糖体从5′→3′方向阅读 mRNA,肽链则从 N→C 不断延长。

(三) 翻译终止

终止过程也需蛋白质因子,称之为释放因子(RF)。

当翻译到 A 位上出现终止密码(UAA、UAG、UGA)时,释放因子(RF)识别终止密码,进入 A 位。RF 激活大亚基上的转肽酶变为水解酶活性,催化 P 位上肽酰-tRNA 的水解,肽链释放。随之由 GTP 供能,RF 作用下,tRNA、mRNA 及 RF 均从核糖体脱落,在 IF 作用下,核糖体解聚为大、小亚基,重新参与翻译的起始(图 10-17)。

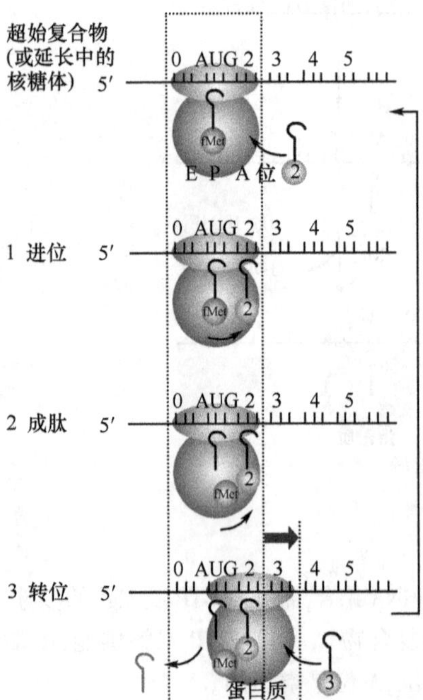

图 10-16　翻译的延长

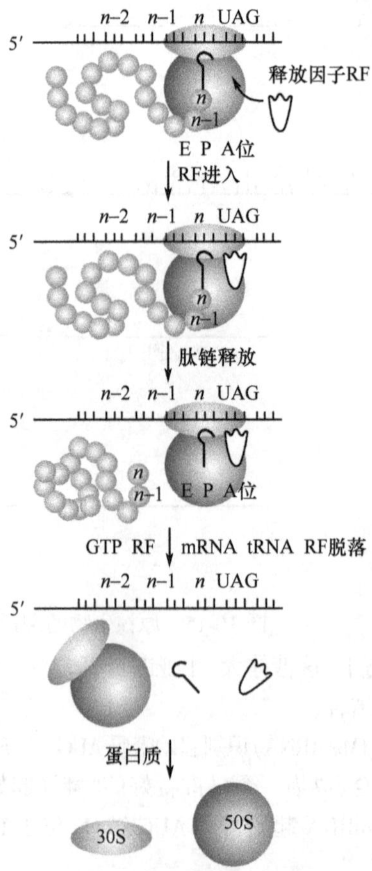

图 10-17　翻译过程的终止

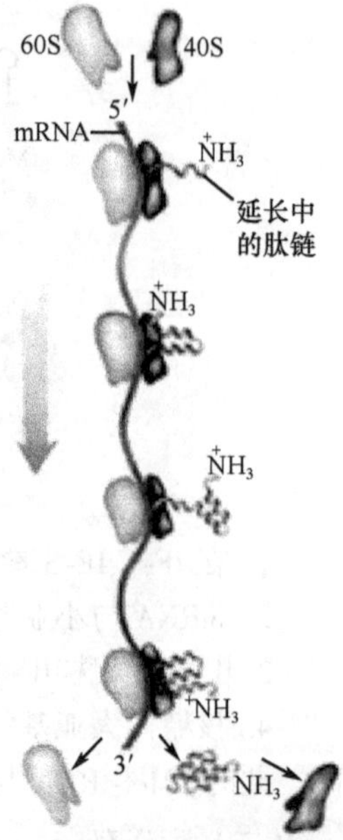

图 10-18　多聚核糖体(循环)

实际上,生物细胞内进行蛋白质合成时,每分子 mRNA 上同时结合着多个核糖体,这种 mRNA 和多个核糖体的聚合物称为多聚核糖体。在一条 mRNA 上同时进行着多条相同肽链的合成,这体现了蛋白质生物合成的高速、高效性(图 10-18)。翻译过程中,氨基酸活化要消耗 1 个 ATP(2~P),起始、进位、转位各消耗 1 个 GTP,因此,每形成一个肽键要消耗 5 个高能键。

大多数新合成的多肽链需加工、修饰后才能成为具有生物活性的蛋白质。

三、蛋白质生物合成与医药学的关系

蛋白质是基因表达的产物,而复制、转录、翻译的过程在体内均受到各种因素的精密调控,并与遗传、免疫、肿瘤、代谢、药物作用等都有密切关系。

(一) 分子病

由于 DNA 分子上基因的遗传缺陷,使蛋白质分子一级结构变异,导致其生物学功能障碍所引起的遗传性疾病叫分子病。镰刀形红细胞性贫血就是一种典型的分子病(详见第 2 章第 2 节)。

(二) 蛋白质生物合成的干扰和抑制

根据作用机制分为以下几类。

1. 复制阻断剂　一些抗生素或破坏 DNA 结构或与 DNA 结合从而抑制复制和转录,常用的有丝裂霉素、放线菌素、普卡霉素等用于治疗白血病。

2. 转录阻断剂　可与 RNA 聚合酶的核心酶结合而使其失活,阻断转录,如利福霉素、利福平用于抗结核。

3. 翻译阻断剂　链霉素和卡那霉素能与原核生物小亚基结合,引起读码错误,结核杆菌对这两种抗生素特别敏感;嘌呤霉素结构与酪氨酰 tRNA 相似,可使肽链合成到此终止,对原核、真核均有干扰,故仅试用于肿瘤治疗(图 10-19)。

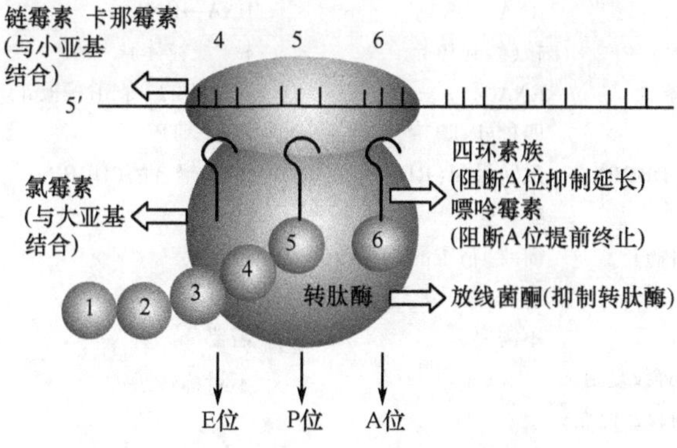

图 10-19　各种抗生素影响翻译过程的作用点

4. 干扰素　是由真核生物细胞感染病毒后分泌的一组小分子糖蛋白,可抑制病毒繁殖,保护宿主细胞,还起调节细胞生长分化、激活免疫系统等作用。过去从人血白细胞提取,价格昂贵,现已能用基因工程技术生产,在临床上应用十分广泛。

聚合酶链式反应

聚合酶链式反应(polymerase chain reaction,PCR),是一种体外的特异DNA扩增技术,是应用最为广泛的分子生物学技术。其工作原理是基于DNA变性与复性及半保留复制的特征,以待扩增的DNA为模板,需一对分别与模板5′-端和3′-端互补的引物,以dNTP为原料,在合适条件下,由对热稳定的DNA聚合酶催化完成新DNA分子的合成。重复此过程,即可使目的DNA得到扩增。

1. PCR反应体系　①DNA模板。②特异的引物。③dNTP原料。④耐热的DNA聚合酶。⑤缓冲液(pH8.4、0.5~2.5mmol/L Mg^{2+})。

2. PCR反应步骤　包括变性-退火-延伸三步反复循环的反应。①变性:反应系统加热至95℃,模板DNA解开成为单链。②退火:迅速降温至55℃,高浓度的引物即与模板DNA链配对结合。③延伸:将系统温度升至72~75℃,Taq DNA聚合酶催化DNA的合成。新合成的DNA片段均能作为下一次循环的模板。每完成一次循环,就使目的DNA增加1倍(2^n倍),经30次左右的循环,DNA可扩增上百万倍。

3. PCR的主要用途　主要应用于:①目的基因的克隆。②基因的体外突变。③DNA的微量分析:病原微生物的微量检测、突变基因的筛选、法医学鉴定、DNA序列分析等。

链接

小结

核苷酸的合成有从头合成和补救合成两条途径,以从头合成途径为主。嘌呤碱分解代谢的终产物是尿酸,嘧啶分解的终产物是NH_3、CO_2及β-丙氨酸或β-氨基异丁酸。基因信息传递与表达部分内容的要点归纳于下表:

基因信息传递与表达要点

项目	DNA复制	反转录	转录	翻译
定义	DNA→DNA	RNA→DNA	DNA→RNA	mRNA→蛋白质
部位	核(线粒体)	核(线粒体)	核(线粒体)	核糖体
模板	DNA中的两条链	RNA	DNA中的一条链(模板链)	mRNA
原料	四种dNTP	四种dNTP	四种NTP	20种氨基酸
主要的酶	DNA聚合酶(DDDP)	反转录酶(RDDP)	RNA聚合酶(DDRP)	氨基酰-tRNA合成酶、转肽酶
方向	5′→3′	5′→3′	5′→3′	N→C
引物	需要(RNA引物)	需要(宿主的tRNA)	不需要	不需要
模型	复制叉		转录泡	
加工	不需要	不需要	需要	需要
特点	①半保留半不连续复制。②从固定的起始位点开始。③绝大多数DNA复制是双向复制		不对称转录	①吸能反应(ATP、GTP)。②需要模板(mRNA)
意义	维护了种系遗传的忠实性和稳定性	①阐明病毒致癌机制与肿瘤病因。②反转录酶也是分子生物学研究中重要的工具酶之一。③正常细胞和胚胎细胞中的反转录酶可能与细胞分化及胚胎发育有关	在遗传信息流中起中介作用,并将遗传信息从细胞核带入细胞质,遗传信息从受DNA复制本的集中控制过渡到由小的RNA转录本的独立控制,最终实现基因表达	信息分子(DNA)通过基因表达成功能分子(蛋白质)体现生物性状(原核生物的转录和翻译在同一空间进行)

目标检测

一、名词解释

1. 中心法则 2. 基因表达 3. 半保留复制
4. 反转录 5. 不对称转录 6. 遗传密码
7. 翻译 8. 多聚核糖体

二、填空题

1. 体内核苷酸合成途径有两条，分别是________和________。
2. 痛风症主要是患者血中________浓度增高，临床上常用________治疗。

三、选择题

A 型题

1. 人体内嘌呤核苷酸分解代谢的主要终产物是( )
   A. 尿素 B. 肌酸
   C. 肌酐 D. 尿酸
   E. β 丙氨酸
2. 基因表达指( )
   A. 复制加转录 B. 复制加转录加翻译
   C. 转录加翻译 D. 转录加转录后加工
   E. 翻译加翻译后加工
3. DNA 复制时不需要以下哪一种酶( )
   A. DNA 指导的 DNA 聚合酶
   B. RNA 指导的 DNA 聚合酶
   C. DNA 指导的 RNA 聚合酶
   D. 连接酶
   E. 拓扑异构酶
4. 下列关于 DNA 复制的叙述中，错误的是( )
   A. 以半保留复制的方式进行
   B. 以四种 NTP 为原料
   C. 有 DNA 指导的 DNA 聚合酶参与
   D. 有 DNA 指导的 RNA 聚合酶参与
   E. 是半不连续模式进行
5. DNA 复制时，如模板链序列为 5′-TAGA-3′，其合成的互补结构为( )
   A. 5′-TCTA-3′ B. 5′-ATCT-3′
   C. 5′-UCUA-3′ D. 5′-AUCU-3′
   E. 5′-GCGA-3′
6. 下列关于反转录的叙述哪一项是错误的( )
   A. 以 NTP 为原料
   B. 以 RNA 为模板合成 DNA
   C. 遵守碱基配对规律
   D. 不需 DNA 连接酶参加
   E. RNA-DNA 杂交体是其中间产物
7. 关于转录合成 RNA 正确的叙述为( )
   A. 转录在胞浆中进行
   B. 双链 DNA 可同时分别作模板进行转录
   C. 各个基因节段都在同一条链上转录
   D. 转录的方向是 3′→5′
   E. 双链 DNA 中仅一条链的某一节段可以转录生成 RNA
8. 关于原核生物 RNA 聚合酶的叙述，错误的是( )
   A. 核心酶的组成是 $\alpha_2\beta\beta'$
   B. 全酶由 5 个亚基($\alpha_2\beta\beta'\delta$)组成
   C. 亚基不具有催化转录 RNA 的功能
   D. RNA 聚合酶识别 DNA 上的终止信号
   E. 延长阶段中结合状态松弛有利于核心酶向前移动
9. 对遗传密码的叙述错误的( )
   A. 密码之间无标点间隔
   B. 密码子共有 64 个
   C. 密码有方向性
   D. 动物、植物和人的密码子不同
   E. 同一种氨基酸具有多种密码的现象称为简并性
10. 蛋白质生物合成过程不需要的物质( )
    A. mRNA B. 核糖体
    C. RNA 引物 D. 转肽酶
    E. tRNA

四、简答题

1. 简要说明复制的特点、参与复制过程的几大类物质及其作用。
2. 简述参与(原核生物)DNA 复制的酶类及其作用。
3. 简述三种 RNA 在蛋白质生物合成中的作用。

(谭红军)

第11章 肝脏生物化学

学习目标

1. 掌握肝脏在物质代谢中的主要作用
2. 掌握生物转化的概念，理解生物转化反应的主要类型及酶系
3. 了解胆汁及胆汁酸的化学及代谢，理解胆汁酸的肠肝循环及其生理功能
4. 理解胆红素的来源、生成、运输和排泄过程，掌握血清胆红素与黄疸的关系
5. 理解常用肝功能检查

肝是人体最大的实质器官，也是体内最大的腺体，成人肝组织约重 1500g，约占体重的 2.5%，其独特的形态组织结构和化学组成特点，赋予肝复杂多样的生物化学功能。①肝具有肝动脉和门静脉双重血液供应，使得肝细胞既可以从肝动脉中获得由肺及其他组织运来的充足氧及代谢物，又可以从门静脉中获得大量由肠道吸收的各种营养物质，为肝进行各种代谢奠定了物质基础。②肝存在肝静脉和胆道系统双重输出通道。肝静脉与体循环相连，可将肝内的代谢中间产物或代谢产物运输到其他组织利用或排出体外；胆道系统与肠道相通，将肝分泌的胆汁排入肠道，并同时排出一些代谢废物。③肝具有丰富的肝血窦。肝动脉和门静脉入肝后经反复分支，形成小叶间动脉及小叶间静脉，最后均进入肝血窦。血窦使肝细胞与血液的接触面积扩大，加之血窦中血流速率减慢，为肝细胞与血液进行充分物质交换提供了时间保证。④肝细胞含有丰富的细胞器（如内质网、线粒体、溶酶体和过氧化物酶体等）和丰富的酶体系，有些甚至是肝所独有的，使得肝细胞除了存在一般细胞所具有的代谢途径外，还具有一些特殊的代谢功能，如合成尿素及酮体的酶系几乎仅存在于肝细胞。基于上述特点，肝不仅在糖、脂类、蛋白质、维生素和激素等物质代谢中处于中心地位，而且还具有生物转化、分泌和排泄等生理功能。

病毒感染、毒物、缺氧或营养不良等因素可引起多种肝病，如甲型病毒性肝炎、乙型病毒性肝炎、肝硬化、肝性脑病、脂肪肝、肝癌等。这些疾病均可使肝细胞受到不同程度的损害，进而可干扰人体正常的新陈代谢。

第1节 肝脏在物质代谢中的作用

一、肝脏在糖代谢中的作用

肝脏是维持血糖水平相对恒定的重要器官。正常情况下，血糖的来源与去路处于动态平衡，主要凭借激素的调节。而血糖调节激素的主要靶器官是肝。肝脏主要通过肝糖原的合成、分解与糖异生作用来维持血糖浓度的相对恒定，以保障全身各组织，尤其是大脑和红细胞的能量供应。

（一）调节餐后血糖的含量

食物中的淀粉及少量的二糖被消化成以葡萄糖为主要形式的单糖后经门静脉入肝，肝细胞能允许葡萄糖分子自由通过（不依赖于胰岛素）。进入肝细胞的葡萄糖合成糖原，在肝细胞内储存，因此，肝是体内主要的“糖库”。进餐后血糖浓度一般维持在 8.8～10.0mmol/L 不致过高。肝功能不良者餐后可出现一过性高血糖。

（二）调节空腹时的血糖含量

一般进食后2~12h称为空腹阶段。此时，受升高血糖激素的调节，肝糖原分解加强，在肝内特有的G-6-P酶的作用下，将6-磷酸葡萄糖转变为葡萄糖进入血液循环，不断补充血糖，使之不致过低。

（三）调节饥饿时的血糖含量

进餐后12h以上为饥饿期。此时，肝糖原分解耗尽，糖异生作用加强。肝细胞可将乳酸、甘油及某些氨基酸进行糖异生，生成葡萄糖进入血液，补充血糖，维持血糖含量。正常人通过糖异生，可维持血糖在正常范围24~36h，但肝功能不良者若未能很好进食，或在饥饿24h后，可出现低血糖症状，甚至出现低血糖昏迷。

不可片面强调高糖饮食

在肝病病人的临床治疗中，对肝功能严重损害的病人，特别是饮食较差的病人，应注意随时观察病情，观察低血糖反应的前驱症状，做到及时发现、及时纠正、及时治疗。可让病人喝糖水、果汁等，必要时可输入葡萄糖。更值得重视的是，慢性肝病伴有糖尿病的病人较多，临床表现为血糖含量高、糖耐量降低，常称之为"肝源性糖尿病"。因此可见，对于肝病病人不能一律片面强调高糖饮食。糖的摄入视病情而定，同时又要注意不能发生低血糖，尤其对老年人更要慎重。

链接

二、肝脏在脂类代谢中的作用

（一）促进脂类的消化吸收

肝脏可以将胆固醇转变为胆汁酸盐，随肝分泌的胆汁排入肠腔，起到乳化脂肪、激活胰脂肪酶的作用，以利于脂类的消化吸收。

（二）参与三酯酰甘油（脂肪）代谢

肝是氧化分解脂肪酸的主要器官，也是体内产生酮体的主要场所。脂肪酸在β-氧化过程中所释放的能量是肝本身所需能量的主要来源。酮体可运至肌肉、心、脑、肾等组织氧化供能。肝又是体内合成脂肪酸和脂肪的主要场所。虽然肝的生脂作用很强，但所合成的脂肪很少储存在肝，而是以极低密度脂蛋白（VLDL）的形式送入血中。

（三）参与磷脂及胆固醇代谢

肝是体内合成磷脂的重要器官，合成的磷脂以高密度脂蛋白（HDL）的形式入血，经血液运输到各组织被利用。肝是体内合成胆固醇的重要场所，以低密度脂蛋白（LDL）的形式在血液中运送至肝外组织被利用。肝也是清除胆固醇并将其转变成胆汁酸盐的重要场所。肝细胞一方面可以把胆固醇直接分泌到胆道系统，另一方面也可将其转变成胆汁酸盐，然后经胆道排入肠腔，促进脂肪及脂溶性维生素的消化吸收。在血中催化胆固醇酯化的酶——磷脂酰胆碱胆固醇酯酰转移酶（LCAT）也是由肝细胞合成的。

警惕脂肪肝的发生

肝病病人由于肝功能障碍，或因肝病食欲差、消化吸收功能减弱，一方面使磷脂合成的原料不足，造成磷脂含量下降，其结果使二酯酰甘油合成脂肪量增加；另一方面引起脂蛋白合成减少，导致脂肪肝，甚至肝硬化。因此，应重视饮食方法，适当增加体力活动和锻炼，控制体重，配合降血脂药物治疗。饮食疗法的原则是高蛋白、低脂肪、低热量的膳食供给，还应限制胆固醇的摄入，每日胆固醇的摄入量以不超过500mg为宜，减少烹调用油，采用植物油，禁用油煎、炸食物。

链接

三、肝脏在蛋白质代谢中的作用

（一）肝是合成血浆蛋白质的重要器官

血浆中的白蛋白、纤维蛋白原、凝血酶原、凝血因子几乎只在肝中合成。血浆白蛋白的分子量小且含量多，在维持血浆胶体渗透压中起重要作用。肝病时白蛋白合成量减少，使血浆渗透压下降，导致组织水肿。纤维蛋白原、凝血酶原等的合成减少可使病人表现出容易出血的倾向。

（二）氨基酸代谢和合成尿素

肝细胞是氨基酸转氨基作用、脱氨基作用以及脱羧基作用的主要场所。肝脏疾患时，肝细胞膜通透性增加或肝细胞坏死，使血中某些酶的活性测定值增高。临床上常以此为诊断肝病的辅助指标。

肝脏可将有毒的氨经鸟氨酸循环转变成无毒的尿素从肾脏排出体外。鸟氨酸循环的酶主要存在于肝细胞中，故肝脏是合成尿素的主要器官。当肝功能严重受损时，尿素合成障碍，血氨升高，甚至出现肝性脑病（肝昏迷）。

四、肝脏在维生素、激素代谢中的作用

（一）肝的维生素代谢特点

肝脏在维生素的吸收、储存和转化等方面起着重要作用。肝不仅是维生素 A、K、B_1、B_2、B_6以及泛酸和叶酸含量最多的器官，也是维生素 A、K、B_{12}的主要储存场所。肝储存的维生素 A 占体内总量的95%。

肝细胞能将胡萝卜素转化为维生素 A，将维生素 D 转化为 25-(OH)-D_3。很多 B 族维生素先要在体内转变成其相应的辅酶形式后再参与物质代谢，这种转变也主要在肝内进行，如维生素 B_1合成 TPP、维生素 B_2合成 FMN 及 FAD、维生素 PP 转化为 NAD^+及 $NADP^+$、泛酸转化为 CoA。肝还可以将氧化型维生素 C 还原，有利于维生素 C 的利用。

（二）肝的激素代谢特点

许多激素在发挥其调节作用后，主要在肝内被分解转化、降低或失去其生物活性，此过程称为激素的灭活。灭活过程对于激素作用的时间及强度具有调节作用，灭活后的产物大部分随尿排出。肝功能障碍时，激素灭活作用减弱，血中相应激素水平就会升高，导致某些临床症状出现。例如，雌激素水平升高可出现男性乳房发育、肝掌和上腔静脉分布区的蜘蛛痣；肾上腺皮质激素和醛固酮水平升高可引起高血压，同时由于醛固酮导致 Na^+、Cl^-、H_2O 的重吸收增加，还可出现组织水肿；血中抗利尿激素水平升高使重症肝病病人出现水肿或腹水。

第 2 节　肝脏的生物转化作用

一、生物转化作用概述

（一）生物转化的概念

非营养物质经过氧化、还原、水解、结合反应，使其极性增加或活性改变而易于排出体外的过程称为生物转化。

非营养性物质指不能构成组织细胞的结构成分，又不能氧化供能的物质。其来源有三：①氨基酸分解产生的氨和胺、血红蛋白代谢产生的胆红素、体内的激素及神经递质等。②肠道吸收的胺、酚、吲哚、硫化氢等。③由外界进入体内的药物、毒物、色素、食物添加剂等。

（二）生物转化的部位

肝脏是生物转化最重要的器官，因为肝细胞的细胞质、微粒体和线粒体等存在的酶系种类多、含量高，是肺、肾、肠等组织中生物转化的酶系所不可比拟的。

（三）生物转化的特点

1. 多样性和连续性　即一种物质在体内可进行多种生物转化反应，且各种反应又可按一定顺序进行。

2. 解毒与致毒的双重性　经过生物转化作用，有的毒性减弱或消失，有少数物质毒性反而增强。例如，黄曲霉毒素 B_1 在体外并不能与核酸等生物高分子结合，因而无任何毒性，但经肝细胞生物转化后生成的环氧黄曲霉毒素 B_1 能与核酸分子中鸟嘌呤第 7 位 N 结合而致癌；香烟中所含的 3，4-苯并芘无致癌作用，但进入人体后经肝细胞生物转化，可生成致癌作用很强的环氧化物。

二、生物转化反应类型及酶系

肝内的生物转化作用可分为两相：第一相反应包括氧化、还原、水解反应；第二相反应是各种结合反应。

（一）氧化反应及酶系

氧化反应是最多见的生物转化反应，由多种酶来催化。

1. 加单氧酶系　此酶系存在于肝细胞的微粒体中，可催化多种化合物羟化，如催化烷烃、芳香烃、*N*-烷烃等多种物质进行羟化反应。底物通过羟化，极性增加，溶解度增加，易于随尿排出体外。

$$RH+O_2+NADPH+H^+ \xrightarrow{\text{加单氧酶}} ROH+NADP^+ +H_2O$$

2. 单胺氧化酶系　此酶系存在于肝细胞的线粒体中，属于黄素酶类，可催化组胺、尸胺、腐胺等肠道腐败产物氧化脱胺，生成相应的醛类，降低了有机胺对机体的毒害作用。

$$RCH_2NH_2+O_2+H_2O \xrightarrow{\text{单胺氧化酶}} RCHO+NH_3+H_2O$$

3. 脱氢酶类　此酶系存在于肝细胞的胞质中，有以 NAD^+ 为辅酶的醇脱氢酶和醛脱氢酶，分别催化醇脱氢生成醛，醛脱氢生成酸。

$$CH_3CH_2OH \xrightarrow{\text{醇脱氢酶}} CH_3CHO \xrightarrow{\text{醛脱氢酶}} CH_3COOH$$

（二）还原反应及酶系

有的毒物或药物可在肝细胞被还原而转化，肝脏的微粒体内含有硝基还原酶类和偶氮还原酶类，如氯霉素的还原：

氯霉素→氨基氯霉素

（三）水解酶类及酶系

肝细胞的胞质和微粒体中含有多种水解酶，可分别催化脂类、酰胺类、糖苷类化合物水解。例如：

阿司匹林→水杨酸 + 乙酸

体内的一些活性物质以及外源性的药物、毒物一般经过上述氧化、还原、水解等第一相反应，所生成的产物的极性与水溶性仍不够大，还需要进一步进行第二相的结合反应才能完成生物转化作用。

（四）结合反应

结合反应是体内最重要的生物转化方式，常发生在非营养物质的一些功能基团上，如羟基、羧基或氨基等。某些非营养物质可直接进行结合反应，结合反应可在肝细胞的胞质、微粒体及线粒体中进行，结合物包括葡糖醛酸、活性硫酸、乙酰基、甲基等。

1. 葡萄糖醛酸结合反应　在肝细胞的微粒体中含有活泼的葡萄糖醛酸基转移酶，可催化尿苷二磷酸葡萄糖醛酸（UDPGA）分子中的葡萄糖醛酸基转移到醇、酚、胺及羟基化合物，生成相应的葡萄糖醛酸苷。例如：

苯酚 + UDPGA → 苯 β-葡萄糖醛酸苷 + UDP

2. 硫酸结合反应　在肝细胞的胞质中，醇、酚或芳香族胺类化合物可与活性硫酸（3′-磷酸腺苷 5′-磷酸硫酸，PAPS）结合。在硫酸转移酶的催化下，生成相应的硫酸酯。例如：

雌酮 + PAPS → 雌酮硫酸酯 + PAP

3. 乙酰基结合反应　在肝细胞的胞质中，各种芳香胺的氨基与活化的乙酰基反应，生成乙酰基化合物。反应通式：

芳香胺 + 乙酰 CoA → 乙酰基化合物

4. 甲基结合反应　在肝细胞的胞质及线粒体中，含有羟基、巯基的化合物都可进行甲基化反应，反应由甲基转移酶催化，*S*-腺苷甲硫氨酸是甲基的供体。5-羟色胺、组胺及儿茶酚胺等可通过甲基结合反应而失去其生物活性。

组胺（5-羟色胺）+*S*-腺苷甲硫氨酸 → 甲基化衍生物

> **生命的呼唤**
>
> 影响生物转化的因素很多。新生儿肝微粒体酶系发育不全，还原酶及葡糖醛酸转移酶等在出生后 8 周才能达到成人水平，所以新生儿应禁用氯霉素等药物，以防止发生氯霉素中毒。苯巴比妥类药物能诱导葡糖醛酸转移酶的生成，故临床上可用苯巴比妥来救治新生儿黄疸。肝病病人肝脏的生物转化能力已有降低，宜戒酒，以免增加肝脏的负担，使病情加重。
>
> 链接

第 3 节　胆汁与胆汁酸的代谢

一、胆汁概述

肝脏每天分泌胆汁约 500～1000mL。胆汁呈金黄色，微苦，稍偏碱性，比重约 1.010，称为肝胆汁。进入胆囊后，因其水分和其他一些成分被胆囊吸收而浓缩，胆囊壁还分泌一些黏液渗入胆汁，使其颜色加深，比重可增至 1.040，称为胆囊胆汁。胆汁中的主要特征性成分是胆汁酸、胆红素和胆固醇等，其中胆汁酸约占固体物质总量的 50%～70%。胆汁酸在胆汁中以钠盐或钾盐的形式存在，称为胆汁酸盐。由于胆汁中既有促进脂类消化吸收的胆汁酸盐，又有体内某些代谢产物（如胆红素、胆固醇等以及经肝生物转化作用的非营养物质），因而胆汁既是分泌物，也是排泄物。

二、胆汁酸的化学及代谢

（一）胆汁酸的化学

由胆固醇在肝细胞中转变的胆汁酸称为初级胆汁酸。初级胆汁酸包括游离型初级胆汁酸和结合型初级胆汁酸。游离型初级胆汁酸有胆酸和鹅脱氧胆酸，它们的侧链羧基可与甘氨酸或牛磺酸结合，成为结合型初级胆汁酸，即甘氨胆酸、牛磺胆酸、甘氨鹅脱氧胆酸和牛磺鹅脱氧胆酸。

初级胆汁酸进入肠道后，结合型初级胆汁酸被水解脱去甘氨酸或牛磺酸，再在肠菌酶的作用下转变成游离型次级胆汁酸，即脱氧胆酸和石胆酸。石胆酸溶解度小，不与甘氨酸或牛磺酸结合；脱氧胆酸与甘氨酸或牛磺酸结合，生成结合型次级胆汁酸，即甘氨脱氧胆酸和牛磺脱氧胆酸。人胆汁中的胆汁酸以结合型为主。

（二）胆汁酸的代谢

1. 初级胆汁酸的生成　肝细胞以胆固醇为原料经复杂的反应生成初级胆汁酸。催化其生成的酶系存在于肝细胞的胞质及线粒体中。7α-羟化酶是胆汁酸生成的限速酶。

2. 次级胆汁酸的生成　随胆汁流入肠腔的初级胆汁酸在协助脂类物质消化吸收的同时，在小肠下段及大肠中受肠道菌作用，初级胆汁酸进一步转变为游离型的次级胆汁酸，游离型的次级胆汁酸与甘氨酸或牛磺酸结合生成结合型的次级胆汁酸。

3. 胆汁酸的肠肝循环　进入肠道的结合型和游离型胆汁酸 95% 被重吸收入血，由肠道重吸收的胆汁酸经门静脉入肝，在肝脏中游离型胆汁酸又转变成结合型胆汁酸，并同新合成的结合型胆汁酸一起再次排入肠腔，此循环过程称为胆汁酸的"肠肝循环"（图 11-1）。

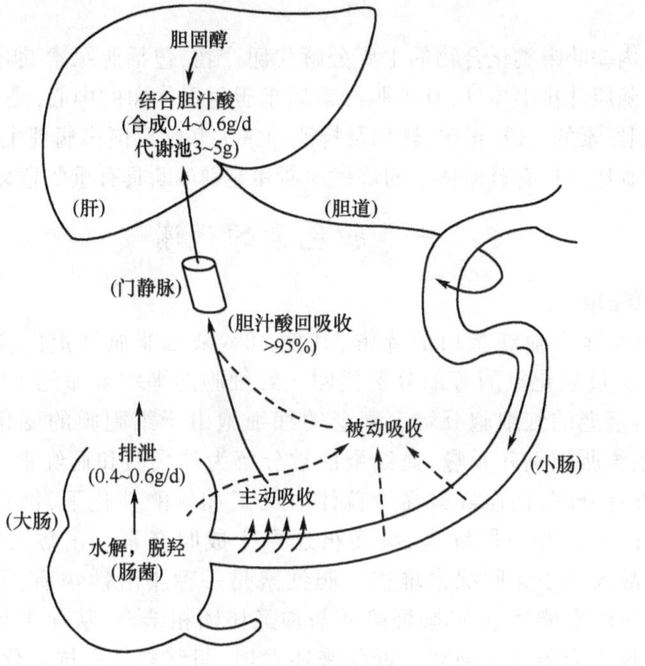

图 11-1　胆汁酸的肠肝循环

胆汁酸肠肝循环的生理意义在于使有限的胆汁酸反复利用，促进脂类的消化吸收。肝内胆汁酸代谢池约 3～5g，而每日需 16～32g 胆汁酸乳化脂类。为此每日进行 6～12 次肠肝循环，使有限的胆汁酸能够发挥最大限度的乳化作用，以维持脂类食物的正常消化和吸收。

> **血清总胆酸检验结果分析**
>
> 当某些肝病时，血清碱性磷酸酶（ALP）指标正常，血清总胆酸含量可升高。在肝硬化的整个活动期间，血清总胆酸可一直维持较高的水平。血清总胆酸水平是反映肝实质损伤的一个重要指标。有机构甚至建议将血清总胆酸的测定作为乙醇性肝病、慢性肝炎是否纤维化的重要诊断指标。
>
> 链接

4. 胆汁酸的生理功能

（1）促进脂类的消化吸收：胆汁酸分子内部既含有亲水基团，又含有疏水基团，因而构成了胆汁酸立体构型上的亲水和疏水两个侧面，从而降低水油两相间的表面张力，故胆汁酸是较强的乳化剂。胆汁酸能与磷脂酰胆碱、胆固醇、脂肪、脂溶性维生素等形成混合微团（约 3～10μm），既有利于消化酶作用，又有利于脂类吸收。

（2）抑制胆固醇结石的生成：胆汁酸通过与磷脂酰胆碱的协同作用与难溶性的胆固醇形成可

溶性的微团,促进胆固醇经胆道转至肠道及排出体外而不致结晶析出。肝脏合成胆汁酸的能力下降、肠肝循环重吸收胆汁酸过少或消化道丢失胆汁酸过多、血中胆固醇含量增加使排入胆汁中的胆固醇过多等均可致胆汁酸、磷脂酰胆碱与胆固醇的比值降低(小于 10∶1),胆固醇因过饱和而沉淀析出,形成结石。正常人胆汁中三种成分的比例:80% 为胆汁酸、15% 为卵磷脂、5% 为胆固醇。

第 4 节 胆色素代谢与黄疸

胆色素是体内铁卟啉类化合物的主要分解代谢产物,包括胆绿素、胆红素、胆素原和胆素。这些化合物主要随胆汁排出体外,其中胆红素居于胆色素代谢的中心,是人体胆汁中的主要色素,呈橙黄色。胆红素的生成、运输、转化及排泄异常关联临床诸多病理生理过程。熟知胆红素的代谢过程对于临床上伴有黄疸体征的疾病诊断和鉴别诊断具有重要意义。

一、胆色素的代谢

(一) 胆红素生成

胆红素约 80% 来自血红蛋白的降解,其他 20% 来自非血红蛋白含铁卟啉化合物的分解,如细胞色素 *b*、过氧化氢酶等的分解代谢。红细胞的平均寿命约 120 天,每天大约有 8g 的血红蛋白来自衰老的红细胞分解。衰老的红细胞由于细胞膜的变化可被肝、脾、骨髓的单核吞噬细胞系统所识别并吞噬,血红蛋白被分解为珠蛋白和血红素。珠蛋白按一般蛋白质的代谢途径进行分解,而血红素在微粒体血红素加氧酶催化下,消耗 1 分子氧和还原型辅酶Ⅱ($NADPH+H^+$),生成胆绿素,继而被还原生成胆红素。正常人体内,因还原胆绿素的酶活性很高,故人体中无胆绿素堆积。胆红素是一种脂溶性物质,极易透过生物膜。高胆红素血症时,胆红素能透过血-脑屏障并与神经核团相结合,从而干扰脑细胞的正常代谢及功能,临床上称之为胆红素脑病。近年来还发现,胆红素具有抗氧化功能,可抑制亚油酸和磷脂的氧化。

新生儿黄疸的治疗要点

临床上给新生儿黄疸的患儿静脉滴注血浆的目的是防止胆红素进入脑细胞,以免对脑细胞造成损害。临床上给新生儿黄疸的患儿进行蓝光(波长为 440~450nm)照射,使间接胆红素发生光照异构作用,使其极性增加而迅速排出。用此方法也可治疗新生儿溶血性黄疸。新生儿在治疗时,应慎用某些有机阴离子药,如磺胺药、水杨酸、抗生素、利尿药、甲状腺素等,因它们可竞争性地与白蛋白结合,使间接胆红素游离出来。

链接

(二) 胆红素在血中的运输

在单核吞噬细胞系统生成的胆红素具有亲脂性质,能自由透过胞膜进入血液。在血中,它主要与白蛋白结合成白蛋白-胆红素复合物。胆红素与白蛋白的结合既增加了胆红素的溶解度,又降低了其毒性,是胆红素在血中的运输形式。血中胆红素因与白蛋白结合,相对分子质量大,不能经肾小球滤过而随尿排出,故尿中无胆红素,习惯上又将这种胆红素称为未结合胆红素或间接胆红素。正常人游离胆红素含量很少。血浆中的白蛋白完全能结合游离胆红素,故在正常人可足以防止其进入脑组织而产生毒性作用。

(三) 胆红素在肝内的转变

白蛋白-胆红素经血液运输到肝脏,通过肝血窦与肝细胞直接接触时,白蛋白从胆红素上"脱落"下来,胆红素与肝细胞膜载体蛋白结合并被转运入肝细胞内。在肝细胞胞质中,胆红素与 Y 蛋白或 Z 蛋白结合,并被运送到内质网进行生物转化的第二相反应,即结合反应。胆红素在葡萄糖醛酸转移酶的催化下,生成葡糖醛酸胆红素,称为结合胆红素或直接胆红素。结合胆红素溶于水,由胆道排泄,故正常时血、尿中无结合胆红素。但当胆道阻塞,毛细胆管因压力过高,结合胆红素可反流入血,并可通过肾小球滤过,出现于尿中。未结合胆红素与结合胆红素的区别见表 11-1。

表 11-1 两种胆红素性质的比较

性质	未结合胆红素	结合胆红素
常用其他名称	间接胆红素、血胆红素	直接胆红素、肝胆红素
相对分子质量	大	小
溶解性	脂溶性	水溶性
通过肾小球随尿排出	不能	能
进入脑组织产生毒性	大	无
与重氮试剂反应	间接反应	直接反应

(四) 胆红素在肠道中的转变

结合胆红素随胆汁排入肠道后,在回肠末端及结肠中细菌的作用下,脱去葡萄糖醛酸并被逐步还原,生成无色的胆素原。胆素原在肠道下段可被空气氧化为黄色的胆素,这是粪便颜色的来源。正常成人每天从粪便排出的胆素原约 50~250mg。

在生理情况下,小肠下段生成的胆素原大部分随粪便排出,只有 10% ~20% 被肠道重吸收,再经门静脉入肝,除小部分胆素原进入体循环外,其中大部分以原形随胆汁排入肠道,此过程称为胆素原的肠肝循环。进入体循环的胆素原经肾随尿排出,无色尿胆素原与空气接触后被氧化为黄色的尿胆素,这是尿液颜色的来源(图 11-2)。

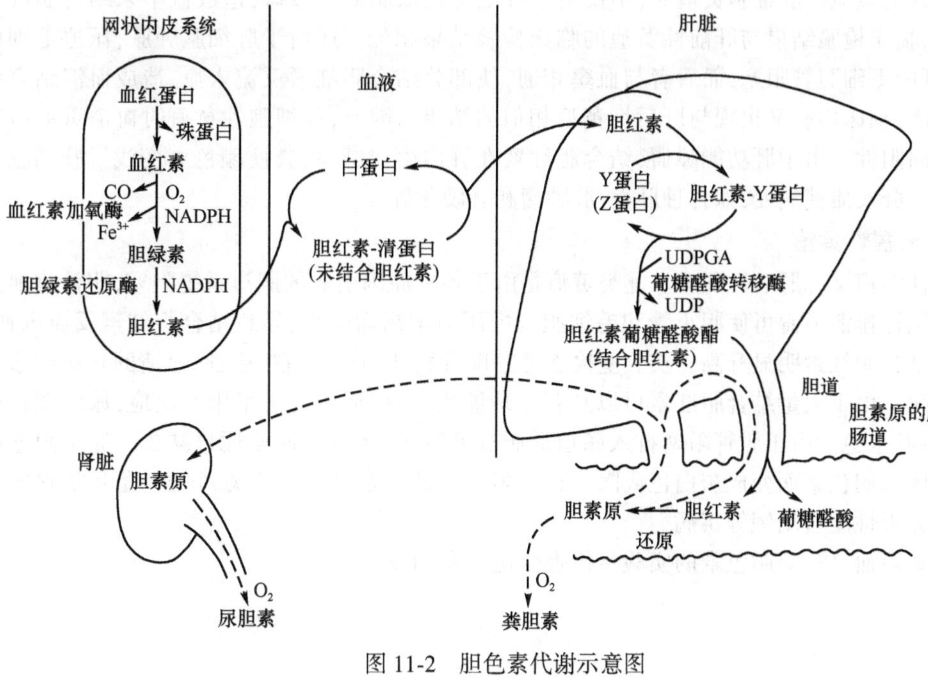

图 11-2 胆色素代谢示意图

二、血清胆红素与黄疸

正常人血清中总胆红素浓度小于 17.1μmol/L,其中未结合胆红素约占 4/5,其余为结合胆红素。体内胆红素生成过多,或肝细胞对胆红素的摄取、转化及排泄能力下降等因素均可引起血浆胆红素含量增多,称为高胆红素血症。胆红素为橙黄色物质,过量的胆红素可扩散入组织造成组织黄染,这一体征称黄疸。由于皮肤、巩膜等含有较多的弹性蛋白,后者对胆红素有较强的亲和力,这些组织极易黄染。黄疸的程度与血清胆红素的浓度密切相关。当血清总胆红素浓度超过 34.2μmol/L(20mg/L)时,肉眼可见巩膜、黏膜、皮肤等组织黄染,临床上称为显性黄疸。若血清中胆红素浓度升高不明显,在 17.1~34.2μmol/L(10~20mg/L)之间时,肉眼观察不到巩膜与皮肤等黄染现象,称为隐性黄疸。观察黄疸的最佳部位是巩膜,因此,巩膜有"观察黄疸的彩色荧光屏"之称。

临床上常根据黄疸发病的原因不同,将黄疸分为三种类型。

(一) 溶血性黄疸

溶血性黄疸又称为肝前性黄疸。属于高未结合型胆红素血症。此类黄疸是由于红细胞的大量破坏,在单核吞噬细胞系统产生胆红素过多,超过肝细胞摄取、转化和排泄胆红素能力,造成血液中未结合胆红素浓度显著增高所致。此时,血清总胆红素、未结合胆红素含量增高,结合胆红素的浓度改变不大,重氮试剂反应间接阳性,尿胆红素阴性。还由于肝对胆红素的摄取、转化和排泄增多,过多的胆红素进入胆道系统,肠肝循环增多,使得尿中尿胆原与尿胆素含量增多,粪胆原与粪胆素亦增加。某些药物、某些疾病(如恶性疟疾、过敏等)、输血不当、镰形红细胞贫血、葡萄糖-6-磷酸脱氢酶缺乏(蚕豆病)等多种因素均有可能引起大量红细胞破坏,导致溶血性黄疸。

(二) 肝细胞性黄疸

肝细胞性黄疸又称肝原性黄疸。由于肝细胞功能受损,造成其摄取、转化和排泄胆红素能力降低所致的黄疸。肝细胞黄疸时,不仅由于肝细胞摄取胆红素障碍,造成血中未结合胆红素浓度升高,临床检验结果与肝前性黄疸的临床检验结果相似。还由于肝细胞肿胀,压迫毛细胆管,造成肝内毛细胆管阻塞,而后者与血窦相通,使部分结合胆红素反流入血,造成血清结合胆红素亦增高,临床检验又出现与肝后性黄疸相似的结果。因此,肝细胞性黄疸时血清重氮试剂反应呈双向阳性。由于肝功能障碍,结合胆红素在肝内生成减少,粪便颜色可变浅。肝细胞性黄疸常见于肝实质性病变,如各种肝炎、肝肿瘤和肝硬化等。

(三) 阻塞性黄疸

阻塞性黄疸又称肝后性黄疸。此类黄疸是由于各种原因引起的胆道系统阻塞,胆汁排泄障碍所致。胆汁排泄障碍可使胆小管和毛细胆管内压力增高而破裂,导致结合胆红素反流入血,使得血清结合胆红素明显升高。实验室检查可发现重氮试剂反应直接阳性,血清间接胆红素可无明显变化。由于大量结合胆红素可以从肾小球滤出,所以尿胆红素呈阳性反应,尿的颜色变深,可呈茶叶水色。由于胆管阻塞排入肠道的胆红素减少,生成的胆素原也减少。完全阻塞的病人粪便因无胆色素而变成灰白色或陶土色。阻塞性黄疸常见于胆管炎、肿瘤(尤其胰腺癌)、胆结石或先天性胆管闭锁等疾病。

各种黄疸血、尿、粪胆色素的实验室检查变化见表 11-2。

表 11-2 三种黄疸的病因及血、尿、便改变

项目	正常人	溶血性黄疸	阻塞性黄疸	肝细胞性黄疸
常见病因		异型输血、血友病、中毒、过敏等使大量红细胞破坏	胆道结石、蛔虫、肿瘤等致肝内外胆道阻塞	甲、乙型肝炎、肝肿瘤
血清总胆红素	≤17.1	>17.1	>17.1	>17.1
结合胆红素	<3.4	—	↑↑	↑
未结合胆红素	<14.6	↑↑	—	↑
尿色	淡黄	较深	变浅	深
尿胆红素	—	—	↑↑	↑↑
尿胆素原	少量	↑	↓	不一定
粪便颜色	棕黄	深黄	变浅或陶土色	不一定

三、肝胆生物化学与临床应用

肝具有多种多样重要代谢功能，而这些功能大部分与全身物质代谢的变化、储存、运输、调节、排泄等密切相关，因此，不要忽视肝脏的任何一种代谢功能。临床上常用的肝功能检测方法是针对肝脏的某些代谢功能所设计的。肝功能检查是了解其功能是否正常的平面图。

肝功能检测项目：

总胆红素（TBIL）——了解病人有无黄疸。

结合胆红素或直接胆红素（DBIL）——阻塞性黄疸的诊断指标。

未结合胆红素或间接胆红素（IBIL）——溶血性黄疸的诊断指标。

DBIL↑，IBIL↑——双向反应，肝细胞黄疸诊断指标。

血清总蛋白（TP）——反映机体蛋白质含量是否正常。

血浆白蛋白降低，A/G 倒置——常见于肾病综合征、慢性肝炎及肝硬化。

血清总胆汁酸（TBA）——诊断急慢性肝炎、肝硬化、酒精性肝炎、阻塞性黄疸、中毒性肝病。

血清甲胎蛋白（AFP）——若为阳性，是诊断原发性肝癌的指标。

谷丙转氨酶（GPT）↑——急慢性肝炎、肝硬化、心肌梗死、胆道疾病。

谷草转氨酶（AST）↑——重症肝炎、肝硬化、心肌疾病。

γ-谷氨酰转肽酶（γ-GT）↑——原发性或转移性肝癌、肝炎、肝硬化。

血清碱性磷酸酶（ALP）↑——阻塞性黄疸、转移性肝癌、肝硬化、小儿骨病。

注意：以上指标应综合分析。

小结

肝脏在糖、脂类、蛋白质、维生素等多种物质代谢中起着十分重要的作用。肝脏通过生物转化作用，对内源性、外源性的非营养性物质进行氧化、还原、水解及各种结合反应等代谢转化，并最终排出体外。生物转化作用具有多样性、连续性等特点，多数情况下可解毒，也可使毒性增加。

胆汁酸是肝细胞分泌胆汁的重要成分，95%的胆汁酸可通过肠肝循环，此循环可提高胆汁酸的利用率。

肝脏还具有对于胆红素的摄取、结合、转化与排泄作用，因此，任何原因导致血中胆红素升高都可引起黄疸。临床上常见的黄疸有溶血性黄疸、阻塞性黄疸、肝细胞性黄疸。

目标检测

一、名词解释

1. 生物转化 2. 胆汁酸盐 3. 结合胆红素 4. 黄疸

二、填空题

1. 肝病患者饱食后易出现________，饥饿后又易出现________。
2. 肝功能受损时，脂蛋白含量________；合成磷脂原料_________时，肝内脂肪运不出去，可导致________肝。
3. 当肝功能衰竭时，尿素合成________，血氨________，严重时可引起________病。
4. 肝病患者出现蜘蛛痣、肝掌，原因是________减弱。
5. 第一相反应包括________、________、________。
6. 第二相反应是结合反应，结合物主要有________、________、________、________。

三、选择题

A 型题

1. 生物转化作用主要在下列哪个器官中进行？( )
   A. 肾 B. 肺
   C. 脑 D. 肝
   E. 肠
2. 胆固醇转变为胆汁酸的限速酶是( )
   A. 1α-羟化酶 B. 25-羟化酶
   C. 7α-羟化酶 D. 裂解酶
   E. HMG-CoA 合成酶
3. 下列化合物哪一个不是胆色素( )
   A. 胆素 B. 胆绿素
   C. 胆红素 D. 血红素
   E. 胆素原
4. 在生物转化的结合反应中，以下最常见的结合物中哪一项是错的( )
   A. 乙酰基 B. 葡萄糖醛酸
   C. 硫酸 D. 甘氨酸
   E. 甲基

四、简答题

1. 试述胆汁酸的生理功能。
2. 比较两种胆红素的性质。

五、问答题

详述肝细胞性黄疸时血清胆红素为双向反应、尿中有胆红素的生化机制。

（易学龙）

第12章 水和无机盐代谢

学习目标

1. 掌握无机盐的生理功用
2. 理解体液的含量与分布特点及体液之间的物质交换
3. 理解钠、钾、氯代谢的特点
4. 理解钙、磷、镁的吸收与排泄及生理功用
5. 了解水、电解质平衡调节

水和无机盐是人体的重要组成成分，也是必须的营养物质，对机体的正常代谢和功能有重要作用。体内的水及溶解于水中的无机盐和有机物共同构成人体的体液，体液中的无机盐、某些小分子有机物和蛋白质等常以离子状态存在，故又称为电解质（主要是无机盐等）。人体的代谢活动都是在体液环境中进行的，疾病、内外环境的剧烈变化常导致水电解质平衡失调，影响全身各系统器官的功能，如不及时纠正，可引起严重后果，甚至危及生命。因此，掌握体液平衡的基本理论、水和无机盐的代谢与功能，对防治疾病有着重要意义。

水肿发病的基本机制是血管内外液体交换平衡失调和体内外液体交换平衡失调，导致过多的液体在组织间隙或体腔内积聚。血管内外液体交换平衡失调包括毛细血管静脉压增高（如右心衰竭）、血浆胶体渗透压降低（如肝硬化导致血浆蛋白减少）、动脉血压增高（如高血压）、毛细血管通透性增加（如炎症）以及淋巴回流受阻（如丝虫病），这些因素均会导致组织间液回流障碍而发生水肿；另一方面是体内外液体交换失衡，包括肾小球滤过率降低（如急性肾小球肾炎）和近曲小管、髓袢以及远曲小管与集合管重吸收增多（如醛固酮和抗利尿激素增多），导致体内水钠潴留。

链接

第1节 水和无机盐的功能

一、水的生理功能

（一）调节体温

水的比热大，1g 水从 15℃升至 16℃时，需吸收 4.2J（1cal）热量，因而水能吸收较多的热量而本身的温度升高不多，使体温不致因机体产热或外界温度的变化而明显波动。水的蒸发热大，1g 水在 37℃时，完全蒸发需吸收 2415J（575cal）热量，故蒸发少量汗液就能散发大量热量。水的流动性大，导热性强，能随血循环使代谢产生的热在体内迅速均匀分布并通过体表散发。

（二）促进并参与物质代谢

水是体内的良好溶剂，能使物质溶解，促进化学反应的发生；水分子还直接参与许多化学反应（如水解、水化、脱水、氧化等），促进物质代谢。

（三）运输作用

水是良好的溶剂，且黏度小、易流动，利于运输营养物质和代谢产物。即使某些难溶或不溶于水的物质（如脂类），也能与亲水性的蛋白质分子结合而分散于水相中通过血液运输。

（四）润滑作用

唾液有利于食物吞咽及咽部湿润，泪液能防止眼球干燥，关节滑液有助于关节活动，胸腔和

腹膜腔液以及呼吸道与胃肠道黏液都能起到良好的润滑作用。

（五）维持组织的形态与功能

体内的水大部分与蛋白质、核酸和蛋白多糖等结合以结合水形式存在。它与自由状态的水不同，无流动性，因而对保持组织、器官的形态、硬度和弹性起到一定的作用。如心肌含水量约为79%，血液含水量约为83%，两者相差无几，但由于心肌主要含的是结合水，可使心脏具有一定坚实的形态；而血液中主要含的是自由水，故能循环流动。

二、无机盐的生理功能

（一）维持体液渗透压和酸碱平衡

无机盐在体内以解离状态形式存在，Na^+、Cl^-是维持细胞外液渗透压的主要离子；K^+、HPO_4^{2-}是维持细胞内液渗透压的主要离子。这些电解质的浓度发生改变时，体液渗透压也将发生变化，从而影响体内水的分布。体液中的电解质（如 HCO_3^-、HPO_4^{2-} 等）及其相应的酸类可形成缓冲对，在维持体液酸碱平衡中起着重要的作用。

（二）维持神经肌肉的应激性

神经、肌肉的兴奋性与体液中各种电解质的浓度有关：

$$\text{神经、肌肉兴奋性} \propto \frac{[Na^+]+[K^+]+[OH^-]}{[Ca^{2+}]+[Mg^{2+}]+[H^+]}$$

从上式可见，Na^+、K^+、OH^-可提高神经肌肉兴奋性，Ca^{2+}、Mg^{2+}和 H^+可降低神经肌肉兴奋性。低血钾病人常出现肌肉松弛、腱反射减弱或消失，严重者可导致肌肉麻痹，胃肠蠕动减弱、腹胀，甚至肠麻痹等症状；当体液 pH 增高（如碱中毒），低血钙或低血镁病人，神经肌肉兴奋性增高，可引起手足抽搐。

无机离子对心肌细胞的影响，Ca^{2+}与 K^+作用正好相反：

$$\text{心肌兴奋性} \propto \frac{[Na^+]+[Ca^{2+}]+[OH^-]}{[K^+]+[Mg^{2+}]+[H^+]}$$

血钾过高对心肌有抑制作用，心脏舒张期延长，心率减慢，严重时甚至可使心脏停搏于舒张期。血钾过低则常出现心律失常，严重时可使心脏停搏于收缩期。Na^+、Ca^{2+}可拮抗 K^+对心肌的作用，维持心肌的正常应激状态，保证心脏的正常功能。

（三）构成组织细胞的成分

所有组织中均有电解质成分，如钙、磷和镁是骨骼、牙组织中的主要成分，含硫酸根的蛋白多糖参与软骨、皮肤和角膜等组织。

（四）参与物质代谢

有些无机离子是酶的辅助因子或激活剂，影响酶的活性。如细胞色素氧化酶中需要 Fe^{2+}和 Cu^{2+}；Mg^{2+}参与糖类、脂类、蛋白质、核酸的合成；Ca^{2+}作为凝血因子参与机体内凝血过程；Cl^-和 K^+分别是唾液淀粉酶和磷酸果糖激酶的激活剂；而 Na^+和 Ca^{2+}、Mg^{2+}分别是丙酮酸激酶和醛缩酶的抑制剂等。

第 2 节　水和钠、钾、氯的代谢

一、水的代谢

（一）水的摄入

1. 饮水　包括饮料、茶、汤及其他流质，饮水量随个体习惯、气候条件和劳动强度的不同而有较大差别。成人一般每天饮水约 1200mL。

2. 食物水　各种食物含水量不同，成人每天随食物摄入的水量约 1000mL。

3. 代谢水（内生水）　糖、脂肪和蛋白质等营养物质在代谢过程中生成的水，称为代谢水。成人每天体内生成的代谢水约为 300mL。

（二）水的排出

1. 肺呼出　肺呼吸时以蒸汽的形式排出水约 350mL。肺排水量的变化取决于呼吸的深度和频率，如高热时呼吸加深、加快，排水量增加。

2. 皮肤蒸发　皮肤排水有两种方式：①非显性出汗（隐性出汗）：即体表水分的蒸发。成人每天由此蒸发水约 500mL，因其中电解质含量甚微，故可视为纯水。②显性出汗：出汗量与环境温度、湿度和活动强度有关。汗液是低渗溶液，其中含有少量的 Na^+、Cl^- 和 K^+，故大量出汗后，在补充水分的基础上还应注意电解质的补充。

3. 粪便排出　成人每日约有 8000mL 消化液进入消化道，内含有大量水分和电解质。这些消化液绝大部分被肠道重吸收，只有 150mL 左右随粪便排出。

4. 肾排水　肾脏是排水最主要的器官，成人每天排水量约为 1500mL，但尿量受饮水量和其他途径排水量的影响较大。成人每天由尿排出至少 35g 左右的固体代谢废物，每 1g 固体溶质至少需要 15mL 水才能使之溶解，故成人每天至少须排尿 500mL 才能将代谢废物排尽，因此，500mL 称为最低尿量。尿量少于 500mL 时称为少尿，此时代谢废物将潴留在体内，导致氮质血症。

正常成人每天的水进出量大致相等，约 2500mL（表 12-1）。为满足正常需要，成人每天应供给 2500mL 称为正常需水量。但在缺水情况下，人体每天仍需经肺、皮肤、消化道和肾（按每天尿量 500mL 计）排出水约 1500mL，除 300mL 代谢水外，成人每天至少应补充 1200mL 水，才能维持最低限度的水平衡，因此，1200mL 称为日需水量或最低需水量。

表 12-1　成人每天水的摄入与排出量

水的摄入	(mL/d)	水的排出	(mL/d)
饮水	1200	呼吸	350
食物水	1000	皮肤	500
代谢水	300	粪便	150
		肾	1500
总计	2500		2500

此外，儿童、孕妇和恢复期病人，需保留部分水作为组织生长、修复的需要，故他们的摄水量略大于排水量。婴幼儿新陈代谢旺盛，每天水的需要量按千克体重计较成人高 2～4 倍，但因其神经、内分泌系统发育尚不健全，肾调节能力较弱，所以比成人更容易发生水、电解质平衡失调。

二、钠与氯的代谢

（一）含量与分布

正常成人体内钠总量为 45～50mmol/kg 体重，其中约 45% 存在于细胞外液，45% 存在于骨骼，10% 存在于细胞内液。血浆（清）钠含量为 135～145mmol/L，平均为 142mmol/L。

氯主要存在于细胞外液，血清氯含量为 98～106mmol/L，平均为 103mmol/L。

（二）吸收与排泄

人体的钠与氯主要来自于食盐（NaCl），一般成人每日生理需要量为 4.5～9g，其摄入量因个人的饮食习惯不同而有很大的差别。低盐饮食者，每天 NaCl 的摄入量也不应低于 0.5～1.0g，以保证机体的需要。正常情况下，NaCl 经胃肠道几乎全部被吸收。

钠和氯主要经肾脏随尿排泄，少量由粪便及汗液排出。肾脏对排钠的调节能力很强，当血钠浓度高时，肾小管对钠的重吸收降低，过量的钠可以迅速通过肾脏排出体外；反之，重吸收增强，尿钠减少；当机体完全停止摄入钠时，肾排钠几乎为零。肾脏对排钠的高效调节能力可概括为"多吃多排，少吃少排，不吃不排"。体内氯随钠排出。此外，汗液和粪便亦可排出少量的 Na^+ 和 Cl^-，但如大量出汗和腹泻，也可丢失大量的 Na^+ 和 Cl^-。

三、钾的代谢

（一）含量与分布

人体内钾含量为31~57mmol/kg 体重。其中约98%存在于细胞内液，仅约2%存在于细胞外液。细胞内液钾的浓度与细胞外液相差约30倍。血清钾含量为3.5~5.5mmol/L，红细胞内钾浓度约为105mmol/L。

K^+、Na^+ 在细胞内外分布极不均匀，主要是由于细胞膜上"钠钾泵"的作用。用同位素作静脉注射，大约需15h 才能使细胞内外的钾达到平衡，心脏病患者则需45h 左右才能达到平衡。因此，在需要给病人补钾时，应注意用量少、浓度低、速度慢、见尿补钾等原则，以免造成高血钾。此外，钾在细胞内、外的分布还受物质代谢和体液酸碱平衡等方面的影响。

1. 糖代谢的影响　每合成1g 糖原需要0.15mmol 的 K^+ 进入细胞内；每分解1g 糖原则可释放等量的 K^+ 到细胞外。临床上应用胰岛素或大量补充葡萄糖时，细胞内糖原合成增强，钾从细胞外转入细胞内，血浆钾浓度降低，应注意适量补钾。对于高血钾病人，可采用注射葡萄糖溶液和胰岛素的方法，加速糖原合成，促使 K^+ 由细胞外进入细胞内，以达到降低血钾浓度的目的。

2. 蛋白质代谢的影响　每合成1g 蛋白质需要0.45mmol 的 K^+ 进入细胞内；每分解1g 蛋白质则可释放等量的 K^+ 到细胞外。因此，在组织生长或创伤修复期等情况下，蛋白质合成代谢增强，钾进入细胞内，可使血钾浓度降低，应注意补钾；而在严重创伤、感染、缺氧以及溶血等情况下，蛋白质分解代谢增强，细胞内钾释放到细胞外，容易引起高血钾。

3. 细胞外液 H^+ 浓度的影响　酸中毒时细胞外液 H^+ 浓度增高，部分 H^+ 与体内细胞和肾小管上皮细胞内的 K^+ 进行交换，可引起高血钾；碱中毒时则可引起低血钾。

（二）吸收与排泄

钾主要来自于食物，正常成人每天钾的需要量为2~3g。各种谷类、瓜果、肉类等均含有丰富的钾，故一般食物即可满足正常需要。食物中的钾90%以上被消化道吸收，其余未被吸收的部分则随粪便排出体外。

正常情况下，80%~90%的钾经肾由尿排出，10%左右随粪便排出，少量钾可由汗液排出。肾对钾的排泄能力很强，特点是"多吃多排、少吃少排、不吃也排"。即使禁钾1~2周，肾每天排钾仍可达到5~10mmol，所以，对长期不能进食或大量失钾的病人（如严重腹泻、呕吐、肠瘘等），应该注意及时补钾，防止发生低血钾。

四、水和钠、钾、氯代谢的调节

（一）神经系统的调节

中枢神经系统通过对体液渗透压变化的感受，直接影响水的摄入。当机体失水过多或进食高盐饮食、输入高渗 NaCl 或葡萄糖、甘露醇溶液的情况下，可使细胞外液渗透压升高，下丘脑视前区的渗透压感受器（渴觉中枢）受到刺激，产生兴奋并传至大脑皮质引起渴感；同时，细胞内水转移至细胞外，细胞脱水，也可引起口渴。饮水后，细胞外液渗透压回降，水自细胞外转向细胞内，重新恢复平衡。

(二) 激素的调节

1. 抗利尿激素的调节　抗利尿激素(ADH)又称血管升压素,是下丘脑视上核神经细胞合成的一种九肽激素,储存于脑垂体后叶神经垂体中,ADH的主要功能是促进肾远曲小管及集合管对水的重吸收。

ADH的分泌主要受细胞外液渗透压、血容量和血压等方面的影响。当机体失水导致血浆渗透压增高或大量失血导致血容量减少、血压下降时,可分别刺激下丘脑的渗透压感受器、左心房的容量感受器及主动脉弓和颈动脉窦的压力感受器,三者均能促使ADH分泌增加,从而增加肾小管膜对水的通透性,加速水的重吸收,使血浆渗透压下降、血容量增加、血压上升,恢复体液平衡。反之,当血浆渗透压下降、血容量增加、血压升高时,ADH分泌减少,排水量增多。此外,疼痛、情绪紧张可使ADH释放增多,血管紧张素Ⅱ增多也可刺激ADH的分泌(图12-1)。

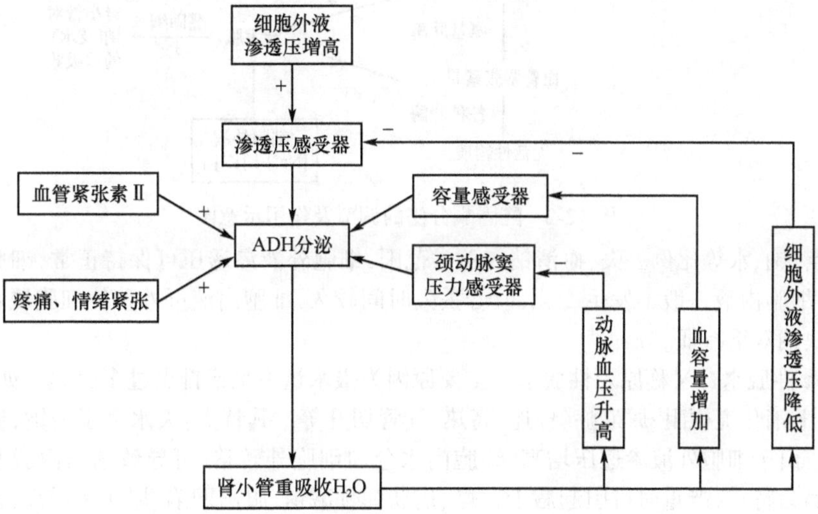

图12-1　抗利尿激素分泌的调节及作用示意图

2. 醛固酮的调节　醛固酮又称盐皮质激素,是肾上腺皮质球状带分泌的一种类固醇激素。醛固酮的主要作用是促进肾远曲小管和集合管上皮细胞排出K^+和H^+、重吸收Na^+,伴随Na^+的重吸收,Cl^-和水也被重吸收,即“保钠、排钾、保水”作用,调节电解质平衡。

醛固酮的分泌主要受肾素-血管紧张素系统和血浆钠钾浓度的影响。当血容量减少或血压下降时,肾小球小动脉血压随之下降;同时肾血流量减少,肾小球滤过率降低,通过肾远曲小管致密斑的Na^+量减少;全身血压下降可使交感神经兴奋。三者均可促进肾小球旁细胞分泌肾素。肾素是一种蛋白水解酶,能催化血浆中血管紧张素原转变为血管紧张素Ⅰ,后者经转化酶催化转变成血管紧张素Ⅱ,继而在氨基肽酶的催化下转变成血管紧张素Ⅲ。血管紧张素Ⅱ可引起小动脉收缩,同时,血管紧张素Ⅱ、Ⅲ均可促进醛固酮的分泌,醛固酮的分泌增多,肾脏的“保钠、排钾”作用增强,Na^+、水的重吸收增加,从而恢复血容量和血压。反之,当血容量增加时,肾素分泌减少,醛固酮的分泌也随之减少(图12-2)。

五、水与电解质平衡失常

(一) 脱水

1. 等渗性脱水　又称急性脱水或混合性脱水,是最常见的脱水类型。可因体液大量渗出、胃肠道丢失或肾丢失等原因引起。如大面积烧伤早期、急性腹膜炎、肠瘘、呕吐、腹泻、肾脏疾病

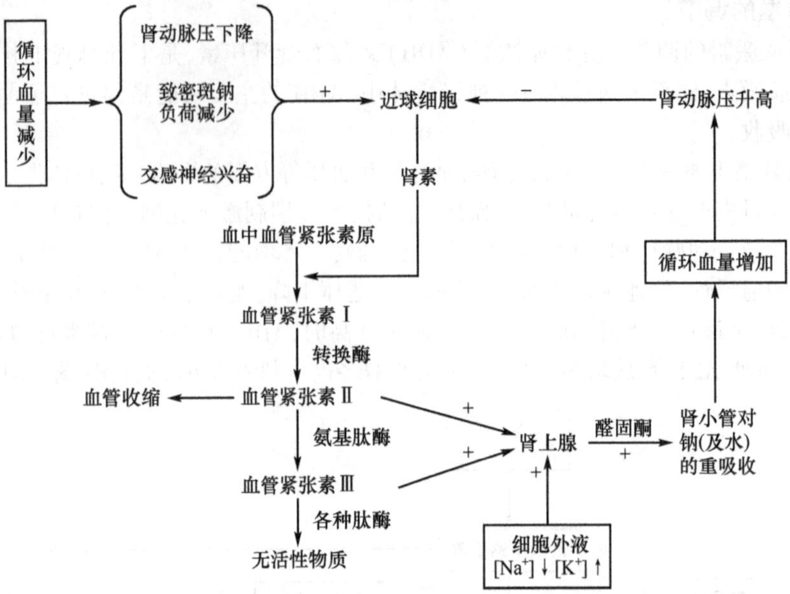

图 12-2 醛固酮分泌的调节及作用示意图

等。其特点:钠、水等比例丢失,血清钠在正常范围,细胞外液渗透压可保持正常,细胞外液总量迅速减少,细胞内液一般不发生变化,但若丢失时间较久,细胞内液可外移使细胞脱水。临床常伴缺水与缺钠双重特征。

2. 高渗性脱水　又称原发性脱水。主要原因为摄水量不足或排出过多引起。如大量出汗、长期禁食、上消化道梗阻、尿崩症、昏迷、高热、气管切开等。其特点:失水大于失钠,细胞外液渗透压升高。由于细胞外液渗透压增高,细胞内水分向细胞外转移,可导致细胞内脱水。临床表现为以口渴为特点,严重时可引起唇干舌燥、皮肤弹性减退、眼窝凹陷、尿比重增高,甚至出现中枢神经系统功能障碍或循环系统功能障碍。

3. 低渗性脱水　又称继发性脱水或慢性脱水。常因慢性失液、反复呕吐、腹泻或大面积烧伤面渗液、大量出汗等因素丧失体液后,只补水而未补钠。其特点:失钠大于失水,细胞外液渗透压降低,导致低钠血症。临床表现以较早出现周围循环衰竭为特点,出现血容量不足表现,甚至休克、昏迷;病人口渴不明显,但缺钠所致的乏力、头晕、神志淡漠、恶心呕吐、腓肠肌抽痛等较明显。

(二) 水过多

正常人在神经-体液、肾脏等的调节下,虽入水较多,肾脏可以及时排出过多的水分。但如果摄入过多的水,超过肾脏排出的限度,则易引起水中毒。

(三) 高血钾症和低血钾症

1. 高血钾　血钾浓度高于 5.5mmol/L 时,称为高血钾。其主要原因有:①输入钾过多:如输钾过多、过快(错误地静脉推注钾)或输入大量库存血液。②排泄障碍:常见于肾功能衰竭或肾上腺皮质功能低下。③细胞内钾外移:当在大面积烧伤或呼吸障碍引起缺氧以及酸中毒时均可导致高血钾。

2. 低血钾　血钾浓度低于 3.5mmol/L 时,称为低血钾。其主要原因有:①摄入过少:见于摄食障碍、禁食等。②丢失过多:见于严重腹泻、呕吐和钾利尿剂过多应用等。③细胞内、外分布异常:见于治疗糖尿病酸中毒时,应用大量葡萄糖和胰岛素,促进血浆 K^+ 进入细胞内,又未及时补钾。此外,碱中毒也能使钾转入细胞内导致低血钾。

案例 12-1

某 5 岁患儿，腹泻 3 天，10 余次/天，可能会发生何种水、电解质代谢紊乱？为什么？

分析：可发生脱水、低钾血症。因为大量丢失消化液使体液容量不足产生脱水，消化液基本为等渗液，在病程中若患儿能得到适当的水和钠补充，再加上肾脏的调节，可维持渗透压正常，发生等渗性脱水。若病程中因口渴过量饮用纯水而未补充钠盐，则可出现低渗性脱水。若病程中得不到适当的水分补充，因呼吸、皮肤蒸发继续丢失相当数量的水而无相应的电解质丢失，则可产生高渗性脱水。因消化液中含有丰富的钾，丢失消化液过多可产生低钾血症。

第 3 节 钙、磷代谢

钙、磷是体内含量最多的无机盐，正常人体钙总量为 700～1400g，磷总量为 400～800g。体内 98% 以上的钙和 85% 以上的磷以羟磷灰石［$3Ca_3(PO_4)_2 \cdot Ca(OH)_2$］的形式构成骨盐。钙、磷参与骨骼的形成，极少量的钙和磷分布于体液和软组织中，以溶解状态存在。

一、钙、磷的生理功能

钙、磷在体内主要用于构成骨盐，沉积于胶原纤维的表面参与骨骼的形成。存在于体液当中的钙和磷虽然极少，却有着特殊的生理功能。

（一）Ca^{2+}的生理功能

1. 参与凝血作用　Ca^{2+}是凝血因子之一，参与血液凝固过程。

2. 降低毛细血管及细胞膜的通透性　临床上常用钙制剂治疗荨麻疹等过敏性疾病，以减轻组织的渗出性病变。

3. 降低神经肌肉的兴奋性　当血钙降低时，神经肌肉的兴奋性增强，可出现手足搐搦。

4. 增强心肌的收缩力　Ca^{2+}促进心肌的收缩，与促进心肌舒张的 K^+相拮抗，使心肌在正常工作时收缩与舒张过程达到协调统一。

5. 参与物质代谢的调节　Ca^{2+}是许多酶（如脂肪酶、ATP 酶）的激活剂或某些酶（如 25-羟维生素 D_3羟化酶等）的抑制剂，对物质代谢起着重要的调节作用。

6. 作为第二信使调节细胞功能　Ca^{2+}通过钙信使系统对肌肉收缩、内分泌、糖原的合成与分解、电解质转运，以及对细胞生长发挥重要的生理作用。

（二）磷的生理功能

1. 参与体内多种重要物质的组成　如 DNA、RNA、NAD^+及磷脂、磷蛋白等。

2. 参与物质代谢过程　如 6-磷酸葡萄糖、磷酸甘油、氨基甲酰磷酸等是糖、脂、氨基酸代谢的重要中间物质。

3. 参与体内能量生成、储存和利用　如 ATP、ADP、磷酸肌酸等。

4. 参与物质代谢的调节　通过酶的共价修饰中的磷酸化和脱磷酸化作用，改变酶的活性，对物质代谢进行调节。

5. 参与体液酸碱平衡的调节　血液中的 HPO_4^{2-}和 $H_2PO_4^-$构成缓冲对，参与体液酸碱平衡的调节。

二、钙、磷的吸收与排泄

（一）钙的吸收与排泄

正常成人每日钙的需要量为 0.6～1.0g，儿童、孕妇及乳母需要量增加，每日需钙量为1.0～

1.5g。食物中的钙大多数是难溶性盐，在酸性环境中溶解度大，容易吸收。钙的吸收部位主要在酸度较强的小肠上段。影响钙吸收的主要因素有：

1. 1,25-$(OH)_2$-D_3　1,25-$(OH)_2$-D_3(即活性维生素D)能促进小肠对钙、磷的吸收。如果维生素D缺乏或任何原因造成活性维生素D形成障碍时，可导致钙的吸收降低，引起缺钙。因此，临床补钙的同时，给予一定量的维生素D能收到更好的效果。

2. 饮食　钙盐在酸性环境中易于溶解，凡能降低肠道pH的物质都可促进钙的吸收，如乳酸、氨基酸、柠檬酸等。食物中过多的碱性磷酸盐、草酸、鞣酸及植酸等可与钙形成难溶性的钙盐而阻碍钙的吸收。

3. 年龄　钙的吸收率与年龄成反比，年龄越大，吸收率越低。婴儿和儿童钙的吸收率较高，分别可吸收食物中钙的50%和40%以上；成人为20%左右。随着年龄的增大，钙的吸收率越来越低，故老年人容易缺钙而出现骨质疏松。

人体每天排出的钙，约80%经肠道排出，20%经肾脏排出。粪便中的钙主要是食物及消化液中未被吸收的钙。肾小球每天可滤出约10g钙，其中95%以上被肾小管重吸收，仅有0.5%~5%可随尿排出，每日随尿排出的钙比较稳定。若血钙升高，尿钙排出量就增加，以维持血钙浓度相对稳定。

（二）磷的吸收与排泄

正常成人每日磷的需要量为1.0~1.5g，食物中的磷大部分以磷酸盐、磷蛋白、磷脂或磷酸脂的形式存在，有机磷酸酯被消化水解生成无机磷酸盐后才能被吸收。磷的吸收部位也是在小肠上段，较钙容易吸收，吸收率达70%，低磷时可达90%，因此，临床上缺磷极为少见。

磷大部分由肾排出，约占总排出量的70%，其余随粪便排出。当血磷浓度降低时，肾小管的重吸收增强。故肾功能不全时，可引起血磷升高。

三、血钙与血磷

（一）血钙

血液中的钙几乎全部存在于血浆中，故血钙主要指血浆钙(一般采用血清标本来进行测定)。正常人血钙浓度：成人为2.03~2.54mmol/L，儿童为2.25~2.67mmol/L。

血钙主要以结合钙和离子钙两种形式存在，各占约50%。结合钙中绝大部分是与血浆蛋白质(主要是清蛋白)结合的钙，小部分与柠檬酸、重碳酸盐结合，蛋白结合钙不能通过毛细血管壁，故称为不可扩散钙。离子钙和柠檬酸钙等可以通过毛细血管壁，则称为可扩散钙。离子钙与结合钙之间可以相互转变，并保持平衡，这一平衡受血浆pH影响。

$$\text{Ca-清蛋白} \underset{HCO_3^-}{\overset{H^+}{\rightleftharpoons}} Ca^{2+} + \text{清蛋白}$$

当血液pH下降(酸中毒)，则结合钙解离，Ca^{2+}浓度增加；当血液pH增高(碱中毒)时，结合钙增多，Ca^{2+}浓度下降。当血浆Ca^{2+}浓度低于0.88mmol/L时，神经肌肉兴奋性增强，可发生手足抽搐现象。

（二）血磷

血磷通常指血浆中的无机磷，其中80%~85%以HPO_4^{2-}形式存在，15%~20%以$H_2PO_4^-$形式存在。由于磷酸根不易测定，所以通常以无机磷表示。正常成人血磷浓度为0.96~1.62mmol/L，儿童为1.45~2.10mmol/L。

血钙和血磷浓度保持一定的数量关系，如果两者浓度以“mg/dL”表示，则正常成人血浆[Ca]×[P]=35~40。当两者乘积大于40时，钙、磷以骨盐的形式存积于骨组织中；若两者乘积小于35时，则会影响骨组织的钙化和成骨作用，甚至会发生骨盐溶解而产生佝偻病及软骨病。

四、钙磷代谢的调节

体内钙、磷代谢的调节主要受活性维生素 D、甲状旁腺素和降钙素三种体液因素的影响。三种调节因素对钙磷代谢的影响见表 12-2。

表 12-2　三种调节因素对钙磷代谢的影响

调节因素	成骨	溶骨	肠道钙吸收	血钙	血磷	尿钙	尿磷
$1,25\text{-}(OH)_2\text{-}D_3$	↑	↑	↑↑	↑	↑	↓	↓
PTH	↓	↑↑	↑	↑	↓	↓	↑
CT	↑	↓	↓(生理剂量)	↓	↓	↑	↑

案例 12-2

患儿，女，1 岁。自入院前 3 个月起，患儿出现多汗，睡觉时出汗更甚。逐渐患儿易惊，稍有声响即惊醒，并哭闹不止，夜间更明显。患儿系孕 35 周早产，因无母乳，人工喂养，至今未添辅食。查体发现患儿方颅，颅后枕秃(+)，胸廓肋缘外翻。

实验室检查：血常规(-)，尿、粪常规(-)，ALP 280U/L，电解质 Na^+ 135mmol/L，K^+ 3.8 mmol/L，Ca^{2+} 1.3mmol/L。

问题：

该患儿患有何种疾病？

(一) $1,25\text{-}(OH)_2\text{-}D_3$

维生素 D 本身并无活性，必须经过肝、肾两次羟化反应转变成 $1,25\text{-}(OH)_2\text{-}D_3$(活性维生素 D)才具有生理活性。其主要生理作用是：①促进小肠对钙、磷的吸收。②促进骨的代谢(促进成骨与溶骨作用)。③促进肾近曲小管对钙、磷的重吸收。

$1,25\text{-}(OH)_2\text{-}D_3$ 总体作用是升高血钙、血磷，促进骨的更新。

(二) 甲状旁腺素

甲状旁腺素(PTH)是由甲状旁腺主细胞合成并分泌的一种由 84 个氨基酸残基组成的单链多肽。其主要生理作用是：①促进骨盐溶解(即溶骨)，抑制骨盐生成(即成骨)，骨组织中的钙、磷释放入血，导致血钙、血磷升高。②促进肾远曲小管对钙的重吸收，抑制对磷的重吸收，使尿磷排出增多。③激活肾中 1α-羟化酶的活性，促进 $1,25\text{-}(OH)_2\text{-}D_3$ 的生成，间接促进小肠对钙、磷的吸收。

综上所述，PTH 具有升高血钙，降低血磷的作用。

(三) 降钙素

降钙素(CT)是由甲状腺滤泡旁细胞合成并分泌的一种由 32 个氨基酸残基组成的多肽。其主要生理作用是：①抑制骨盐溶解，促进骨盐生成，导致血钙、血磷降低。在调节血钙、血磷及骨代谢中，CT 和 PTH 有显著的拮抗作用。②抑制肾近曲小管对钙、磷的重吸收，使尿钙、尿磷排出增加。③抑制肾中 1α-羟化酶的活性，抑制 $1,25\text{-}(OH)_2\text{-}D_3$ 的生成，间接抑制小肠对钙、磷的吸收。CT 作用的总结果是降低血钙和血磷。

第4节 镁的代谢

一、镁的含量与分布

镁在体内是仅次于钙、钾、钠而位居第四的金属元素，其含量为20~28g。其中50%~60%存在于骨骼中，附着在羟磷灰石的表面；20%~30%存在于肌肉组织中，其余的分布在其他软组织当中。镁主要以阳离子形式存在于各种细胞内，细胞外液的镁只占体内总量的1%。

正常血清镁的浓度为0.7~1.0mmol/L。血清镁有三种形式存在：镁离子(Mg^{2+})，约占血清镁总量的55%；与血浆蛋白(主要是清蛋白)结合的镁，约占30%；剩余部分与磷酸、柠檬酸等结合成不易解离的化合物。三种形式的镁之间相互转变，保持动态平衡，只有镁离子才能起直接作用。

二、镁的吸收与排泄

人体每日需镁量为0.2~0.4g，主要从谷类和绿色蔬菜中摄取，正常膳食能够满足镁的生理需要。镁的吸收部位在小肠和回肠，吸收率为30%，吸收特点是慢且不完全。镁的吸收受多种因素的影响，食物中过多的钙、草酸盐、脂肪等可减少镁的吸收；植酸和碳酸可与镁形成不溶性的化合物而影响吸收；维生素D和蛋白质则能增加镁的吸收。

体内镁的排泄主要是通过肠道和肾脏排泄。食物中的镁60%~70%未被吸收而随粪便排出；肾是维持血镁浓度恒定的主要器官，血浆中的Mg^{2+}可透过肾小球滤出，其中大部分可被肾小管吸收，只有小部分随尿排出。

三、镁的生理功能

1. 为体内许多酶的辅助因子或激活剂　Mg^{2+}是近300种酶的辅助因子，广泛参与体内糖类、脂肪、蛋白质和核酸等各种物质代谢以及能量代谢、离子转运、神经传递和肌肉收缩等各种生理过程。

2. 影响神经系统和心肌的功能　Mg^{2+}对中枢神经系统有抑制作用；镁能阻断神经传导冲动，起到镇静作用；镁与钙能降低神经肌肉的兴奋性，两者具有协同作用。但对心肌则具有互相拮抗作用，Mg^{2+}有抑制作用，而Ca^{2+}有兴奋作用。

3. 具有降低血压的作用　镁可以使外周血管扩张，因而产生降低血压的作用。因此，注射镁可使血压下降，但过量可使心脏停搏于舒张期。

4. 镁是骨骼的组成成分，与骨骼的生长和更新密切相关。

5. 对胃肠作用　$Mg(HCO_3)_2$等碱性镁制剂是良好的抗酸剂，可中和胃酸；Mg^{2+}在肠道中吸收缓慢，能使水分潴留，故镁盐常用做导泻剂；低渗硫酸镁溶液注入十二指肠可增加胆汁排出，故可作为利胆剂。

小结

水的生理功能有：①调节体温。②促进并参与物质代谢。③运输作用。④润滑作用。⑤维持组织的形态与功能。正常成人每天的进出量大致相等，约2500mL。人体每天最低尿量为500mL，最低日需水量为1200mL。

无机盐的生理功能：①维持体液渗透压和酸碱平衡。②维持神经肌肉的应激性。③构成组织细胞的成分。④参与物质代谢。肾脏对钠的排泄特点是“多吃多排，少吃少排，不吃不排”。肾脏对钾的排泄特点是“多吃多排，少吃少排，不吃也排”。

钙、磷是体内含量最多的无机盐，主要以羟磷灰石的形式构成骨盐。影响钙吸收的主要因素：①1,25-$(OH)_2$-D_3。②饮食。③年龄。钙：约80%经肠道排出，20%经肾脏排出。磷：70%由肾排

小结

出，其余随粪便排出。正常成人血浆[Ca]×[P]=35~40。当两者乘积大于40时，钙、磷以骨盐的形式存积于骨组织；若两者乘积小于35时，则会影响骨组织的钙化和成骨作用，甚至会发生骨盐溶解而产生佝偻病及软骨病。钙磷代谢的影响因素有1,25-$(OH)_2$-D_3、甲状旁腺素、降钙素三种，其靶器官主要为骨、肾、肠。

目标检测

一、名词解释

1. 日需水量　　2. 不可扩散钙

二、填空

1. 钠、钾的排泄均由肾通过尿而排出，但前者的排泄特点为________，而后者的为________。
2. 调节水盐代谢的激素有________、________，其中醛固酮的作用是________，抗利尿激素作用是________。
3. 调节钙磷代谢的激素有________、________和________。它们的靶组织均是________、________以及________。

三、选择题

A 型题

1. 抗利尿激素(ADH)的作用部位是(　　)
   A. 近曲小管和远曲小管
   B. 髓袢降支和远曲小管
   C. 髓袢升支和远曲小管
   D. 近曲小管和集合管
   E. 远曲小管和集合管
2. 给病人输葡萄糖后，会出现(　　)
   A. 无 K^+ 移动　　B. 尿 K^+ 排泄增加
   C. 肠吸收 K^+ 障碍　　D. 细胞内 K^+ 逸出细胞外
   E. 细胞外 K^+ 进入细胞内
3. 影响 ADH 分泌的因素中，哪项是错误的(　　)
   A. 体液渗透压↓，ADH 分泌增多
   B. 体液渗透压↑，ADH 分泌增多
   C. 动脉血压↑，ADH 分泌减少
   D. 血容量↑，ADH 分泌减少
   E. 体液渗透压↓，ADH 分泌减少
4. 正常成人血浆中[Ca]×[P]乘积为(　　)
   A. 5~10　　B. 15~20　　C. 25~30
   D. 35~40　　E. 45~50

B 型题

A. Na^+　　B. K^+　　C. Mg^{2+}
D. Ca^{2+}　　E. Fe^{2+}

5. 凝血过程中必不可少的因子是(　　)

6、7 题共用备选答案

A. 肾素　　B. 血管紧张素
C. 醛固酮　　D. 抗利尿激素
E. 心房钠尿肽

6. 促进肾小管重吸收水的是(　　)
7. 促进肾小管重吸收钠的是(　　)

K 型题

8. 水的生理功能是(　　)
   A. 参与重要的生化反应
   B. 良好的溶剂
   C. 调节体温
   D. 有润滑作用
   E. 增加组织坚实柔韧性
9. 调节钙磷代谢的主要激素是(　　)
   A. PTH　　B. 降钙素　　C. 生长素
   D. 雌激素　　E. 维生素 D

四、简答题

1. 为什么说不能进食的病人在补充电解质时首先应考虑补充钾，有哪些因素影响血钾的浓度？
2. 调节钙磷代谢的激素有哪几种？它们对钙磷代谢各起什么作用？

（刘　军）

第13章 酸碱平衡

学习目标

1. 理解酸碱平衡的概念
2. 理解血液缓冲作用、肺及肾在调节酸碱平衡中的作用
3. 理解酸碱平衡与血钾、血氯的关系
4. 理解酸碱平衡的生物化学指标及其临床意义
5. 了解体内酸性及碱性物质的来源
6. 了解酸碱平衡失调的基本类型

第1节 酸碱平衡概述

一、酸碱平衡的概念

人体内体液必须具有适宜的酸碱度，这是维持正常生理活动的重要条件之一。组织细胞在进行正常代谢过程中不断产生酸性和碱性物质，还有一定数量的酸性和碱性物质随食物进入体内。机体可通过一系列的调节作用，使体液 pH 维持在恒定范围内，这一过程称为酸碱平衡。

各部分体液的 pH 不尽相同，细胞内液的 pH 略低于血浆。正常情况下血浆的 pH 在 7.35～7.45 之间，平均为 7.4。由于各部分体液间相互沟通，因此血浆 pH 可间接反映其他各部分体液的酸碱平衡状态。

酸性体质危害健康

根据科学家的研究发现，正常人血液的 pH 在 7.35～7.45，为碱性体质，但这部分人只占总人群的 10% 左右，更多的人体液 pH 徘徊在 7.35 左右，身体处于亚健康状态，医学上称为酸性体质者。与碱性体质者相比，酸性体质者常会感到身体疲乏、记忆力衰退、注意力不集中、腰酸腿痛、老化加快等，如不注意改善，就会继续发展成疾病。酸性体质还可夺走美丽，这类人不仅身体表现虚弱，而且体态易肥胖，下腹突出。最可怕的是如果不及时纠正体内的酸碱度，还会直接影响到皮肤的滋润与光滑，使人看上去憔悴无华，皮肤上容易长雀斑、痣以及皮肤变黑等。

链接

二、体内酸性物质与碱性物质的来源

（一）酸性物质的来源

1. 代谢产生

（1）挥发性酸：糖、脂肪、蛋白质在体内分解代谢最终产生 H_2O 和 CO_2。两者结合生成 H_2CO_3，H_2CO_3 可由肺调节，故称之为挥发性酸。正常成人每日产生的 CO_2 为 300～400L，可生成 15mol 的 H_2CO_3，释放相当于 15mol 的 H^+。

（2）固定酸：物质代谢产生的丙酮酸、乳酸、乙酰乙酸、磷酸、硫酸等，均不能由肺呼出，故称为固定酸。正常成人每天从固定酸解离出的 H^+ 为 50～100mmol。

体内的酸性物质主要来自含糖、脂肪、蛋白质丰富的动物性和谷类食物，故将这些食物称为

成酸性食物。

2. 外界摄入　食物中的醋酸、乳酸、柠檬酸，防腐剂中的苯甲酸，药物中的氯化铵、乙酰水杨酸、维生素C等，也是体内酸性物质的来源。

（二）碱性物质的来源

人体碱性物质主要来源于食物，少量自体内代谢产生。

1. 食物中的碱　蔬菜和水果中含有丰富的有机酸盐，如苹果酸、柠檬酸的钠盐或钾盐。有机酸盐进入体内，其中的有机酸根与H^+结合成有机酸，后者进一步氧化为H_2O和CO_2，排出体外。剩余的Na^+和K^+可与HCO_3^-结合为$NaHCO_3$和$KHCO_3$，增加了体内碱性物质的来源。所以，蔬菜、水果称为成碱性食物。

2. 代谢产生　体内代谢可产生少量的碱性物质，如NH_3、胆碱、胆胺等。

第2节　酸碱平衡的调节

体液pH的相对恒定，主要依靠血液的缓冲作用、肺的呼吸以及肾的排泄与重吸收三方面的协同作用来实现。

一、血液的缓冲作用

无论是体内代谢产生的还是进入体内的酸性或碱性物质，都需经血液稀释并被血液的缓冲体系所缓冲，将较强的酸或碱变成较弱的酸或碱，以维持血液pH的相对恒定。

（一）血液中的缓冲体系

1. 血液缓冲体系的组成　血液中一些弱酸及其对应盐构成缓冲系统，也称缓冲对或缓冲体系。

血液缓冲体系分布于血浆和红细胞中，其中血浆中有3对，以碳酸氢盐缓冲体系最为重要，红细胞中有4对，以血红蛋白缓冲体系最为重要。

$$\text{血浆}\quad \frac{NaHCO_3}{H_2CO_3},\frac{Na_2HPO_4}{NaH_2PO_4},\frac{Na\text{-}Pr}{H\text{-}Pr}\quad (\text{Pr：血浆蛋白})$$

$$\text{红细胞}\quad \frac{KHCO_3}{H_2CO_3},\frac{K_2HPO_4}{KH_2PO_4},\frac{K\text{-}Hb}{H\text{-}Hb},\frac{K\text{-}HbO_2}{H\text{-}HbO_2}\quad (\text{Hb：血红蛋白})$$

2. 血浆pH与碳酸氢盐缓冲体系的关系　血浆pH主要取决于$NaHCO_3/H_2CO_3$浓度的比值。正常人血浆$NaHCO_3$浓度为24mmol/L，H_2CO_3浓度为1.2mmol/L，两者比值为20/1。根据亨德森-哈塞尔巴尔赫（Henderson-Hasselbalch）方程式，血浆pH为

$$pH=pK_a+\lg\frac{[NaHCO_3]}{[H_2CO_3]}$$

式中的pK_a是碳酸解离常数的负对数，在37℃时为6.1。将数值代入上式得

$$pH=6.1+\lg 20/1=6.1+1.3=7.4$$

由此可见，只要$NaHCO_3/H_2CO_3$浓度比值保持20/1，血浆pH即为7.4。若一方浓度改变，而另一方浓度也随之做相应增减，使比值保持不变，则血浆pH仍为7.4。因此，机体酸碱平衡调节的实质，就在于调节$NaHCO_3$和H_2CO_3的含量，使二者比值保持20/1，从而维持血浆pH相对恒定。

（二）缓冲体系的缓冲作用

1. 对固定酸的缓冲　当固定酸（HA）进入血液时，首先由$NaHCO_3$与之反应，生成固定酸钠盐和H_2CO_3，在血液流经肺时，H_2CO_3分解成H_2O和CO_2，后者由肺呼出。

$$HA+NaHCO_3 \longrightarrow NaA+H_2CO_3$$

$$H_2CO_3 \xrightarrow{\text{碳酸酐酶}} CO_2\uparrow+H_2O$$

此外，Na-Pr 和 Na_2HPO_4 也能缓冲固定酸。

由于血浆中的 $NaHCO_3$ 主要用来缓冲固定酸，在一定程度上它代表血浆对固定酸的缓冲能力。故习惯上把血浆 $NaHCO_3$ 称为碱储。碱储的多少可用 CO_2 结合力来表示。

2. 对挥发性酸的缓冲作用　体内代谢产生的 CO_2 进入血液后，绝大部分扩散入红细胞，经碳酸酐酶催化与 H_2O 反应生成 H_2CO_3。H_2CO_3 主要被 KHb/HHb 和 $KHbO_2/HHbO_2$ 缓冲体系缓冲，最终以 CO_2 形式经肺排出（图 13-1）。

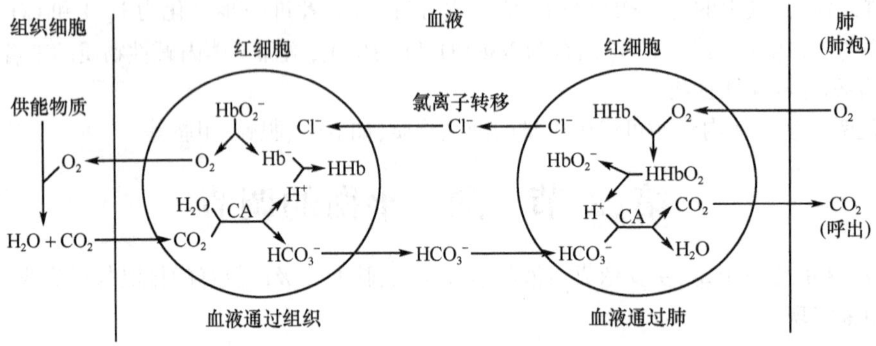

图 13-1　对挥发性酸的缓冲作用示意图

3. 对碱的缓冲作用　碱性物质（BOH）进入血液后，主要被碳酸氢盐缓冲体系中的 H_2CO_3 缓冲。H_2CO_3 含量相对较少，但由于体内不断产生 CO_2，所以仍是对碱起缓冲作用的主要成分。缓冲后生成的碳酸氢盐可由肾排出体外。

$$BOH+H_2CO_3 \longrightarrow BHCO_3+H_2O$$

由上可见，血液缓冲体系在缓冲酸和碱中起着重要作用。缓冲固定酸时，消耗了 $NaHCO_3$，生成 H_2CO_3，使 H_2CO_3 浓度升高；缓冲碱性物质时则使 H_2CO_3 被消耗，$NaHCO_3$ 浓度升高，从而导致血浆 $NaHCO_3/H_2CO_3$ 浓度的比值发生改变，造成血液 pH 的改变。但在正常情况下，这样的改变是轻微的，原因是机体还可通过肺和肾的调节来保持 $NaHCO_3$ 和 H_2CO_3 浓度及比值不变。

二、肺在酸碱平衡中的调节作用

肺对酸碱平衡的调节作用，主要是通过呼吸运动来调节血浆 H_2CO_3 的浓度，呼吸受呼吸中枢的控制。位于延髓的呼吸中枢调控着呼吸的深度和频率，从而加速或减慢 CO_2 的排出。呼吸中枢的兴奋性受二氧化碳分压（P_{CO_2}）和 pH 的影响，当 P_{CO_2} 升高，pH 降低时，呼吸中枢兴奋，呼吸加深、加快，CO_2 排出增多，使 H_2CO_3 浓度下降；反之，则呼吸变浅、变慢，CO_2 排出减少，H_2CO_3 浓度升高。

由此可见，肺通过呼出 CO_2 的多少来调节 H_2CO_3 的浓度，从而维持血浆中 $NaHCO_3/H_2CO_3$ 浓度的正常比值，使血液的 pH 保持在 7.35~7.45。

三、肾脏在酸碱平衡中的调节作用

肾主要通过排出过多的酸或碱以及对 $NaHCO_3$ 的重吸收来调节血浆 $NaHCO_3$ 的浓度。肾对酸碱平衡的调节作用强而持久。

（一）$NaHCO_3$ 的重吸收

肾小管上皮细胞内含有碳酸酐酶（CA），催化 CO_2 和 H_2O 结合，生成 H_2CO_3。H_2CO_3 解离成 H^+ 和 HCO_3^-，H^+ 分泌至管腔，与原尿中的 Na^+ 交换，使 Na^+ 重新进入肾小管上皮细胞内，与 HCO_3^- 结合生成 $NaHCO_3$。这一作用保证了从肾小球滤过的 $NaHCO_3$ 在通过肾小管时绝大部分被重吸收。

（二）尿液的酸化

肾小管上皮细胞分泌至管腔中的 H^+ 还可与小管液中 Na_2HPO_4 解离出的 Na^+ 进行交换。交换的结果是小管液中的 Na_2HPO_4 转变为 NaH_2PO_4 随尿排出，而回到小管细胞内的 Na^+ 则与细胞产生的 HCO_3^- 一起转运至血液，形成 $NaHCO_3$（图 13-2）。通过这种交换，使小管液中 Na_2HPO_4/NaH_2PO_4 的比值由原尿的 4/1 逐渐下降，至终尿（当小管液 pH 至 4.8）时，此比值降至 1/99，说明绝大部分的 Na_2HPO_4 转变为 NaH_2PO_4（图 13-3）。以这种方式排出的 H^+ 每天大约可达 39mmol/L。

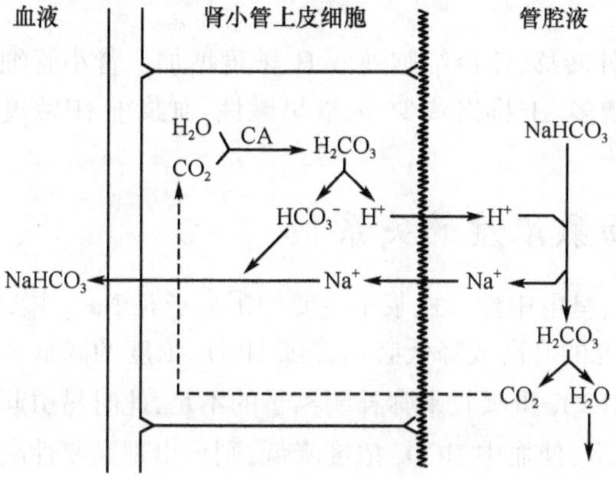

图 13-2　$NaHCO_3$ 的重吸收

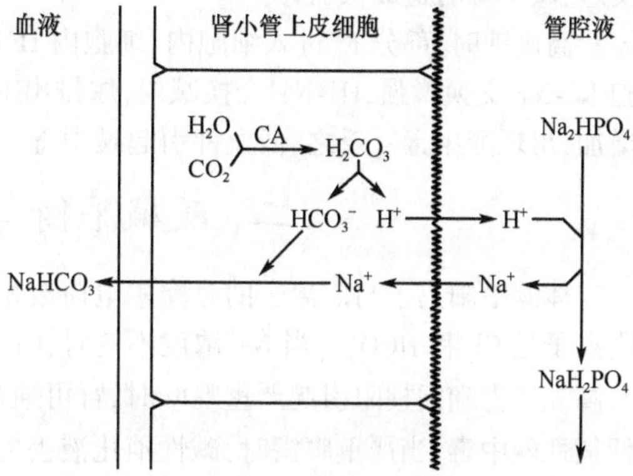

图 13-3　尿液酸化

（三）泌 NH_3 作用

肾小管细胞除能分泌 H^+，还具有泌 NH_3 功能。肾小管上皮细胞内有谷氨酰胺酶，能催化谷氨酰胺水解生成谷氨酸和 NH_3，这是 NH_3 的主要来源。此外，氨基酸的脱氨基作用也可产生 NH_3。NH_3 是碱性物质，具有结合 H^+ 的作用，当 NH_3 被分泌至肾小管管腔后，可与小管液中的 H^+ 结合成 NH_4^+，后者与原尿中强酸盐（如 NaCl、Na_2SO_4 等）的负离子结合成铵盐随尿排出，Na^+ 被重吸收，与细胞内的 HCO_3^- 一起转运入血液形成 $NaHCO_3$（图 13-4）。

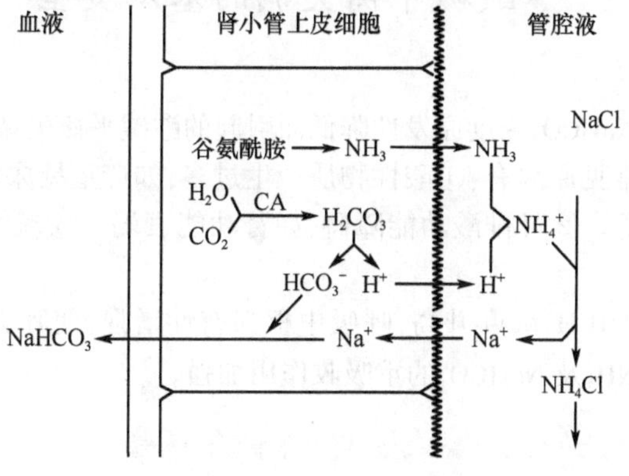

图 13-4　氨的分泌及铵盐的生成

经过尿液酸化和泌 NH_3 作用的方式转运入血的 $NaHCO_3$ 与肾小管液中重吸收者不同，它是由肾小管上皮细胞重新生成的，故也称为 $NaHCO_3$ 再生。通过上述过程即可排出过多的酸性物质，又可补充消耗的 $NaHCO_3$，因此，可有效地调节酸碱平衡。

第3节 酸碱平衡与电解质的关系

一、酸碱平衡与血钾浓度的关系

当肾功能正常时,酸碱平衡与血钾浓度的关系主要在于细胞内外H^+与K^+的交换和肾泌H^+与泌K^+的相互竞争。酸中毒时,H^+进入细胞内与K^+交换,细胞外液K^+浓度增加。同时,肾小管细胞H^+-Na^+交换增强,K^+-Na^+交换减弱,尿排出H^+增多,K^+排出减少,导致高血钾,尿液呈酸性。反之,碱中毒时造成低血钾。

高血钾时,部分K^+进入细胞内,细胞内H^+向外转移,使得细胞外液H^+浓度增加。肾小管细胞K^+-Na^+交换增强,H^+-Na^+交换减弱,尿排出K^+增多,H^+排出减少,尿液呈碱性,血浆中H^+浓度增加,出现酸中毒。反之,低血钾引起碱中毒。

二、酸碱平衡与血氯浓度的关系

体液中阳离子与阴离子的总摩尔电荷数相等,呈电中性。血浆中主要的阳离子是Na^+,主要阴离子是Cl^-和HCO_3^-。当Na^+浓度不变时,Cl^-浓度的升高或降低必然伴随HCO_3^-浓度的降低或升高。当胃幽门梗阻引起严重呕吐时,肾可通过HCO_3^-重吸收来弥补阴离子的不足,此时易引起低氯性碱中毒;当严重腹泻时,碱性消化液丢失过多,使血中HCO_3^-浓度降低,则可出现高氯性酸中毒。

第4节 酸碱平衡失调

体内酸、碱过多或肺、肾的调节功能发生障碍时,均可使血浆中$NaHCO_3$和H_2CO_3的浓度甚至比值发生改变,造成酸碱平衡失调。根据酸碱平衡失调的原因不同可将其分为四种基本类型。各种酸碱平衡失调又可根据血浆pH是否正常,将其分为代偿性和失代偿性两类。

一、酸碱平衡失调的基本类型

(一)代谢性酸中毒

各种原因使血浆中$NaHCO_3$浓度原发性降低而引起的酸碱平衡失调,称为代谢性酸中毒,是临床上最常见的类型。常见原因有:①酸性物质产生过多,如严重糖尿病并发酮症酸中毒、严重缺氧所致的乳酸酸中毒等。②肾排酸功能障碍,如肾功能衰竭。③碱性物质丢失过多,如严重腹泻、肠瘘等。

代谢性酸中毒时,血中H^+浓度升高,呼吸中枢兴奋性增强,使呼吸加深、加快,CO_2排出增多;同时,肾的泌H^+、泌NH_3及$NaHCO_3$的重吸收作用加强。

案例13-1

某糖尿病病人,入院时呈昏睡状态,呼吸深大。实验室检查:血糖16mmol/L,尿糖阳性,尿酮体阳性,血液pH 7.0,SB 15mmol/L,BE -8mmol/L,P_{CO_2} 4.0kPa。

问题:

1. 该病人应诊断有何种酸碱平衡失调?依据是什么?
2. 此时最易发生哪种电解质代谢紊乱?

(二)代谢性碱中毒

各种原因使血浆中 $NaHCO_3$ 浓度原发性升高而引起的酸碱平衡失调,称为代谢性碱中毒。常见于胃液大量丢失(如剧烈呕吐、长期胃肠减压等)、大量使用利尿剂、低钾血症、$NaHCO_3$ 摄入过多等。

代谢性碱中毒时,血中 H^+ 浓度降低,呼吸中枢受抑制,使呼吸变浅、变慢,CO_2 排出减少;肾的泌 H^+、泌 NH_3 作用减弱,$NaHCO_3$ 排出增多。

(三)呼吸性酸中毒

各种原因引起呼吸功能障碍,使 CO_2 呼出减少,致使血浆中 H_2CO_3 浓度原发性升高,称为呼吸性酸中毒。常见于呼吸道梗阻(如喉痉挛、支气管异物等)、肺部疾患(如肺气肿、肺炎等)、胸部损伤(如创伤、气胸、胸腔积液等)、呼吸中枢抑制(如麻醉药使用过量)。由于 H_2CO_3 浓度的升高,肾泌 H^+ 作用增强,$NaHCO_3$ 的重吸收增多。

案例 13-2

病人,男性,62 岁,因呼吸困难、昏迷入院。既往有 35 年的吸烟史,患慢性支气管炎多年。实验室检查:血液 pH 7.3,AB 35mmol/L,BE 3.0mmol/L,P_{CO_2} 7.5kPa。

问题:

该病人最可能存在哪种酸碱平衡紊乱?依据是什么?

(四)呼吸性碱中毒

各种原因引起的肺通气过度,CO_2 排出过多,使血浆中 H_2CO_3 浓度原发性降低引起的酸碱平衡失调,称为呼吸性碱中毒。可见于癔病、高热、手术麻醉时辅助呼吸过快、高山缺氧等。呼吸性碱中毒时,肾泌 H^+、泌 NH_3 作用减弱,加强 $NaHCO_3$ 的排出。

二、酸碱平衡失调的生化指标

(一)血浆 pH

正常人血浆 pH 为 7.35~7.45,平均为 7.4。pH>7.45 为失代偿性碱中毒,pH<7.35 为失代偿性酸中毒。单凭血浆 pH 不能判断酸碱平衡失调属于呼吸性还是代谢性。

(二)二氧化碳分压

二氧化碳分压(P_{CO_2})指物理溶解在血液中的 CO_2 所产生的张力。正常人动脉血 P_{CO_2} 为 4.65~5.98kPa(35~45mmHg),平均 5.32kPa(40mmHg),是反映呼吸因素的重要指标。

P_{CO_2}<4.5kPa 时,表示肺通气过度,CO_2 排出过多,见于呼吸性碱中毒或代偿性代谢性酸中毒;当 P_{CO_2}>6.0kPa 时,表示肺通气不足,CO_2 积蓄,见于呼吸性酸中毒或代偿性代谢性碱中毒。

(三)标准碳酸氢盐和实际碳酸氢盐

标准碳酸氢盐(SB)指全血在标准条件下(即 38℃,P_{CO_2} 为 5.32kPa,血氧饱和度为 100%)测得的血浆中 HCO_3^- 的含量。该指标不受呼吸因素影响,是判断代谢因素的指标。实际碳酸氢盐(AB)指在隔绝空气的条件下测得的血浆中 HCO_3^- 的实际含量,受呼吸和代谢两方面因素的影响。

正常人 AB=SB,其正常值为 22~27mmol/L,平均为 24mmol/L。当 AB=SB,且二者均降低,提示为代谢性酸中毒;当 AB=SB,且二者均升高,提示为代谢性碱中毒;若 AB<SB,说明 CO_2 呼出过多,为呼吸性碱中毒;若 AB>SB,表明有 CO_2 蓄积,为呼吸性酸中毒。

(四)碱剩余

碱剩余(BE)指在标准条件下,用酸或碱滴定全血至 pH 为 7.4 时所需酸或碱的量。若用酸滴定,则表明有碱剩余,BE 用正值表示;若用碱滴定,则说明血液有碱缺失,BE 用负值表示。

全血 BE 正常值为-3.0~+3.0mmol/L，BE 是判断代谢性因素的重要指标。BE 正值增加，见于代谢性碱中毒；BE 负值增加，见于代谢性酸中毒。

（五）阴离子间隙

阴离子间隙（AG）指血浆中未测定阴离子与未测定阳离子之间的差值，常用可测定阳离子与可测定阴离子的差值表示。血浆中主要阳离子是 Na^+，为可测定阳离子；主要阴离子是 Cl^- 和 HCO_3^-，为可测定阴离子。因此，AG 可用下式表示：

$$AG=[Na^+]-([Cl^-]+[HCO^-])$$

正常值为 5~15mmol/L。AG 值增大可见于代谢性酸中毒，如糖尿病酮症酸中毒等。

酸碱平衡失调时血液主要生物化学诊断指标的变化见表 13-1。

表 13-1　酸碱平衡失调的类型及某些生物化学诊断指标的改变

指标	酸中毒				碱中毒			
	呼吸性		代谢性		呼吸性		代谢性	
	代偿	失代偿	代偿	失代偿	代偿	失代偿	代偿	失代偿
原发改变	$[H_2CO_3]$↑		$[NaHCO_3]$↓		$[H_2CO_3]$↓		$[NaHCO_3]$↑	
pH	正常	↓	正常	↓	正常	↑	正常	↑
P_{CO_2}	↑	↑↑	↓	↓	↓	↓↓	↑	↑
SB 与 AB	SB<AB		SB=AB 均↓		SB> AB		SB=AB 均↑	
BE	—		负值↑		—		正值↑	

诊断酸碱平衡失调的好帮手——血气分析仪

酸碱平衡失调是错综复杂的，常混合存在。除根据病史、临床表现外，目前诊断酸碱平衡失调的最好方法是借助血气分析仪进行血气分析，直接测定血样中 pH、P_{CO_2} 和 P_{O_2}。该仪器自 1956 年由丹麦的 Astrup 首先研制成功以来，随着微电子技术的发展，pH 电极、O_2 电极和 CO_2 电极等传感器不断改进，被广泛用于临床，以帮助医师判断人体呼吸功能和血液酸碱平衡状态。

链接

小结

机体使体液 pH 维持在恒定范围内的过程称酸碱平衡。血浆 pH 的正常值为 7.35~7.45。人体内酸性和碱性物质来自于体内代谢和食物摄入，一般膳食情况下体内产生的酸性物质多于碱性物质。机体对酸碱平衡的维持主要通过血液的缓冲作用、肺的呼吸以及肾的重吸收和排泄等三方面的作用来实现。血液中存在着缓冲体系能够缓冲酸或碱。血浆中以碳酸氢盐缓冲体系最为重要，$NaHCO_3$ 在一定程度上可以代表机体对固定酸的缓冲能力，故将其称为碱储。血浆 pH 主要取决于 $[NaHCO_3]/[H_2CO_3]$ 值，正常为 20/1。红细胞中以血红蛋白缓冲体系最为重要，是缓冲挥发性酸的主要成分。肺通过改变 CO_2 的呼出量来调节血中 H_2CO_3 的浓度；肾通过重吸收 $NaHCO_3$、尿液酸化、泌氨以及排出过多的碱来调节血中 $NaHCO_3$ 的浓度。通过肺、肾的调节使 $[NaHCO_3]$ 与 $[H_2CO_3]$ 比值保持 20/1，血浆 pH 为 7.4。如果因疾病引起体内酸或碱产生过多，或因肺、肾的功能障碍使消耗掉的酸或碱得不到补充，都会导致血浆 $[NaHCO_3]$ 和 $[H_2CO_3]$ 发生异常改变，这种现象称为酸碱平衡失调，包括呼吸性酸中毒、呼吸性碱中毒、代谢性酸中毒和代谢性碱中毒四种基本类型。判断酸碱平衡的常用生物化学指标有血液 pH、P_{CO_2}、AB 与 SB、BE、AG 等。

目标检测

一、名词解释

1. 酸碱平衡　2. 二氧化碳分压
3. 碱储　4. 阴离子间隙

二、填空

1. 体内调节酸碱平衡的机制主要有三方面，即________、________、________。
2. 血浆中以____缓冲体系最为重要，红细胞中以________和氧合血红蛋白缓冲体系最为重要。
3. 肺通过增加或减少________的排出量，调控血浆中____的浓度，以调节酸碱平衡。
4. 正常人动脉血 P_{CO_2} 的数值为________。

三、选择题

A 型题

1. 属于挥发性酸的是(　　)
   A. 乳酸　B. 碳酸　C. 磷酸
   D. 丙酮酸　E. 乙酰乙酸
2. 下列物质中主要用来缓冲固定酸的是(　　)
   A. $NaHCO_3$　B. H_2CO_3
   C. Na_2HPO_4　D. NaH_2PO_4
   E. Na-Pr
3. 血浆中最重要的缓冲对是(　　)
   A. 血红蛋白缓冲对　B. 氧和血红蛋白缓冲对
   C. 磷酸氢盐缓冲对　D. 乳酸盐缓冲对
   E. 碳酸氢盐缓冲对
4. 红细胞中最重要的缓冲对是(　　)
   A. 血红蛋白缓冲对　B. 血浆蛋白盐缓冲对
   C. 磷酸氢盐缓冲对　D. 乳酸盐缓冲对
   E. 碳酸氢盐缓冲对
5. 正常人血浆中[$NaHCO_3$]与[H_2CO_3]的比值是(　　)
   A. 15/1　B. 20/1　C. 1/20
   D. 10/1　E. 30/1
6. 下列机制中能调控 H_2CO_3 浓度的是(　　)
   A. 肺呼吸
   B. 血液缓冲
   C. 氯离子转移
   D. 肾小管细胞重吸收 $NaHCO_3$
   E. 肾小管细胞泌氨作用
7. 体内调节酸碱平衡作用强而持久的是(　　)
   A. 肺呼吸　B. 血液缓冲
   C. 氯离子转移　D. 肾的排酸保碱作用
   E. 肝的调节作用
8. 催化 CO_2 与 H_2O 结合生成 H_2CO_3 的酶是(　　)
   A. 丙酮酸激酶　B. 丙酮酸羧化酶
   C. 谷氨酰胺酶　D. 乳酸脱氢酶
   E. 碳酸酐酶
9. 反映酸碱平衡中呼吸因素的最佳指标是(　　)
   A. pH　B. P_{CO_2}　C. AB　D. SB　E. BE
10. 下列对代谢性碱中毒描述不正确的是(　　)
    A. 肾小管细胞泌氢减少
    B. 尿排钾减少
    C. 血氯降低
    D. AB=SB 且均降低
    E. [$NaHCO_3$]升高

B 型题

11~13 题共用备选答案
A. 作用迅速，但不持久
B. 作用较快，但不完全彻底
C. 作用较慢，但强而持久

11. 血液的缓冲作用(　　)
12. 肺对酸碱平衡调节(　　)
13. 肾对酸碱平衡调节(　　)

X 型题

14. 下列成碱的食物有(　　)
    A. 肉类　B. 水果　C. 大米
    D. 面粉　E. 蔬菜
15. 失代偿性代谢性碱中毒的生化变化是(　　)
    A. pH↑　B. AB=SB 均升高
    C. pH 不变　D. AB=SB 均降低
    E. P_{CO_2}↑
16. 关于酸碱平衡与血钾的关系下列说法正确的是(　　)
    A. 酸中毒导致高血钾
    B. 碱中毒导致低血钾
    C. 低血钾导致酸中毒
    D. 高血钾导致酸中毒
    E. 以上都正确

四、思考题

1. 当乳酸进入血液时机体是如何调节的？
2. 为何高血钾引起的酸中毒尿液却呈碱性？

（郭桂平）

生物化学基础实验指导

生物化学基础实验基本要求

一、实验目的

生物化学是一门实验科学,本学科的一切成果均建立在严谨的科学实验基础之上。实验课的基本目的为:

1. 初步学会生物化学实验的一些基本操作技能及一些实验仪器的正确使用方法和维护。

2. 熟悉生物化学的实验原理,验证和巩固生物化学基础理论,了解一些临床生化检验项目。能应用所学的理论知识,分析实验结果,书写实验报告,培养分析、总结和解决问题的能力。

3. 在实验过程中,培养严肃认真、细心观察和积极思考的好习惯,培养实事求是的科学态度和团结协作的工作作风。

二、实验须知

实验课包括实验准备、实验过程、整理实验结果、书写实验报告等环节,为提高实验课效果,达到实验目的,要求必须做到如下几点。

【实验准备】

1. 认真阅读实验指导,明确实验目的和要求,充分理解实验原理,熟悉实验步骤、操作过程和注意事项。

2. 预测实验各个步骤可能得到的结果,对实验预期结果能做出合理的解释。

3. 注意和估计实验中可能发生的误差,并制定减小误差的措施。

【实验过程】

1. 保持实验室肃静,不准进行与实验无关的活动。

2. 实验器材摆放整齐,有条不紊、装置正确。

3. 在老师的指导下,了解熟悉仪器的构造、性能及操作规程。

4. 按照实验步骤,严肃认真地循序操作,不能随意改动。

5. 爱护实验室设施,节约使用实验器材和药品。注意实验安全,严防触电、火灾、中毒、被药品灼伤等事故的发生。

6. 仔细、耐心地观察实验中出现的现象,随时客观地记录实验结果,避免发生遗漏。实验条件应始终保持一致,如有变动,应加文字说明。

【实验结束】

1. 整理实验结果,书写实验报告,按时交给指导老师评阅。

2. 整理实验仪器和清洗玻璃仪器,关闭仪器、设备的电源。清点实验器材,按要求摆放整齐或办理借还手续。

3. 做好实验室清洁卫生工作,关闭水、气阀门,切断电源,关闭门窗,确保安全。

三、实验报告的书写

实验报告的书写是实验结果的科学总结,也是生物化学基础实验课的基本训练内容之一。

学生应该以严谨的科学态度,独立完成实验报告,并注意言简意赅、整洁清楚,规范使用标点符号。实验报告的一般格式如下:

1. 常规项目　班级、姓名、实验日期、室温等。

2. 实验题目。

3. 实验目的　简要说明实验的目的及意义。

4. 实验原理。

5. 实验器材及药品或试剂。

6. 实验方法及步骤　可以摘要的形式叙述,如果实验方法有变动,需作说明。

7. 实验结果　这是实验的核心,应依据实验结果,剪贴或描绘实验记录曲线,也可通过文字、绘图或列表加以描述。

8. 分析和讨论　根据实验结果,并结合相关理论逐项进行分析,归纳概括出合乎逻辑的结论。

实验 1　血清蛋白质醋酸纤维薄膜电泳

【实验目的】

理解电泳法分离血清蛋白质的原理,掌握醋酸纤维薄膜电泳法的操作方法。

【实验原理】

在电场中,蛋白质阴离子向正极移动,阳离子向负极移动,移动的速度受蛋白质的电荷数量的多少、相对分子质量的大小、形状等因素影响。带电荷多、相对分子质量小、球形的分子移动速度就快,反之就慢。

血清蛋白质的等电点大都在 pH 7 以下,因此,在 pH 8.6 的缓冲溶液中都带负电荷,在电场中向阳极移动。由于不同蛋白质的电荷数、相对分子质量的大小、形状各不相同,因此,在电场中移动的速度不同。经过一段时间的电泳,就可以将血清中的蛋白质分离开来。

被分离的蛋白质是无色的,用氨基黑 10B 处理薄膜,可以显示出各种蛋白质电泳后在薄膜上的位置及大致含量。从正极起依次为清蛋白、α_1-球蛋白、α_2-球蛋白、β-球蛋白和 γ-球蛋白 5 条区带。

【实验器材】

电泳仪、醋酸纤维薄膜(2cm×8cm)、滤纸、培养皿、剪刀、镊子、加样器(或盖玻片)、直尺、玻璃板、试管、试管架、吸量管等。

【实验试剂】

1. 巴比妥缓冲液(pH 8.6,离子强度 0.06)　称取巴比妥钠 12.76g,巴比妥 1.66g。加蒸馏水 500mL。加热溶解,冷却至室温后再加蒸馏水到 1000mL。

2. 氨基黑 10B 染液　称取氨基黑 10B 0.5g,加入冰醋酸 10mL、甲醇 50mL 及蒸馏水 40mL,混匀,置于具塞试剂瓶内储存。

3. 漂洗液　取 95% 乙醇 45mL,冰醋酸 5mL,加蒸馏水至 50mL,混匀备用。

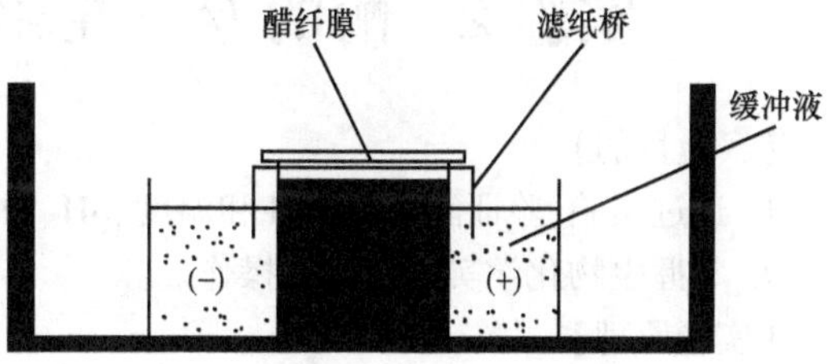

实验图 1-1　电泳槽装置示意图

【操作步骤】

1. 准备　将一定量的缓冲液倒入两侧的电泳槽,两侧的液面要呈水平状态。将滤纸叠成 4 层,剪成 1.5~2cm 宽、3cm 左右长的矩形条贴在电泳槽的两侧支架上,上端搭在支架前沿上，下端伸入到电泳槽底部，浸到缓冲液中，形成滤纸桥（实验图 1-1）。

在醋酸纤维薄膜（2cm×8cm）无光泽面上的一端约 1.5cm 处，用铅笔轻画一条直线（点样线），并将薄膜编号。然后将薄膜浸入巴比妥缓冲溶液，待浸透后（时间大约 20min，薄膜无白斑）取出，夹在洁净滤纸中间，轻轻吸去薄膜表面的缓冲液。

2. 点样　取少量血清于玻璃板上，用加样器取血清 2～3μL 均匀加在薄膜的点样线上（或用盖玻片轻蘸少许血清，点压在点样线上），待血清渗入膜内后移开点样器。点样线上出现一条粗细均匀且有一定宽度的淡黄色直线（实验图 1-2）。

实验图 1-2　点样位置示意图

3. 电泳　将薄膜的加样面朝下，加样端置于负极一端，平整地架在两侧电泳槽支架的滤纸桥上，平衡 5min。然后接通电泳仪电源，调节电压为 100～160V，电流 0.4～0.6A/cm 膜宽。通电 40～50min，待电泳区带展开约 3.5cm 便可以关掉电源。

4. 染色　将电泳后的薄膜于染色液中浸泡 2min，取出后再依次浸入 2～3 个盛有漂洗液的培养皿中反复漂洗，每次漂洗 10min 左右，直到背景颜色漂净。薄膜出现 5 条蛋白色带，从正极依次为清蛋白、α_1-球蛋白、α_2-球蛋白、β-球蛋白、γ-球蛋白（实验图 1-3）。

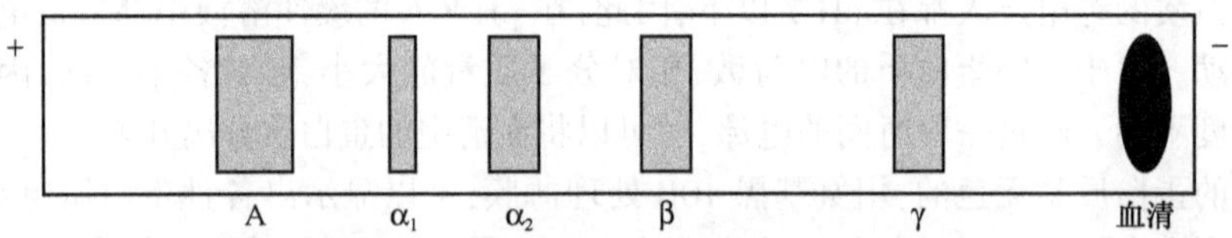

实验图 1-3　正常人血清蛋白电泳图谱

【临床意义】

肝硬化时，白蛋白显著降低，而 γ-球蛋白显著升高。肾病综合征时，白蛋白显著降低，而 α_2、β-球蛋白升高，因此，在临床可以根据血清中不同蛋白质的含量情况对疾病做出辅助诊断。

【思考题】

1. 血清蛋白醋酸纤维薄膜电泳的原理是什么？
2. 在薄膜上辨认各区带，能否初步判断哪种蛋白质含量较高？
3. 为什么在 pH 8.6 缓冲溶液中，血清蛋白带负电，而且在电泳时把样点在负极一侧？

实验 2　酶的专一性和影响酶促反应的因素

【实验目的】

1. 通过实验，验证酶的专一性和温度、pH、激活剂与抑制剂对酶促反应的影响。
2. 掌握生物化学实验的基本操作。

【实验原理】

唾液淀粉酶催化淀粉水解的终产物麦芽糖具有还原性，能与班氏试剂反应生成砖红色氧化亚铜(Cu_2O),淀粉酶不能催化蔗糖分解生成葡萄糖和果糖,而蔗糖本身没有还原性,故不能与班氏试剂出现颜色反应。以此证明酶催化底物的专一性。

淀粉在唾液淀粉酶的催化下水解为中间产物糊精,后者继续水解为麦芽糖。淀粉、糊精与碘反应呈现不同颜色。淀粉与碘呈蓝色;糊精依分子大小与碘可呈蓝色、紫色、暗褐色和红色;麦芽糖与碘不反应,显示碘的颜色。根据颜色反应可判断淀粉水解程度,本实验利用碘与淀粉及其水解产物(大分子糊精、麦芽糖)的颜色反应,来比较唾液淀粉酶在不同条件下催化淀粉水解的速度,从而判断温度、pH、激活剂和抑制剂对酶活性的影响。

【实验器材】

恒温水浴箱、沸水浴箱、冰箱、电炉、试管、烧杯等。

【实验试剂】

1. 1%淀粉溶液　取1g可溶性淀粉,加5mL蒸馏水,调成糊状,再加蒸馏水80mL,加热,搅拌使其溶解,最后用蒸馏水稀释至100mL。

2. 不同pH缓冲液

(1) pH 6.8缓冲液:取0.2mol/L磷酸氢二钠溶液772mL,0.1mol/L柠檬酸溶液228mL,混合后即成。

(2) pH 3.0缓冲液:取0.2mol/L磷酸氢二钠溶液205mL,0.1mol/L柠檬酸溶液795mL,混合后即得。

(3) pH 8.0缓冲液:取0.2mol/L磷酸氢二钠溶液972mL,0.1mol/L柠檬酸溶液28mL,混合后即得。

3. 0.9% NaCl溶液(生理盐水)

4. 0.1% $CuSO_4$溶液　取$CuSO_4 \cdot 5H_2O$ 15.625g溶于1000mL蒸馏水中。

5. 0.1% Na_2SO_4溶液

6. 碘液　取碘2g,碘化钾4g,共溶于1000mL蒸馏水中,储存于棕色瓶中。

7. 班氏试剂　溶解结晶硫酸铜($CuSO_4 \cdot 5H_2O$)17.3g于100mL热的蒸馏水中冷却,稀释至150mL,此为第一液。将柠檬酸钠173g和无水碳酸钠100g加水600mL,加热溶解,冷却、稀释至850mL,此为第二液。最后把第一液慢慢倒入第二液,混匀后置于细口瓶中储存。

【操作步骤】

1. 稀释唾液的制备　将痰咳尽,用水漱口,除去食物残渣,再含蒸馏水约30mL,作咀嚼运动,2min后吐入小烧杯中,再用滤纸过滤(或稍静置,取上液)待用。

2. 酶作用的专一性

(1) 取试管二支,编号,每管加入pH 6.8缓冲液20滴,一管加入1%淀粉溶液10滴,另一管加入1%蔗糖溶液10滴。

(2) 将两只试管置37℃恒温水浴,经过5min后,分别向两只试管各加入稀唾液5滴,将各管混匀后再放回原水浴。

(3) 10min后,分别向两管滴班氏试剂20滴,放入沸水浴中加热,观察颜色变化,分析结果。

3. 温度对酶促反应的影响

(1) 取试管三支,编号,每管加入pH 6.8缓冲液20滴,1%淀粉溶液10滴。

(2) 同时将第一管置37℃恒温水浴,第二管置100℃水浴,第三管置冰浴。

(3) 5min后,分别向各管加入稀唾液5滴,混匀后再放回原水浴中。

(4) 10min后,分别向各管(第二管待冷却后)滴加碘液1滴,观察三管颜色,并记录。

4. pH对酶促反应的影响

(1) 取三支试管,编号,按下表加入试剂。

管号	试剂				
	pH 3.0 缓冲液	pH 6.8 缓冲液	pH 8.0 缓冲液	1%淀粉	稀释唾液
1	20 滴	—	—	10 滴	5 滴
2	—	20 滴	—	10 滴	5 滴
3	—	—	20 滴	10 滴	5 滴

(2) 将三管混匀,置37℃恒温水浴箱中恒温5~10min。

(3) 取出各管,分别加入1滴碘液(切忌摇动),观察三管颜色,并记录。

5. 激活剂与抑制剂对酶促反应的影响

(1) 取四支试管,编号,按下表加入试剂。

管号	试剂						
	pH 6.8 缓冲液	1%淀粉	蒸馏水	0.9% NaCl	0.1% $CuSO_4$	0.1% Na_2SO_4	稀释唾液
1	20 滴	10 滴	10 滴	—	—	—	5 滴
2	20 滴	10 滴	—	10 滴	—	—	5 滴
3	20 滴	10 滴	—	—	10 滴	—	5 滴
4	20 滴	10 滴	—	—	—	10 滴	5 滴

(2) 将四管混匀,置37℃恒温水浴箱中恒温5~10min。

(3) 取出各管,分别加入1滴碘液(切忌摇动),观察四管颜色,并记录。

【思考题】

1. 通过实验结果,说明温度、pH对酶促反应的影响。

2. 通过实验结果,说出唾液淀粉酶的激活剂与抑制剂。

3. 思考　在第五组实验操作中设置第四管(即加 Na_2SO_4 管)有何意义。

实验3　分光光度计的使用

【实验目的】

了解分光光度法的基本原理,熟悉721型分光光度计的操作方法。要求在实验中培养学生科学、严谨的作风和主动参与、团结协作的精神。

【实验原理】

1. 基本理论　有色溶液颜色的深浅与其中呈色物质的含量成正比关系。在定量分析中,利用比较有色物质溶液的颜色深浅来测定物质含量的分析方法称为比色法。被测物质中,有的本身就是有色物,但多数被测物质本身无色或颜色很浅,须加入某些化学试剂使被测物质与之发生反应生成有色物质。

物质的颜色是由于物质吸收某种波长的光以后,通过或反射出某种颜色光的结果。当一定波长的单色光通过该物质的溶液时,该物质都能有一定程度的吸光作用,单位体积内的溶液中该物质的质点数(分子数)越多,对光的吸收就越多。

利用物质对一定波长的光吸收程度测定物质含量的方法,称为分光光度法。

分光光度法依据朗伯-比尔(Lambert-Beer)定律——物质对单色光吸收的强弱与该物质的浓度及厚度成正比,即:

$$A = KCL$$

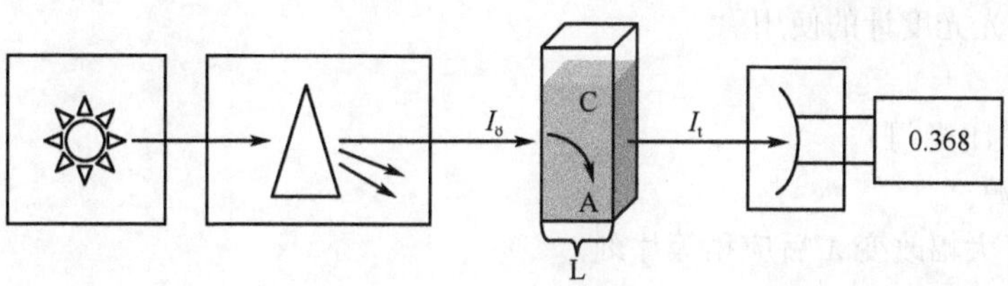

实验图 3-1　分光光度计的基本结构示意图

式中,A 为吸光度:溶液对单色光的吸收程度,即透光率的负对数。$A=-\lg T$。T 为透光率:透过光强 I_t 与入射光强 I_o 之比。$T=(I_t/I_o)\times 100\%$。K 为吸光系数:吸光物质在单位浓度及单位厚度时的吸光度。C 为溶液的浓度。L 为溶液液层的厚度(光径)。

对溶液中物质含量的测定方法主要有标准曲线法、标准对照法、吸光系数法。其中,标准对照法的理论依据如下:

将样品和标准溶液在相同条件下分别测定吸光度;设测定管的吸光度为 A_x,浓度为 C_x;标准管的吸光度为 A_s,浓度为 C_s。根据 Lambert-Beer 定律

$$A_x = KC_xL \qquad A_s = KC_sL$$

在实际比色时,标准溶液与被测溶液使用完全相同的比色杯,即 L(光径)相同;被测物为同一物质,$K_x=K_s$。则:

$$\frac{A_x}{A_s}=\frac{KC_xL}{KC_sL}\longrightarrow C_x=\frac{A_x}{A_s}\times C_s$$

入射光波长的选择原则——吸收最大,干扰最小。

应选择待测溶液颜色的互补光。选择互补光可使被测溶液单位浓度的吸光度变化最大,同时也应具有最小的空白及干扰,从而获得最高的灵敏度和准确性。

2. 721 型分光光度计的基本结构原理(实验图 3-1,实验图 3-2)

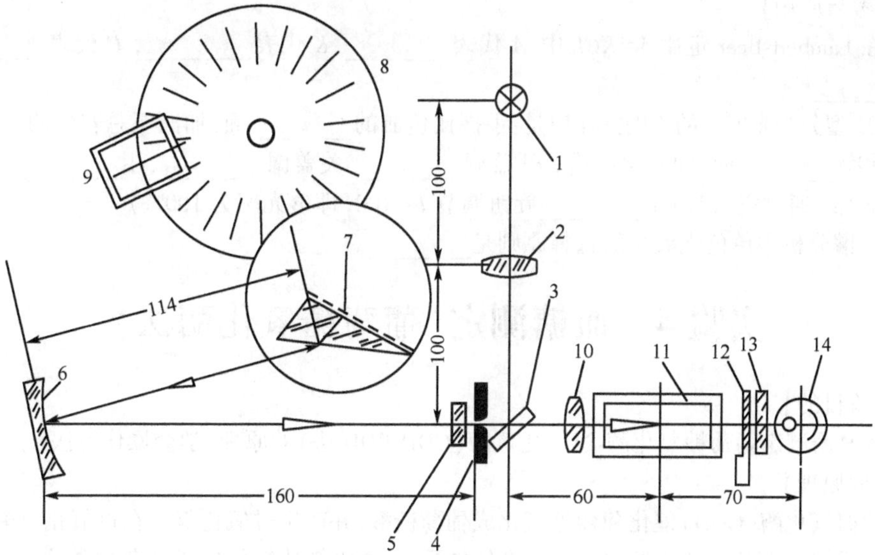

实验图 3-2　721 型分光光度计光路图

1.钨灯光源;2、10.透镜;3.平面反射镜;4.狭缝;5、13.保护及限光玻璃;6.准直球面反射镜;7.色散棱镜;8.联动波长调选盘;9.波长选择标尺;11.比色皿;12.光路闸门;14.光电管

3. 721 型分光光度计的使用

(1) 操作

1) 开盖(关闭光门)。

2) 打开电源。

3) 选择 λ(大幅改变 λ 后应稍等片刻)。

4) 选择灵敏度(1 档)。

5) 开盖调"0"。

6) 关盖调"$T=100\%$"(光线通过空白管)并预热 20 分钟,观察指针是否稳定,调不到"100%"时,改变灵敏度(2 档或更高档)。

7) 重复 5、6 两步(即调 0 和调 100%)。

8) (推拉标准管、测定管等比色皿入光路后)读数(并记录)。

9) 立即开盖。

(2) 比色皿的操作

1) 手持毛玻璃面。

2) 加液量 2/3(2/3~3/4)。

3) 透光面保持洁净(滤纸擦净)。

4) 比色时加盖。

(3) 结束

1) 关闭电源。

2) 关盖。

3) 清洗比色皿,倒置晾干。

【计算与分析】

$$C_x=\frac{A_x}{A_s}\times C_s$$

【思考与应用】

1. 在 Lambert-Beer 定律 $A=KCL$ 中,A 代表________,K 代表________, C 代表________,L 代表________。

2. 721 型分光光度计的正确操作应是:手握比色皿的________面,加液至总容量的________,用滤纸擦净________面,加入比色槽。开盖调________,关盖调________,用________旋钮调节 $T=0$,(使光线通过空白管)用________旋钮调节 $T=100$(即透光率为 100%)。

3. 光谱分析中单色光波长的选择原则是________。

实验 4 血糖测定(葡萄糖氧化酶法)

【实验目的】

理解血糖测定葡萄糖氧化酶-过氧化氢酶(GOD-POD 法)的原理,学会操作方法。

【实验原理】

葡萄糖氧化酶(GOD)催化葡萄糖氧化成葡萄糖酸,并产生过氧化氢。在过氧化氢酶(POD)及色原性受体 4-氨基安替比林(4-AAP)的存在下,过氧化氢被氧化生成红色醌类化合物。醌的生成量与葡萄糖成正比,在波长 505nm 处比色,求得葡萄糖含量。

$$\text{葡萄糖}+O_2+H_2O\xrightarrow{GOD}\text{葡萄糖酸}+H_2O_2$$

$$2H_2O_2+4\text{-AAP}+\text{酚}\xrightarrow{POD}\text{醌类化合物(红色)}+4H_2O$$

$$葡萄糖+O_2+H_2O \xrightarrow{GOD} 葡萄糖酸+H_2O_2$$

$$2H_2O_2+4\text{-}AAP+酚 \xrightarrow{POD} 醌类化合物(红色)+4H_2O$$

【实验试剂】

1. 5mmol/L 葡萄糖标准液

2. 葡萄糖氧化酶试剂　有商品试剂盒供应。例如,某试剂盒的成分与参考浓度:葡萄糖氧化酶≥1200U/L;过氧化物酶≥1200 U/L;4-氨基安替比林 0.8mmol/L;DHBS(3,5-二氯-2-羟基苯磺酸钠)3.5mmol/L;磷酸缓冲液 pH7.0 100mmol/L;稳定剂适量。

【操作步骤】

取三支试管,分别编号,按下表进行操作。

加入物/mL	测定管	标准管	空白管
标准液	—	0.02	—
血清	0.02	—	—
蒸馏水	—	—	0.02
酶试剂	3.0	3.0	3.0

充分混匀,置 37℃恒温水浴保温 15min,以空白管调零,波长 505nm 比色,读取各管吸光度数值。

【计算方法】

$$血清葡萄糖(mmol/L)=\frac{测定管吸光度}{标准管吸光度}\times 标准液浓度(mmol/L)$$

【参考范围】

空腹血清葡萄糖为 3.89~6.11mmol/L(或参考试剂盒提供的参考范围)。

【临床意义】

1. 生理性高血糖　见于饭后 1~2h,注射葡萄糖或摄入高糖食物后、情绪紧张肾上腺素分泌增加时,但不应超过 10mmol/L。

2. 病理性高血糖　见于:①内分泌系统疾病:这是最常见的原因,如糖尿病、甲状腺功能亢进、肾上腺功能亢进、嗜铬细胞瘤等。②颅内压增高:如颅外伤、颅内出血、脑膜炎等。③由于脱水引起的高血糖:如呕吐、腹泻和高热等可使血糖轻度增高。

3. 生理性或暂时性低血糖　见于饥饿、剧烈运动、注射胰岛素后、妊娠和服用降糖药后。

4. 病理性低血糖　见于胰岛 B-细胞增生瘤、垂体前叶功能减退、严重肝病病人等。

【分析与讨论】

机体是如何维持血糖浓度恒定的?

实验 5　血脂的测定

血清(浆)脂类成分包括甘油三酯(TG)、胆固醇、磷脂、糖脂、游离脂肪酸等;血浆脂蛋白根据密度不同分为高密度脂蛋白(HDL)、低密度脂蛋白(LDL)、极低密度脂蛋白(VLDL)、乳糜微粒(CM)等。在临床上对这些成分的检测由来已久,就方法学而言有化学法、酶法、免疫化学比浊法、电泳法、超速离心法等。本章根据教学和临床实际需要,介绍常用的血清甘油三酯测定法和血清总胆固醇测定法。

一、血清甘油三酯的测定：磷酸甘油氧化酶法（GPO 法）

【实验目的】

了解运用酶测定法测定血清甘油三酯的基本原理、正常值范围及临床意义。

【实验原理】

血清中甘油三脂经脂蛋白脂酶（LPL）作用，水解为甘油和游离脂肪酸；甘油在 ATP 和甘油激酶（GK）作用下，生成 3-磷酸甘油；3-磷酸甘油再经磷酸甘油氧化酶（GPO）作用氧化生成磷酸二羟丙酮和 H_2O_2；H_2O_2 与 4-氨基安替比林（4-AAP）及 4-氯酚在过氧化物酶（POD）作用下，生成红色醌类化合物，其显色程度与甘油三酯的浓度呈正比。反应式如下：

$$\text{甘油三酯}+H_2O \xrightarrow{LPL} \text{甘油}+\text{脂肪酸}$$

$$\text{甘油}+ATP \xrightarrow{GK+Mg^{2+}} \text{3-磷酸甘油}$$

$$\text{3-磷酸甘油}+O_2 \xrightarrow{GPO} \text{磷酸二羟丙酮}+H_2O_2$$

$$H_2O_2+\text{4-AAP}+\text{4-氯酚} \xrightarrow{POD} \text{苯醌亚胺菲那腙}+H_2O$$

【实验器材】

试管及试管架、分光光度计、恒温水浴箱、吸管等。

【实验试剂】

1. 甘油三酯液体稳定酶试剂　不同厂家的试脂蛋白剂在组成上有些差别，具体含量见试剂盒说明书或相关文献。

GOOD 缓冲液（pH 7.2）	50mmol/L
磷酸甘油氧化酶	≥500U/L
脂蛋白脂酶	≥4000U/L
过氧化物酶	≥2000U/L
甘油激酶	≥40U/L
ATP	2.0mmol/L
硫酸镁	15mmol/L
4-AAP	0.4mmol/L
4-氯酚	4.0mmol/L

2. 甘油三酯标准液 2.26mmol/L（200mg/dL）　准确称取 200mg 三油酸甘油酯（平均相对分子质量：885.4），加 TritonX-100（曲拉通 X-100）5mL，用蒸馏水定容至 100mL，分装后，4℃保存，切勿冰冻。

【实验步骤】

取试管 3 支，按实验表 5-1 操作。

混匀后，37℃水浴 5min，用分光光度计比色，于 500nm 波长以空白管调零，分别读出各管吸光度值。

GPO 法测定甘油三酯操作步骤如下：

加入物	空白管/mL	标准管/mL	测定管/mL
血清	—	—	0.01
标准液	—	0.01	—
蒸馏水	0.01	—	—
酶试剂	1.0	1.0	1.0

【计算方法】

$$\text{血清甘油三酯(mmol/L)} = \frac{A_{测定管}}{A_{标准管}} \times \text{甘油三酯标准液浓度}$$

【参考范围】

成人血清甘油三酯为 0.45~1.69mmol/L(0.4~1.5g/L);≥1.70mmol/L 为甘油三酯升高。

【临床意义】

血清甘油三酯是一项重要的临床血脂常规测定指标,前瞻性研究显示高甘油三酯是冠心病的危险因素。

1. 妊娠中后期可见生理性升高。病理性升高常见于原发性或继发性高甘油三酯血症。虽然继发性或遗传性因素均可升高甘油三酯水平,但临床中血清甘油三酯升高主要见于代谢综合征。

2. 甘油三酯降低比较少见,慢性阻塞性肺疾病、脑梗死、甲状腺功能亢进、营养不良和消化吸收不良等可引起血清甘油三酯的降低。

二、血清总胆固醇的测定:胆固醇氧化酶法

【实验目的】

掌握运用胆固醇氧化酶法测定血清总胆固醇(TC)的基本原理、正常值范围及临床意义。

【实验原理】

以胆固醇酯酶(CHE)水解血清中的胆固醇酯生成游离脂肪酸和胆固醇;胆固醇在胆固醇氧化酶(CHOD)的作用下氧化生成 Δ^4-胆甾烯酮和 H_2O_2;终点产物的测定应用 Trinder 显色反应系统,在过氧化物酶(POD)催化下,H_2O_2 与 4-氨基安替比林(4-AAP)及酚结合,生成红色醌亚胺,其颜色深浅与标本中血清总胆固醇含量成正比。醌亚胺的最大吸收峰在 500nm 左右。反应式如下:

$$\text{胆固醇酯} + H_2O \xrightarrow{CHE} \text{胆固醇} + \text{游离脂肪酸}$$

$$\text{胆固醇} + O_2 \xrightarrow{CHOD} \Delta^4\text{-胆甾烯酮} + H_2O_2$$

$$2H_2O_2 + \text{4-氨基安替比林} + \text{酚} \xrightarrow{POD} \text{醌亚胺}$$

【实验器材】

试管及试管架、分光光度计、恒温水浴箱、吸管和微量吸管等。

【实验试剂】

1. 胆固醇液体酶试剂　不同厂家的试剂在组成上有些差别,具体含量见试剂盒说明书或相关文献。

GOOD 缓冲液(pH 6.7)	50mmol/L
胆固醇酯酶	≥200U/L
胆固醇氧化酶	≥100U/L
过氧化物酶	≥3000U/L
4-AAP	0.3mmol/L
苯酚	5mmol/L

2. 胆固醇标准溶液 5.17mmol/L(200mg/dL)　精确称取 200mg 胆固醇,用异丙醇溶解并配制成 100mL 溶液,分装后,于 4℃保存,临用前取出。亦可用定值血清作为标准。

【实验步骤】

取试管 3 支,按实验表 5-2 操作。混匀后,37℃保温 5min,用分光光度计比色,于 500nm 波长,以空白管调零,分别读出各管吸光度值。

酶法测定血清总胆固醇操作步骤如下：

加入物	空白管/mL	标准管/mL	测定管/mL
血清	—	—	0.01
标准液或定值血清	—	0.01	—
蒸馏水	0.01	—	—
酶试剂	1.0	1.0	1.0

【计算方法】

$$血清总胆固醇(mmol/L)=\frac{A_{测定管}}{A_{标准管}}\times胆固醇标准液浓度$$

【参考范围】

成人血清总胆固醇为2.85～5.69mmol/L(1.1～1.2g/L)。目前我国的血脂异常防治建议中以≤5.18mmol/L(2g/L)为合适水平，5.21～5.66mmol/L(2.01～2.19g/L)为临界范围，≥5.70mmol/L(2.2g/L)为升高。

【临床意义】

1. 血清胆固醇浓度增高见于动脉粥样硬化、肾病综合征、胆总管阻塞、黏液性水肿和糖尿病。其他如家族性高胆固醇血症、肥大性骨关节炎、老年性白内障及银屑病等血清胆固醇有增高。

2. 在恶性贫血、溶血性贫血以及甲状腺功能亢进时，血清胆固醇降低，其他如家族型无β或低β-脂蛋白血症、感染和营养不良等情况下，胆固醇总量常见下降。

参考文献

车龙浩 . 2008. 生物化学 . 第 2 版 . 北京:人民卫生出版社

程伟 . 2007. 生物化学 . 第 2 版 . 北京:科学出版社

冯明功 . 2008. 生物化学 . 北京:科学出版社

冯作化,皇甫永穆 . 2000. 医学分子生物学 . 武汉:武汉出版社

郭蔼光 . 2001. 生物化学 . 北京:高等教育出版社

黄纯 . 2009. 生物化学 . 第 2 版 . 北京:科学出版社

黄平 . 2004. 生物化学 . 北京:人民卫生出版社

黄诒森 . 2003. 生物化学 . 第 4 版 . 北京:人民卫生出版社

黄尤光 . 2005. 生物化学习题集 . 北京:军事医学科学出版社

李平法 . 2004. 生物化学辅导丛书 . 上海:第二军医大学出版社

李平法 . 2005. 生物化学 . 上海:第二军医大学出版社

马如骏 . 2003. 生物化学 . 第 3 版 . 北京:人民卫生出版社

潘文干 . 2009. 生物化学 . 第 6 版 . 北京:人民卫生出版社

孙树秦 . 2001. 生物化学 . 北京:人民卫生出版社

童坦君 . 2003. 生物化学 . 北京:北京大学医学出版社

吴伟平 . 2007. 生物化学 . 南昌:江西科学技术出版社

吴梧桐 . 2000. 生物化学 . 第 4 版 . 北京:人民卫生出版社

谢诗占 . 1990. 生物化学 . 北京:人民卫生出版社

殷蓉蓉 . 2006. 生物化学 . 西安:第四军医大学出版社

查锡良 . 2001. 生物化学 . 北京:人民卫生出版社

查锡良,周春燕 . 2008. 生物化学 . 第 7 版 . 北京:人民卫生出版社

周爱儒 . 2004. 生物化学 . 第 6 版 . 北京:人民卫生出版社

周爱儒 . 2006. 生物化学 . 北京:人民卫生出版社

周国庆 . 2004. 生物化学网络课程 . 湖州师范学院生命科学学院

Campbell P N, Smith A D. 1999. Biochemistry Illustrated. 第 3 版 . 北京:科学出版社

Stryer L. 1990. 生物化学 . 第 2 版 . 北京:北京大学出版社

Weaver R F. 2001. Molecular biology. 第 2 版 . 北京:科学出版社

White A, Handler P, Smith E L . 1973. 生物化学原理 . 北京:科学出版社

Woodward D O, Woodward V W. 1983. 分子遗传学概论 . 上海:上海科学技术出版社

生物化学基础教学大纲

一、课程性质和任务

生物化学基础是中等卫生职业教育各专业的一门重要的专业基础课程，其主要内容包括蛋白质化学、核酸化学、酶学、维生素、生物氧化、糖类代谢、脂类代谢、氨基酸代谢、核酸代谢和蛋白质的生物合成、肝脏的生物化学、水和无机盐的代谢、酸碱平衡。本课程的主要任务是使学生在具有一定科学文化素质的基础上，了解物质代谢与机能活动的关系，熟悉物质代谢与能量代谢的过程及意义，掌握人体主要组成成分及其结构、性质和功能，培养学生的科学思维方法和良好的学习习惯，使之具有运用生物化学知识分析问题、解决问题的能力，为后续的专业课程打下良好的基础。

二、课程教学目标

（一）知识教学目标

1. 掌握人体主要化学物质的组成、结构、性质和功能。
2. 熟悉人体内物质代谢的主要过程及生理意义。
3. 了解物质代谢与功能活动的关系。

（二）能力培养目标

1. 学会使用常用的生物化学实验仪器。
2. 熟练掌握生物化学实验的基本操作。
3. 具有运用生物化学知识分析和解释实验现象的能力。

（三）思想教育目标

1. 通过正确认知，培养科学的思维方法和良好的学习习惯。
2. 具有良好的人际沟通能力、团结协作精神和医疗服务意识。
3. 具有良好的职业素质和职业道德。

三、教学内容和要求

理论内容

教学内容	教学要求			教学活动参考
	掌握	理解	了解	
第1章　绪论				理论讲授
一、生物化学的概念		√		
二、生物化学的主要内容		√		
三、生物化学与医药学的关系			√	
第2章　蛋白质化学				理论讲授 多媒体演示 讨论
第1节　蛋白质的分子组成				
一、蛋白质的元素组成	√			
二、组成蛋白质的基本单位——氨基酸		√		
第2节　蛋白质的分子结构				
一、蛋白质的基本结构	√			
二、蛋白质的空间结构		√		
三、蛋白质结构与功能			√	
第3节　蛋白质的理化性质和分类				
一、蛋白质的理化性质		√		
二、蛋白质的分类			√	
第3章　核酸化学				理论讲授

续表

教学内容	教学要求			教学活动参考
	掌握	理解	了解	
第1节　核酸的组成				多媒体演示 讨论
一、核酸的基本成分	√			
二、核酸的基本组成单位——核苷酸	√			
第2节　核酸的结构				
一、核酸的一级结构	√			
二、核酸的空间结构		√		
第4章　酶学				理论讲授 多媒体演示 案例分析讨论
第1节　概念				
一、酶的概念	√			
二、酶促反应的特点		√		
第2节　酶的结构和功能				
一、酶分子组成	√			
二、酶的活性中心	√			
三、酶原与酶原激活		√		
四、同工酶与酶分子缺陷		√		
第3节　影响酶促反应速度的因素				
一、酶浓度的影响		√		
二、底物浓度的影响		√		
三、温度的影响		√		
四、pH的影响		√		
五、激活剂的影响		√		
六、抑制剂的影响	√			
第4节　酶的分类与命名及其酶在医学上的应用				
一、酶的分类			√	
二、酶的命名			√	
三、酶在医学上的应用			√	
第5章　维生素				理论讲授 多媒体演示 案例分析讨论
第1节　概述				
一、维生素的概念			√	
二、维生素的分类		√		
三、维生素缺乏症的原因			√	
第2节　脂溶性维生素				
一、维生素A		√		
二、维生素D		√		
三、维生素E			√	
四、维生素K			√	
第3节　水溶性维生素				
一、维生素B_1	√			
二、维生素B_2	√			
三、维生素PP	√			
四、维生素B_6		√		
五、泛酸	√			
六、生物素		√		
七、叶酸		√		
八、维生素B_{12}		√		
九、维生素C	√			
第6章　生物氧化				理论讲授 多媒体演示 讨论
第1节　生物氧化的概念和特点				
一、生物氧化的概念	√			
二、生物氧化的特点	√			
第2节　生物氧化中CO_2的生成				
一、α-脱羧		√		
二、β-脱羧		√		
第3节　生物氧化体系				
一、与生物氧化有关的		√		
二、线粒体氧化体系	√			
三、能量的生成、储存和利用	√			
四、非线粒体氧化体系			√	
第7章　糖代谢				理论讲授 多媒体演示 案例分析 讨论
第1节　概述				
一、糖的生理功能		√		
二、糖的消化吸收			√	
三、糖代谢概况		√		
第2节　糖的分解代谢				
一、糖的无氧氧化	√			
二、糖的有氧氧化	√			
三、磷酸戊糖途径		√		
第3节　糖原的合成与分解				
一、糖原的合成		√		
二、糖原的分解		√		
第4节　糖异生作用				
一、糖异生途径		√		
二、糖异生的生理意义	√			

续表

教学内容	教学要求			教学活动参考
	掌握	理解	了解	
第5节 血糖及血糖浓度的调节				
一、血糖	√			
二、血糖浓度的调节		√		
三、糖代谢障碍			√	
第8章 脂类代谢				理论讲授
第1节 概述				多媒体演示
一、脂类在体内的分布、分类			√	案例分析
二、脂类的生理功能		√		讨论
第2节 甘油三酯的代谢				
一、甘油三酯的概况			√	
二、甘油三酯的分解代谢	√			
三、甘油三酯的合成代谢		√		
第3节 类脂的代谢				
一、胆固醇的代谢		√		
二、磷脂的代谢			√	
第4节 血脂及脂类的转运				
一、血脂的组成与含量	√			
二、血浆脂蛋白		√		
三、高脂蛋白血症及分型			√	
第9章 蛋白质分解代谢				理论讲授
第1节 蛋白质的营养				多媒体演示
一、蛋白质的生理功能		√		案例分析
二、蛋白质的需要量		√		讨论
第2节 氨基酸代谢				
一、氨基酸代谢概况		√		
二、氨基酸的脱氨基作用	√			
三、氨基酸的脱羧基作用		√		
四、α-酮酸的代谢		√		
第3节 氨的代谢				
一、体内氨的来源		√		
二、体内氨的去路		√		
第4节 个别氨基酸的代谢				
一、一碳单位的代谢	√			
二、含硫氨基酸的代谢			√	
三、芳香族氨基酸的代谢			√	
第5节 氨基酸、糖和脂肪在代谢上的联系				
一、三大营养物质在能量代谢上的联系		√		
二、三大营养物质代谢之间的联系		√		
第10章 核酸代谢和蛋白质的生物合成				理论讲授
第1节 核酸的代谢				多媒体演示
一、核苷酸代谢		√		讨论
二、DNA的复制	√			
三、反转录		√		
四、RNA的生物合成		√		
第2节 蛋白质的生物合成				
一、RNA在蛋白质生物合成中的作用	√			
二、蛋白质生物合成过程		√		
三、蛋白质生物合成与医药学的关系			√	
第11章 肝脏生物化学				理论讲授
第1节 肝脏在物质代谢中的作用				多媒体演示
一、肝脏在糖代谢中的作用		√		案例分析
二、肝脏在脂类代谢中的作用		√		讨论
三、肝脏在蛋白质代谢中的作用		√		
四、肝脏在维生素、激素代谢中的作用		√		
第2节 肝脏的生物转化作用				
一、生物转化作用概述	√			
二、生物转化反应类型及酶系		√		
第3节 胆汁与胆汁酸的代谢				

续表

教学内容	教学要求			教学活动参考
	掌握	理解	了解	
一、胆汁概述		√		
二、胆汁酸的化学及代谢		√		
第4节　胆色素代谢与黄疸				
一、胆色素的代谢	√			
二、血清胆红素与黄疸		√		
三、肝胆生物化学与临床应用			√	
第12章　水和无机盐代谢				理论讲授
第1节　水和无机盐的功能				多媒体演示
一、水的生理功能		√		讨论
二、无机盐的生理功能		√		
第2节　水和钠、钾、氯的代谢				
一、水的代谢	√			
二、钠与氯的代谢	√			
三、钾的代谢	√			
四、水和钠、钾、氯代谢的调节		√		
五、水与电解质平衡失常			√	
第3节　钙、磷代谢				
一、钙、磷的生理功能		√		
二、钙、磷的吸收与排泄		√		
三、血钙与血磷	√			
四、钙磷代谢的调节		√		
第4节　镁的代谢				
一、镁的含量与分布			√	
二、镁的吸收与排泄			√	
三、镁的生理功能			√	
第13章　酸碱平衡				理论讲授
第1节　酸碱平衡概述				多媒体演示
一、酸碱平衡的概念		√		讨论
二、体内酸性物质与碱性物质的来源	√			
第2节　酸碱平衡的调节				
一、血液的缓冲作用		√		
二、肺在酸碱平衡中的调节作用	√			
三、肾脏在酸碱平衡中的调节作用	√			
第3节　酸碱平衡与电解质的关系				
一、酸碱平衡与血钾浓度的关系	√			
二、酸碱平衡与血氯浓度的关系		√		
第4节　酸碱平衡失调				
一、酸碱平衡失调的基本类型			√	
二、酸碱平衡失调的生化指标	√			

实验内容

序号、单元题目（对应教学内容序号）	教学内容	教学要求		
		掌握	理解	了解
第2章　蛋白质化学	生物化学基础实验基本要求		√	
	实验1　血清蛋白质醋酸纤维薄膜电泳	√		
第4章　酶学	实验2　酶的专一性和影响酶促反应的因素		√	
第7章　糖代谢	实验3　分光光度计的使用		√	
	实验4　血糖测定（葡萄糖氧化酶法）	√		
第8章　脂类代谢	实验5　血脂的测定	√		

四、教学大纲说明

(一) 适用对象与参考学时

本教学大纲可供各专业(除检验)使用,总学时为54学时,其中理论教学44学时,实践教学10学时。

(二) 教学要求

1. 本课程对理论教学内容的要求分为掌握、理解、了解三个层次。掌握指对生物化学中所学的基本知识、基本理论具有深刻的认识,并能灵活地应用所学知识分析、解释学习和临床遇到的实际问题。理解指能够解释、领会概念的基本含义并会应用所学技能。了解指能够简单理解、认识所学知识。

2. 本课程重点突出以能力为本位的教学理念,在实践技能方面分为熟练掌握、学会两个层次。熟练掌握即能独立、正确、规范完成工作所必需的实践操作,并能对要点做概括性的描述。学会即在教师的指导下,正确完成基本的实践操作。

(三) 教学建议

1. 在教学过程中,积极采用现代化教学手段,加强直观教学,充分发挥"以学生为主体,以教师为主导"的作用,注重理论联系实际,组织学生开展必要的临床案例分析讨论,以培养学生分析问题和解决问题的能力,加强学生对所学知识的理解和掌握。

2. 实践教学应着重体现学生专业技能、职业素质和职业意识的培养,充分调动学生学习的主动性和积极性,强化学生的实际运用能力和动手操作能力,分析判断能力及人际沟通能力。

3. 教学评价应通过课堂提问、布置作业、单元测试、案例分析、考试等多种形式,促进学生提高综合能力,以适应职业岗位工作的需要。

学时分配建议(54学时)

序号	教学内容	学时数		
		理论	实践	合计
1	绪论	1	0	1
2	蛋白质化学	4	2	6
3	核酸化学	2	0	2
4	酶学	4	2	6
5	维生素	2	0	2
6	生物氧化	4	0	4
7	糖代谢	6	4	10
8	脂类代谢	4	2	6
9	蛋白质分解代谢	4	0	4
10	核酸代谢和蛋白质的生物合成	4	0	4
11	肝脏生物化学	3	0	3
12	水和无机盐代谢	2	0	2
13	酸碱平衡	2	0	2
机动		2	0	2
合计		44	10	54

目标检测选择题参考答案

第 2 章　蛋白质化学

1. C　2. E　3. B　4. B　5. B　6. D　7. A　8. B　9. E　10. A　11. C　12. C　13. E　14. ABDE　15. AC　16. ACD

第 3 章　核酸化学

1. C　2. B　3. D　4. C　5. B　6. D　7. E　8. D　9. A　10. E　11. B　12. C　13. AC

第 4 章　酶学

1. A　2. D　3. D　4. B　5. A　6. C　7. A　8. E　9. C　10. C　11. A　12. D　13. C　14. E　15. B　16. ACDE　17. ABDE　18. ABC

第 5 章　维生素

1. C　2. D　3. E　4. A　5. C　6. C　7. B　8. C　9. A　10. E　11. AC　12. BCE

第 6 章　生物氧化

1. D　2. C　3. A　4. E　5. D　6. B　7. C　8. B　9. E　10. A　11. B　12. C　13. E　14. B　15. C

第 7 章　糖代谢

1. A　2. E　3. B　4. E　5. C　6. E　7. E　8. D　9. A　10. ABC　11. ACD　12. ACD

第 8 章　脂类代谢

1. B　2. C　3. B　4. D　5. C　6. C　7. C　8. A　9. C　10. E　11. D　12. A　13. B　14. E　15. AB　16. ABCD　17. ABD　18. ABD　19. ABCD　20. ABE

第 9 章　蛋白质分解代谢

1. D　2. D　3. B　4. A　5. D　6. B　7. ABC　8. ABCD

第 10 章　核酸代谢和蛋白质的生物合成

1. D　2. C　3. B　4. B　5. A　6. A　7. E　8. D　9. D　10. C

第 11 章　肝脏生物化学

1. D　2. C　3. D　4. B

第 12 章　水和无机盐代谢

1. E　2. E　3. A　4. D　5. D　6. D　7. C　8. ABCDE　9. ABE

第 13 章　酸碱平衡

1. B　2. A　3. E　4. A　5. B　6. A　7. D　8. E　9. B　10. B　11. A　12. B　13. C　14. BE　15. ABE　16. ABD